BIG DATA

TECHNOLOGY AND ENERGY BIG DATA APPLICATION PRACTICE

大数据技术及能源大数据应用实践

白宏坤　刘湘莅　主　编

刘建东　孙永亮　王圆圆　副主编

中国电力出版社
CHINA ELECTRIC POWER PRESS

内 容 提 要

本书内容主要涵盖了大数据及能源大数据的概念和内涵、大数据基础设施、大数据平台技术体系、大数据在能源不同细分领域的场景应用以及能源大数据具体实践等五个层面，为能源大数据行业提供了全面、系统的大数据知识和应用实践指导，可供能源电力行业管理部门人员、研究机构人员、能源电力开发运营企业管理和技术人员、大数据技术开发人员阅读参考。

图书在版编目（CIP）数据

大数据技术及能源大数据应用实践 / 白宏坤，刘湘莅主编. —北京：中国电力出版社，2021.8
ISBN 978-7-5198-5751-6

Ⅰ. ①大… Ⅱ. ①白… ②刘… Ⅲ. ①能源–数据–研究 Ⅳ. ①TK01

中国版本图书馆 CIP 数据核字（2021）第 126091 号

出版发行：中国电力出版社
地　　址：北京市东城区北京站西街 19 号（邮政编码 100005）
网　　址：http://www.cepp.sgcc.com.cn
责任编辑：刘汝青（22206041@qq.com）　孟花林
责任校对：黄　蓓　常燕昆
装帧设计：赵姗姗
责任印制：吴　迪

印　　刷：北京瑞禾彩色印刷有限公司
版　　次：2021 年 8 月第一版
印　　次：2021 年 8 月北京第一次印刷
开　　本：787 毫米 × 1092 毫米　16 开本
印　　张：16.5
字　　数：291 千字
印　　数：0001—2000 册
定　　价：88.00 元

编　委　会

前　言

党的十九大报告提出，要推动互联网、大数据、人工智能和实体经济深度融合，加快传统产业数字化、智能化，做大做强数字经济，拓展经济发展新空间。当前，大数据正在成为塑造国家核心竞争力新的战略制高点。加快大数据战略实施，深化大数据应用，已成为稳增长、促改革、调结构、惠民生和推动政府治理能力现代化的必然选择。伴随着“碳达峰、碳中和”目标的庄严提出，将大数据技术应用于能源领域，推动能源互联网新技术、新模式和新业态的蓬勃发展，是构建清洁、低碳、安全、高效现代能源体系的重要举措，将在推动我国能源革命、支撑能源行业创新发展、实现“碳达峰、碳中和”目标中发挥重要作用。

能源大数据是将煤炭、石油、天然气、新能源、电力等能源领域数据进行综合采集、处理、分析应用和创新，在提升政府科学决策和风险防范水平、提高能源行业可持续发展能力和健康运营水平、为社会公众提供多样化和个性化服务等方面，形成政府、企业、社会多方共赢的发展格局。

本书在充分梳理国内外数据中心、大数据平台、大数据应用发展现状，调研学习国内重点数据中心、大数据平台、能源大数据建设实践的基础上，吸取经验、凝练提升，探索建立了河南省能源大数据的目标定位、总体架构、数据归集管理机制、多元应用场景等内容。本书共分五大部分，分别为概念篇、基地篇、平台篇、应用篇、实践篇，五位一体阐述了能源大数据的技术、应用发展情况。概念篇介绍了大数据及能源大数据的基本概念和特征；基地篇介绍了大数据中心基础设施的系统架构、新技术发展趋势和技术发展路线；平台篇阐述了大数据平台的技术架构、数据架构、应用架构、安全和隐私保护；应用篇梳理了当前国内煤炭、油气、可再生能源、电力领域大数据应用状况；实践篇以河南省能源大数据中心为例，分享了河南省能源大数据中心建设经验。

本书可为能源大数据应用探索，以及省级能源大数据应用中心建设和实践提供有益参考。

目 录

CONTENTS

III 平台篇

IV 应 用 篇

V 实 践 篇

Ⅰ　概念篇

1

大数据及能源大数据概念

大数据（big data）指无法在可承受的时间范围内用常规软件工具进行捕捉、管理和处理的数据集合，是需要新处理模式才能具有更强的决策力、洞察发现力和流程优化能力来适应海量、高增长率和多样化的信息资产。大数据不仅是一项由多学科、多领域结合而成的综合性技术，也被认为是一种思维方式或是一门科学。

在数字化时代，人、物都是“数字生成器”，如手机、智能终端、网上商城、社交网络、电子通信、卫星定位、物联终端等，对“数字生成器”的任何操作都会附带产生大量的、各种类型的数据。在技术进步和社会环境发展的共同作用下，数据在当今数字化社会中发挥的作用日益关键。

数据包括结构化数据和非结构化数据两类，海量的数据给各行业发展带来了新的挑战与机遇，行业决策越来越重视数据的客观性，数据与经验的结合可以驱动决策的科学制定。大数据的核心是发现价值，通过驾驭并分析数据，获取洞察，随之采取业务改进措施。依托大数据框架体系、分析方法、支撑技术与工具，管理者可以将一切量化，从而更好地了解并掌握业务，提高决策质量，提升企业绩效。

1.1 大数据的产生

大数据是一组数据处理技术的集合，有着完整的生态体系，通过生态体系内不同技术间的相互配合，可以帮助企业解决因陷入数据沼泽而带来的问题。大数据技术丰富扩展了传统信息系统框架的相关能力，但其更侧重对大数据环境和问题解决的核心价值。在当今智能化革命时代，大量数据的产生是计算机和网络通信技术广泛应用的必然结果，特别是互联网、云计算、移动互联网、物联网、社交网络等新一代信息技术的发展，更是对大数据的产生起到了巨大的推动作用。大数据产生的原因主要有以下三方面。

1. 从内部向外部扩展

内部数据是企业、政府部门等组织内最成熟并且被熟知的数据。企业内部的数据采集与监视控制（supervisory control and data acquision，SCADA）、企业资源计划（enterprise resource planning，ERP）、制造执行管理系统（manufacturing execution system，MES）、客户关系管理（customer relationship management，CRM）等业务管理系统，政府部门的办公自动化（office automation，OA）等业务系统所产生的数据经过多年的积累，已经实现了内部大量数据的收集、集成、结构化和标准化处理，可以为决策提供数据支持和商业智能服务。

对一个企业而言，信息化的应用环境在不断发生变化，外部数据同时也在迅速扩展。企业机构和互联网、移动互联网、物联网的融合越来越快，企业需要通过互联网来服务客户、联系外部供应商、沟通上下游的合作伙伴，并在互联网上实现电子商务和电子采购的交易。企业需要开通微博、微信公众号等社交网络账号来进行网络化营销、客户关怀和品牌建设。企业的产品被贴上了电子标签，并需对制造、供应链和物流的全程进行跟踪和反馈。伴随着自带设备工作模式的兴起，企业员工自带设备进行工作，个人的数据也需进一步与企业数据相融合。以上这一切都将导致产生更多来自企业外部的数据。

2. 从互联网向移动互联网扩展

随着社交网络的发展，互联网进入了 Web2.0 时代，尤其是移动互联网的发展使人们可以随时随地上网，每个人从数据的使用者变成了数据的生产者，催生出了大量自媒体从业者，产生了大量的用户原创内容，数据规模迅速扩张，每时每刻都有大量的数据产生。

从全球统计数据来看，美国网飞（Netflix）平均每天要采集约 5000 亿事件，换言之，其单日事件数据量能达到 1.3PB，而在高峰时段，采集的事件数量每秒可达 800 万个；油管（YouTube）每分钟上传的视频时长超过 400 小时；谷歌（Google）平均每秒处理超过 40 000 个搜索查询；脸书（Facebook）在全球有超过 20 亿名用户，数据存储量高达 300PB 以上。

中国的数据规模也十分可观。中国互联网络信息中心公布的数据显示，截至 2020 年 3 月末，中国网络购物用户规模达 7.1 亿。2020 年天猫双 11 全球狂欢季实时物流订单量突破

22.5亿单。截至2020年第三季度，微信（WeChat）的合并月活跃账户已超12亿。百度每天要处理60亿次搜索请求，新增数据10TB，处理数据100PB，存储网页数近1万亿，数据总量1000PB。

3. 从互联网（IT）向物联网（IoT）扩展

随着智能手机、可穿戴设备、传感器、射频识别（radio frequency identification，RFID）等技术的不断出现及其发展，视频、音频、RFID、机器对机器（machine to machine，M2M）、物联网和传感器等数据大量产生，其数据量更是巨大，2020年全世界产生的数据总量超过50ZB。

随着各种技术的不断发展，其所产生的数据量呈指数增长，且其数据类型包含大量的非结构化数据。随着访问请求越来越多，对产生分析结果的速度要求也越来越高，传统的关系型数据库无论是在数据存储上还是在分析处理速度上都已经力不从心。对超大规模、多种数据类型的海量数据的采集、存储与分析都远远超出了传统的技术范畴，需要新的技术来解决这一问题，分布式存储技术、批量计算、流式计算等技术应运而生。

1.2 大数据的特征

有关大数据的特征在各个领域有不同的定义，比较有代表性的是“3V特征”“4V特征”及“5V特征”。“3V特征”即认为大数据需满足规模性（volume）、多样性（variety）和时效性（velocity）3个特点。“4V特征”是在3V的基础上，增加了价值性（value）。“5V特征”是由中国电子技术标准化研究院于2014年在《大数据标准化白皮书（2014）》中提出的，为规模性、多样性、时效性、价值性、真实性（veracity）。

（1）规模性。大数据需要存储和分析的数据规模非常庞大，数据量可从数百 TB 到数十数百PB，甚至EB的规模。“大”是一个相对的概念，对于搜索引擎，EB级就属于比较大的规模，但是对于各类数据库或数据分析软件而言，其规模量级会有比较大的差别。

（2）多样性。数据形态多样，从生成类型上分为交易数据、交互数据、传感数据；从数据来源上分为社交媒体、传感器数据、系统数据；从数据格式上分为文本、图片、音频、视频、光谱等；从数据关系上分为结构化、半结构化、非结构化数据；从数据所有者上分为公司数据、政府数据、社会数据等。

（3）时效性。大数据的处理要及时和迅速，以满足特定时效要求。大部分大数据处理需要在一秒钟之内形成答案，否则得出的结果就可能是过时的和无效的，实时处理效率高是大数据区别于传统数据仓库的关键特征之一。

（4）价值性。大数据应当具有价值性，大数据目前发挥出来的价值还很小，其背后潜藏的价值巨大。

（5）真实性。大数据必然具有真实性，即采集来的超大规模的数据应该是真实的，用大数据技术分析出的结果应该是真实的未来发展趋势。

1.3 能源大数据的概念

近年来国家先后出台了《国务院关于积极推进“互联网+”行动的指导意见》（国发〔2015〕40 号）以及《关于推进“互联网+”智慧能源发展的指导意见》（发改能源〔2016〕392 号）等政策，旨在推动能源产业充分利用互联网、大数据等技术促进产业转型升级向高质量发展，能源大数据也将在此过程中发挥重要作用。

能源是人类社会生存发展的重要物质基础，攸关国计民生和国家战略竞争力，因此能源数据不仅来自能源的生产、输送和消费环节，也贯穿于经济和社会运行各领域，包涵丰富的经济和物理系统信息。从数据的来源来看，能源大数据是指在电力、石油、煤炭、燃气等能源领域现代化工业生产和运营所产生的数据集合，涵盖了能源探储、生产、输送、消费、供给等环节，涉及资源、设备、工艺、技术和市场等方面的信息。从能源大数据应用来看，借助大数据技术实现能源数据的采集、存储、分析和挖掘，可发挥在提升能源生产率、提高资产效益、节约能源、保护环境和提高宏观经济运行质量等方面的多元化价值。综合来看，能源大数据具有数据来源广、种类多、数据量大、应用多元和价值高的特点。

能源大数据区别于互联网公司基于人的活动产生的大数据，能源行业大数据主要依靠各类传感器产生。人类行为主要受到人类心理活动的驱使，而能源行业研究的问题，其背后是物理和化学规律。能源大数据的数据体系构成如图 1–1 所示，该图描绘了能源从勘探生产到终端消费的各个环节，每个环节既是能源流也是数据流，国家能源监管部门、国家宏观经济运行管理部门、能源生产企业、电力运行部门、能源电力市场交易参与方等利益相关方都具有利用能源大数据提高管理水平和经济效益的迫切需求，能源大数据具有丰富的应用场景。

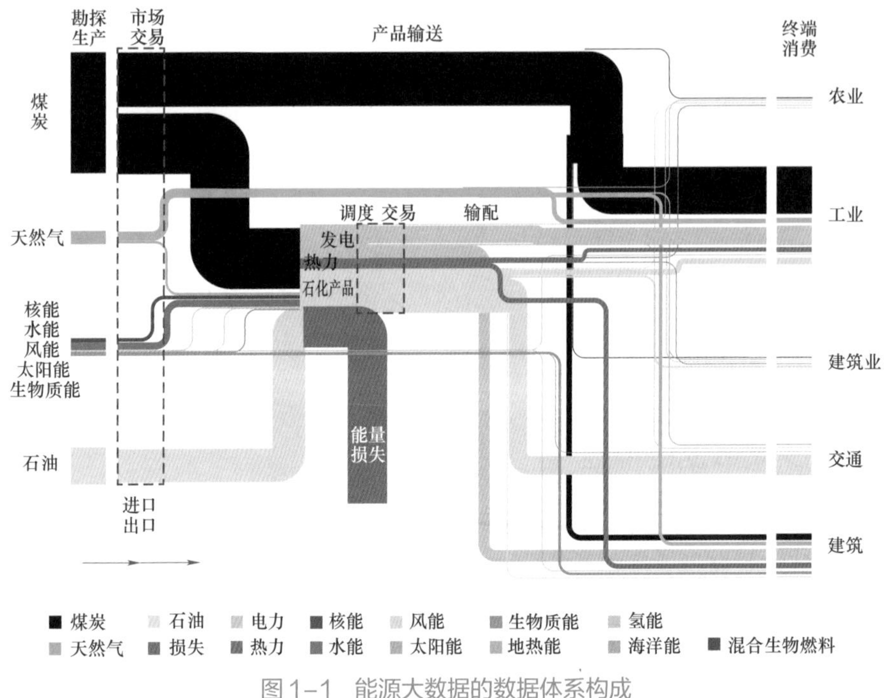

图 1–1 能源大数据的数据体系构成

（1）在能源经济领域的应用。能源经济与许多学科领域都有交叉，能源经济的研究主要关注能源与经济增长的关系、能源与环境污染的关系、能源资源的优化配置、节能与循环经济等问题。大数据能够推动能源、社会、经济运行等领域数据融合，从用能行为分析、市场平衡与交易分析、提供社会服务等方面为能源服务与交易提供坚实基础，辅助政府的宏观经济分析、能源政策制定。

（2）在煤炭行业的应用。我国煤炭的开采自动化水平低，过于依靠工人经验，随着煤炭进入深部开采，地质情况变得更加复杂，安全生产压力也逐步增大。多数煤矿现在对事故的分析依然偏向于“事后分析型”，而真正有效的应该是“事前预测型”。煤矿生产各系统相对独立、系统集成与数据共享不足的特点，造成数据难以发挥更多价值。将大数据与传统煤炭产业深度融合，建设煤矿生产大数据平台，汇聚、挖掘煤矿运营过程中产生的各种生产、环境监测、设备监测等数据，规范各种数据标准、提升煤矿数据的利用价值，促进煤炭工业转型升级，向安全、高效、绿色、高质量的方向发展，进而提升矿井的安全高效生产水平，推动煤炭资源持续开采，保障我国能源安全，促进行业转型升级和健康可持续发展。

（3）在油气行业的应用。随着油田生产过程基本实现了自动化、信息化，油气生产过程也会产生大量的数据，其中包括采油与地面工程的生产、作业等多个类型的大数据。在油气企业创新油气开采技术提高产量和降低成本的需求下，利用大数据技术基于油气行业积累的海量数据可寻找新的增长点。在勘探环节，通过应用先进的大数据技术，比如模式识别，在地震采集过程中得到更全面的数据集，可以帮助地质学家识别出更有价值和富有成效的地震数据。在开发环节，结合地理空间信息、炼化数据、国际原油市场数据等大数据可以帮助油气公司评估开发过程，让企业更有效率地开发油气井。在生产环节，除了传统的监控和告警，大数据分析可以使用真正的实时"钻井大数据"来基于多个条件预测钻井成功的可能性，如通过大数据预测钻进速度、电潜泵工况和井底工况。在维护环节，预测性维护一直是油气田公司追求的目标，通过大数据技术可大大提高预测的准确性，如在上游生产过程中，将压力、体积、温度等一起采集和分析，并且与历史设备损坏数据进行比较，实现预测自动化。

（4）在可再生能源发电领域的应用。由于以风电和光伏发电为代表的可再生能源发电具有波动性、间歇性的特点，大数据一开始就在功率预测、预测性故障分析等得到应用。随着我国风光发电补贴的逐步退坡，风光发电企业在降低技术成本的同时，正在将优化选址、风功率预测、发电计划优化、故障预警与故障诊断、故障处理、后评估、经济寿命评价、物资采购与定额等诸多问题纳入大数据分析中，为企业在投资回报、运营优化、资源配置、管理提升和企业战略等多层面提供有效的决策支撑。

（5）在电力行业的应用。国家电网有限公司和中国南方电网有限责任公司已经开展了近 10 年的智能电网建设，随着智能电网建设的深入，电力大数据的挖掘应用要求越来越高。电力行业信息化程度高，在智能电能表大面积推广使用的背景下，电力大数据的"5V 特征"更加明显，数据涉及 GIS 数据、实时电量数据、在线监测数据、各类业务管理数据等，其数据类型多、体量大、增量快，实时性较高。大数据在线损异常检测、负荷预测、防窃电、电力用户画像以及与天气、宏观经济等外部数据结合等方面具有丰富的应用场景和前景。

1.4 大数据带来的挑战

从数据库（database，DB）到大数据（bigdata，BD），看似只是一个简单的技术演进，但两者有着本质上的差别。大数据的出现将颠覆传统的数据管理方式，给数据来源、数据处理方式和数据思维等方面带来革命性的变化。

如果要用简单的方式来比较传统的数据库和大数据的区别，“池塘捕鱼”和“大海捕鱼”是个很好的类比。“池塘捕鱼”代表着传统数据库时代的数据管理方式，而“大海捕鱼”则对应着大数据时代的数据管理方式，“鱼”便是待处理的数据。“捕鱼”环境的变化导致了“捕鱼”方式存在根本性差异，这些差异主要体现在如下几个方面。

（1）数据规模。“池塘”和“大海”最容易发现的区别就是规模。“池塘”规模相对较小，即便是先前认为比较大的“池塘”（very large database，VLDB），与“大海”（extremely large database，XLDB）相比仍旧偏小。“池塘”的处理对象通常以 MB 为基本单位，而“大海”则常常以 GB，甚至是 TB、PB 为基本处理单位。

（2）数据类型。过去的“池塘”中，数据的种类单一，往往仅仅有一种或少数几种，这些数据又以结构化数据为主。而在“大海”中，数据的种类繁多，数以千计，而这些数据又包含着结构化、半结构化以及非结构化的数据，并且半结构化和非结构化数据所占份额越来越大。

（3）模式和数据的关系。传统的数据库都是先有模式，然后才会产生数据。这就好比是先选好合适的“池塘”，然后才会向其中投放适合在该“池塘”环境生长的“鱼”。大数据时代很多情况下难以预先确定模式，只有在数据出现之后才能确定模式，且模式会随着数据量的增长不断地演变。这就好比先有少量鱼类，随着时间推移，鱼的种类和数量都在不断增长，鱼的变化会使大海的成分和环境也在不断发生变化。

（4）处理对象。在“池塘”中捕鱼，“鱼”仅仅是其捕捞对象。在“大海”中，“鱼”除了是捕捞对象之外，还可以通过某些“鱼”的存在来判断其他种类的“鱼”是否存在。传统数据库中数据仅作为处理对象，在大数据时代，数据将作为一种资源来辅助解决其他诸多领域问题。

（5）处理工具。捕捞“池塘”中的“鱼”，一种渔网或少数几种基本就可以应对，也就是所谓的一刀切（one size fits all）。但是在“大海”中，不可能存在一种渔网能够捕获所有的鱼类，不能一刀切（no size fits all）。

从“池塘”到“大海”，不仅仅是规模变大，传统数据库代表着数据工程（data engineering）的处理方式，大数据时代的数据已不仅仅只是工程处理对象，需要采取新的数据思维来应对。如前面提到的“捕鱼”，在大数据时代，数据不再仅仅是“捕捞”对象，应当转变成一种基础资源，用数据资源来协同解决其他诸多领域的问题。

2

大数据产业发展情况

当今经济环境下，数字经济已经成为全球最重要的经济形态，数字经济的突出表现，引导着社会经济各方面的数字化转型，是各国经济复苏及持续增长的重要动力。同时，数字经济已经成了各国应对国际经济环境低迷、抢占新的战略制高点的关键。根据统计，目前全球数据的增长速度在每年40%以上，预计2025年全球的数据总量将达到150ZB左右。

2.1 国外大数据产业发展情况

国外大数据产业正在蓬勃发展，竞争态势愈加激烈，产业生态不断优化，大数据广泛应用成为新的经济增长动力。

1. 政府出台大数据战略促进大数据发展

国外政府大数据政策措施体现出如下明显特征：

（1）颁布战略规划进行整体布局。为抢占大数据先机，增强国家在大数据领域的国际领先地位，先行国家均将发展大数据提升为国家战略予以支持。

（2）注重构建配套政策。包括人才培养、产业扶持、资金保障、数据开放共享等，为本国大数据发展构筑良好的生态环境。

美国率先把大数据发展上升为国家战略，并成立大数据研发高级指导小组，投资2亿美元提高大数据分析技术，上线全球第一个政府数据开放门户网站，发布《政府数据开放倡议》和《开放数据政策》，以大数据增强公共政策、舆情监控、犯罪预警、反恐等领域服务能力。欧盟出台“数据驱动经济战略”，加强数据处理技术投入，开放数据战略，建立泛欧门户。英国出台“数字战略”，支持大数据在医疗、农业、商业、学术研究等领域的发展，大数据技术资金达 1.89 亿英镑，成立开放数据研究所。德国制定《数字战略 2025》，成立数字内阁。法国出台《国际数字战略》，成立国际数字化委员会，重点促进大数据技术、产品及解决方案研发创新。澳大利亚发布《公共服务大数据战略》。新加坡借鉴美国全景扫描系统的思路建立风险评估与扫描系统（risk assessment and horizon scanning，RAHS），推出数据治国路线。日本出台《超智能社会 5.0 战略》，成立物联网（the internet of things，IoT）推进联盟。韩国发布以大数据等技术为基础的《智能信息社会中长期综合对策》，并投入 6444 亿韩元，推进大数据及相关产业发展，开放首尔数据广场。

2. 大数据市场从垄断竞争向完全竞争格局演化

全球新增大数据创业企业和开展大数据业务的企业数量急剧增加，产品和服务数量也随之增长，但还没有占据绝对主导地位的企业。市场结构趋向完全竞争，企业间竞争变得更加激烈，变化仍将持续。谷歌、亚马逊、脸书等互联网龙头企业和甲骨文、IBM、微软等传统 IT 巨头，通过投资并购的方式不断拓展大数据领域布局，初步形成贯穿大数据产业链的闭环业务体系，并在各行业拓展应用。

3. 大数据生态环境优化且应用成为新的增长点

各国政府、企业和产业组织非常重视大数据产业生态建立和环境优化，不断健全基础设施、法律法规、政策体系、数据标准和隐私保护，完善大数据生态环境，进而提升国家对数据资源的掌控能力和核心竞争力。大数据作为新兴领域，已经进入应用发展阶段，技术创新和商业模式创新推动的行业应用逐步成熟，应用创造的价值日益增大，成为新的增长动力。全球大数据应用日趋成熟，除了为诸如零售业、医疗行业等传统行业提供增值服务外，应用领域正向多元化拓展。

2.2 国内大数据产业发展情况

在当今全球经济都在逐渐向数字化转型的时代，我国也将数字经济的发展作为国家发展战略。我国大数据产业仍处于起步发展阶段，各地发展大数据的积极性较高，行业应用得到快速推广，市场需求处于爆发期，大数据产业迎来了重要的发展机遇。伴随着数字经济与实体经济的逐渐融合，我国数字经济发展迅速。

1. 大数据产业快速发展

我国数字产业化稳步发展，基础进一步夯实。中国信息通信研究院（简称中国信通院）发布的《中国数字经济发展白皮书（2020）》报告数据显示，中国数字经济增加值规模已由2005年的2.6万亿元增加至2019年的35.8万亿元，同时数字经济在GDP所占的比重逐年提升，由2005年的14.2%提升至2019年的36.2%，在国民经济中的地位进一步凸显。2014—2020年中国数字经济总体规模及预测情况如图2-1所示。从规模上看，2019年数字产业化增加值达7.1万亿元，同比增长11.1%。从结构上看，数字产业结构持续软化，软件业和互联网行业占比持续提升。产业数字化深入推进，由单点应用向连续协同演进，数据集成、平台赋能成为推动产业数字化发展的关键。2019年我国产业数字化增加值约为28.8万亿元，占GDP的比重为29.0%。其中，服务业、工业、农业数字经济渗透率分别为37.8%、19.5%和8.2%。2019中国数字经济产业结构情况如图2-2所示。数字化治理能力提升，数字政府建设加速推进政府治理从低效到高效、从被动到主动、从粗放到精准、从程序化反馈到快速灵活反应转变，新型智慧城市已经进入以人为本、成效导向、统筹集约、协同创新的新发展阶段。

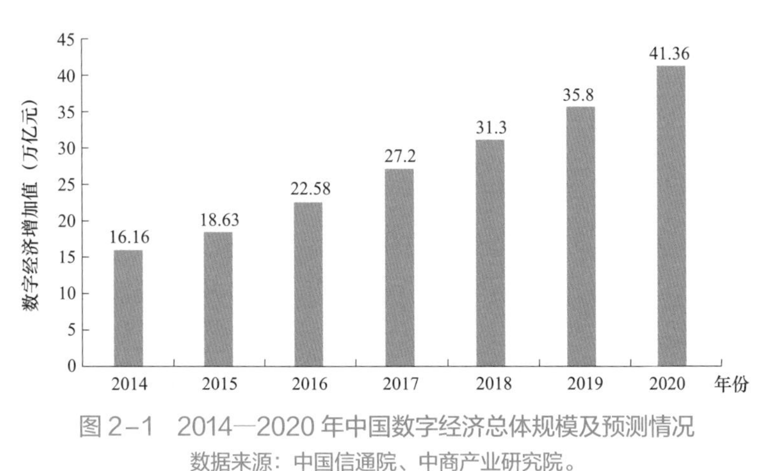

图2-1 2014—2020年中国数字经济总体规模及预测情况

数据来源：中国信通院、中商产业研究院。

注：2020年为预测值。

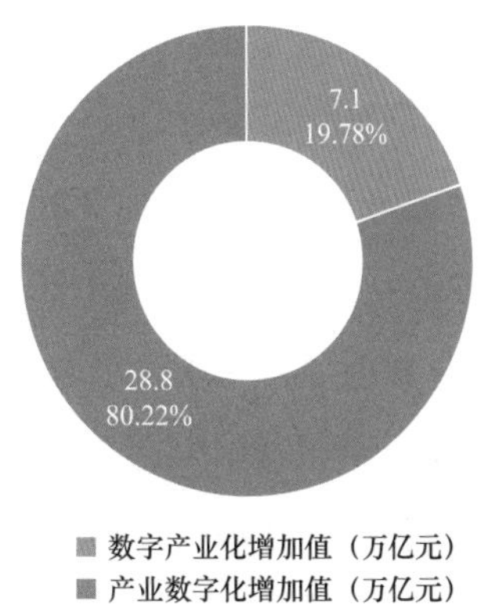

图2-2 2019中国数字经济产业结构情况

数据来源：中国信通院、中商产业研究院。

腾讯研究院联合腾讯云发布了《数字中国指数报告（2020）》，该报告显示，2019年数字中国指数继续保持高速增长，其中，以珠三角为代表的11大城市群是推动我国数字化进程的中坚力量。在“新基建”浪潮的引领下，云计算作为新基建的底座，2019年全国用云量总体达 1012 点，实现了 118%的高速增长。

2. 大数据发展基础环境持续优化

我国大数据产业蓬勃发展，融合应用不断深化，数字经济量质提升，对经济社会的创新驱动、融合带动作用显著增强。产业发展离不开政策支撑，我国政府高度重视大数据的发展。自 2015 年国务院发布《促进大数据发展行动纲要》（国发〔2015〕50 号）以来，我国国家大数据战略、规划、政策、制度不断完善。2014 年以来，各地陆续出台促进大数据产业发展的规划、行动计划和指导意见等文件，截至 2020 年年底，除港澳台外全国 31 个省级单位均已发布了推进大数据产业发展的相关文件，各地推进大数据产业发展的设计已经基本完成，陆续进入了落实阶段。多个省市均出台了大数据相关政策，并设置了大数据管理机构，贵州、京津冀、珠三角等 8 个国家大数据综合实验区加快建设，地方大数据产业集聚区和大数据国家新型工业化产业示范基地建设持续推进。

（1）在国家与政府部委层面。2015 年 9 月，国务院发布《促进大数据发展行动纲要》（国发〔2015〕50 号），指出大数据已成为推动经济转型发展的新动力和重塑国家竞争优势的新机遇。

2016 年 2 月，国家发展改革委、工业和信息化部、中央网信办同意贵州省成立国家级大数据综合试验区。

2017 年 1 月，工业和信息化部（简称工信部）发布了《大数据产业发展规划（2016—2020 年）》（工信部规〔2016〕412 号），以“创新驱动、应用引领、开放共享、统筹协调、安全规范”为原则，争取在 2020 年基本实现技术先进、应用繁荣、保障有力的大数据产业体系。伴随着国家部委有关大数据行业应用政策的出台，国内的金融、政务、电信、物流等行业中大数据行业应用的价值不断凸显。

2020 年 4 月 9 日，中共中央、国务院发布《关于构建更加完善的要素市场化配置体制机制的意见》，根据生产要素的重要性和时代性，明确将数据作为一种新型生产要素写入政策文件，要充分发挥数据这一新型要素对其他要素效率的倍增作用，培育发展数据要素市场，使大数据成为推动经济高质量发展的新动能。首次将数据纳入要素范畴，提出要加快培育数据要素市场。

随着我国大力发展数字经济，推进数字中国建设，大数据产业发展将迎来高速发展期。

（2）在省市地方层面。2014 年年初，贵州省出台《贵州省大数据产业发展与应用规划纲要（2014—2020年）》和《关于加快大数据产业发展应用若干政策的意见》，并将国家级的贵安新区确立为大数据产业基地，将大数据产业作为支柱产业重点扶持。

广东省成立大数据管理局，发布《广东省大数据发展规划（2015—2020 年）》征求意见稿，并确定2014年首批推荐大数据应用示范项目。

北京、上海等地率先建立政府数据资源开放平台，推动数据开放和共享。中关村牵头建立京津冀“大数据走廊”，启动全国首个大数据交易平台。

全国多个省级和地级城市已组建了政府大数据管理机构，各省市也相继发布了系列相关政策，其中贵州、福建、广东和浙江遥遥领先。

3. 大数据产业实现多行业应用

以阿里巴巴网络技术有限公司（简称阿里巴巴）为代表的零售行业，从客户浏览与购物记录数据出发，对客户特征进行深入挖掘，实现个性化销售。以小米为代表的制造业运用大数据分析，实现软硬件与应用环境的整体化，用创新化思维为客户提升用户体验。作为传统金融业代表的中信银行，运用数据仓库解决方案，成功实现高效的精准营销。

总体来看，国外发达国家的能源大数据产业发展相对更为成熟，在电力和石油两大行业有明显的优势，国内各能源企业的大数据建设起步较晚，多限于企业内部应用。国内外能源领域的大数据应用主要集中在新产品开发、电力绿色发展、能源管理智能化、电力管理智能化、城市基础设施发展等方面。

II　基地篇

3

数据中心发展概况

3.1 发展现状

在移动互联网、云计算、大数据、物联网、人工智能、区块链等技术的发展推动下，大数据产业不断扩大，全球数据中心市场规模一直在快速增长，特别是近年来一直保持15%以上的增长速度。2019年，全球互联网数据中心（Internet Data Center，IDC）业务市场整体规模达到7280亿元人民币［含托管业务、内容分发网络（content delivery network，CDN）业务、公有云Iaas/Paas业务］，增长幅度约16.4%。2014—2019年全球IDC市场规模及增速如图3-1所示。

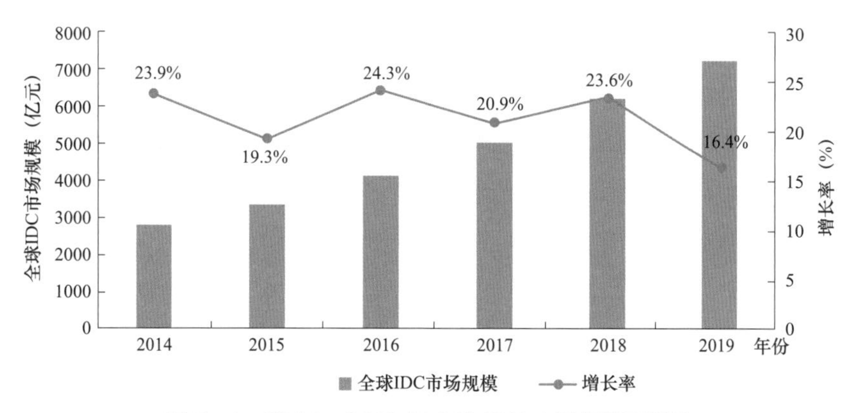

图3-1　2014—2019年全球IDC市场规模及增速

数据来源：公开资料整理。

注：2019年数据为预计值。

中国数据中心市场作为全球经济的重要市场和新兴动力，近年来的发展势头迅猛。以百度、阿里巴巴、腾讯和京东为代表的一批互联网企业，通过技术升级、商业模式创新等手段在不断提升自身竞争力的同时，也进一步推动了数据产业的发展，也使得中国近五年的数据流量迎来了爆发式的增长。同时，与世界发达经济体相比，我国的IDC行业还处在早期阶段，不论是从服务器的数量还是数据中心的发展等方面仍存在不小的差距，因此，我国IDC市场的增长空间潜力巨大。据统计，2014—2018年，中国数据中心市场的年增长率一直保持在30%左右。短短五年，整体市场规模就从约370亿元增长到了1210亿元，远高于世界平均增长速度。从2019年开始，中国IDC市场规模的增长趋势有所放缓，但仍保持较高的增速，中国IDC市场规模及增速如图3-2所示。

图3-2　中国IDC市场规模及增速

数据来源：公开资料整理。

注：2020年之后为预计值。

2020年3月4日，中共中央政治局常务委员会会议首次将数据中心纳入“新基建”。作为新基建的重要内容之一，中央提出要求加快数据中心等新型基础设施建设进度。随后工信部提出，要加快国家工业互联网数据中心建设，鼓励各地建设工业互联网大数据分中心，建立工业互联网数据资源合作共享机制，初步实现对重点区域、重点行业的数据采集、汇聚和应用，提升工业互联网基础设施和数据资源管理能力。中国的IDC市场在今后的数年内，作为中国“新基建”战略的重点内容之一，必将迎来更大的发展机遇。

3.2　建设分布

发展数字经济是我国“新基建”的重要内容，也是第四次工业革命的核心。数据中心作为数字经济的基座，随着人工智能、大数据等各项新技术的发展，其数量也一直在快速增长。据统计，2012 年我国的数据中心数量仅约为 5.1 万个，而到 2019 年已经达到约 7.4 万个。其中，已建成的大型、超大型数据中心的数量占比也上升到了约 12.7%。截至 2019 年，我国数据中心在用机架数量达 227 万架，同比增长幅度约 28%；在建数据中心机架数量约为 185 万架，与 2018 年相比增加了约 43 万架。

不论是从全球视角还是从我国 IDC 市场布局来看，数据中心都主要集中在经济发达的中心城市。从全球视角来看，数据中心主要集中在芝加哥、伦敦、新加坡、蒙特利尔、法兰克福等经济发达地区的中心城市，这些地区同时也是国际网络的重要连接节点，其中，伦敦、新加坡、法兰克福和东京还是海缆的登陆点。

我国数据中心主要集中在京津冀、长三角、珠三角等热点区域，其中北京和上海是国内两个最大的 IDC 市场。2018—2019 年中国分区域数据中心机架数如图 3-3 所示，截至 2019 年，北京、上海以及因其辐射效应而带动的周边地区的数据中心机架数量均超过 50 万架，远高于全国其他地区。特别是一些第三方 IDC 运营商，更是将布局的重点紧紧围绕北上广深四个由超一线城市组成的核心经济圈。比如世纪互联，其数据中心布局主要集中在京津冀、长三角、珠三角热点区域，总机架数约 3 万个；万国数据，以北上深为中心布局了 12 座自建数据中心，在建 7 个数据中心，总机房面积超 7.7 万 m^2；光环新网，主要布局在北京和上海两大热点区域，规划机架约 4.4 万个。

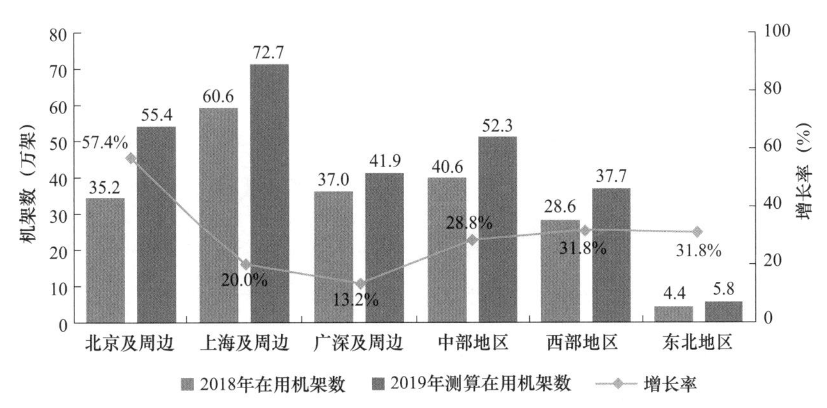

图 3-3 2018—2019 年中国分区域数据中心机架数

数据来源：赛迪顾问，2020 年 7 月。

中国三大通信运营商的数据中心布局则不约而同地选择了以经济发达的中心城市为核心，兼顾全国的布局模式。截至 2020 年，中国电信的数据中心业务规模是国内最大，其布局可以概括为“2+6+34+X”，即聚焦2大集团基地（蒙贵园区）+6大核心城市（上海、北京、深圳、广州、杭州、南京）+34个二三线城市+X个边缘DC，规划部署大型IDC园区，覆盖90%的IDC收入。中国联通的数据中心布局则可以概括为“5+2+31+X”的四层DC架构，即聚焦五大重点区域（京津冀、长三角、大湾区、川陕渝、鲁豫）+2大集团级园区（蒙贵园区）+31省的省级数据中心+X个边缘DC。中国移动的数据中心业务虽然起步较晚，但增速较大，已形成“4+45”的全国布局，全部49个节点均为IDC园区，其中，4+8个数据中心为核心节点，骨干层24个省级节点，边缘层13个省级数据中心和传统机房楼作为边缘节点，预计规划机架数量超过70万架。

作为数据中心领域目前最大的使用方，近年来阿里巴巴、腾讯、百度等互联网公司逐渐开始大量自建数据中心。这些互联网公司的数据中心布局也是重点围绕北上广等核心区域，同时，也在一些资源丰富、成本较低的地区开展建设。比如，阿里巴巴近两年分别启动建设了江苏云计算数据中心（南通，2019年交付）、余杭数据中心（2020年交付）、内蒙古乌兰察布数据中心（2019年交付）、广东云计算数据中心（河源，2020年年底交付）、河北涿州数据中心（2020年启动）、广东惠州数据中心（2021年启动）、张北云计算产业基地（在建中，总投资近200亿）等；腾讯分别启动建设了南京大数据中心（2020年投产）、贵安七星数据中心（一期已投产）、上海青浦数据中心（2017年投产）、怀来数据中心（1000亩，2020年建成）等；百度则启动建设了阳泉数据中心（山西，2018年一期投产）、亦庄数据中心（北京，已投产）、北京M1数据中心等。

总体来看，在市场需求的影响下，北京、上海、广东地区仍然是数据中心的主要投资领域，数据中心的分布呈现东部聚集的态势，这也导致了我国数据中心的区域分布相当不平衡。工信部发布的《数据中心发展指引（2019）》显示，到2018年年底，北京、上海、广东等东部地区的在用机架数约占全国的60%；西部地区数据中心在用机架数在全国占比仅为20%，其中上架率仅为30%左右，东西部仍然存在较大差距。近年来，随着行业秩序的不断规范，东部地区的数据中心建设开始受到国家政策和能耗指标限制，东部一线城市数据中心的建设速度开始放缓。赛迪顾问股份有限公司相关数据显示，2019年，北京、广州、深圳三地在用机架的增长率均低于7%，只有上海市，由于互联网、金融等企业数量众多，在用机架增长率仍较高，北上广深及周边城市数据中心规模及增长率见表3-1。

表 3-1　　北上广深及周边城市数据中心规模及增长率

地区		2018 年在用机架（万架）	2019 年在用机架（万架）	增长率
北京及周边地区	北京	13.5	14.1	4.4%
	河北、天津、内蒙古	21.7	41.3	90.3%
上海及周边地区	上海	27.9	34.8	24.7%
	浙江、江苏	32.8	37.9	15.5%
广州及周边地区	广州、深圳	20.9	22.2	6.2%
	广东其他地区、福建、海南	16.1	19.7	22.4%

我国数据中心在整体布局上的不平衡状况仍旧严重，东西部明显出现资源与市场不匹配状况。这种区域布局的失衡，不仅仅是数据中心领域的失衡，也会对东西部区域数字经济的健康发展产生不利影响，还将影响我国“内循环”战略的持续发展。多位专家呼吁开展“东数西送”的战略，建议由国家层面牵头，围绕数据中心不同的业务领域进行全国范围内的产业集群规划。在北上广深等核心城市着重考虑人工智能等最前沿的产业布局；环核心城市则着重布局必须解决的核心计算层问题；在中西部气候适宜和电力资源充足地区着重布局灾备中心、存储业务和对时延不特别敏感的计算业务，并在电力、网络、交通、人才等各方面给予西部地区政策支持。相信在国家政策的引领下，我国的数据中心建设必将形成明确的产业集群，合理利用各种地域资源优势，从而推动我国的数字经济健康、高速发展。

不同业务类型对数据中心有不同的时延要求及地域范围，我国数据中心将主要以三个大方向发展，即超大型数据中心远端部署，降低成本，处理“冷数据”；大中型数据中心服务云计算，处理“热数据”，即时效性较高的业务；边缘计算数据中心分布式部署，解决超低时延、高实时性、高安全性、本地化等需求。不同业务类型对数据中心的时延要求及地域范围见表 3-2。

表 3-2　　不同业务类型对数据中心的时延要求及地域范围

业务种类	时延要求	地域范围
网络时延要求较高的业务（如网络游戏、付账结算等）	10ms 以内	骨干直连点城市或周边 200km 范围内
网络时延要求中等的业务（如网页浏览、视频播放等）	50ms 以内	骨干直连点城市或省级节点周边 400km 范围内
网络时延要求较低的业务（如数据备份、大数据运算处理等）	200ms 以内或更长	骨干直连点城市或省级节点周边 1000km 范围内

3.3 建设标准及趋势

数据中心的运行安全性取决于维持数据中心运营所需的整个基础设施系统具有的一体化安全等级，在数据中心建设时，一套全面的、系统的、综合的数据中心建设标准是确定建设方案的必备基础。

3.3.1 安全运行情况

数据中心的安全运行情况与数据中心的建设安全等级有直接关系，据不完全统计，国内数据中心故障中断与其安全等级的关系如下：

（1）国标 C 相当等级：只有 18.2%没有发生过故障中断。

（2）国标 B 相当等级或 Uptime Tier Ⅱ的数据中心：有 41%没有发生过故障中断。

（3）国标 A 中不间断电源为 N+1 配置相当等级或 Uptime Tier Ⅲ的数据中心：有 62.5%没有发生过故障中断。

（4）国标 A 中不间断电源为 2N 配置相当等级或 Uptime Tier Ⅳ的数据中心：有 68.4%没有发生过故障中断。

由以上关系可见，提高数据中心建设等级，可以减少故障中断。根据经济效益比，我国大部分 IDC 选择了 Uptime Tier Ⅲ或国标 A 相当等级的建设标准（根据 Uptime 的标准和 GB 50174 的规定，国标 A 相当等级实际高于 Uptime Tier Ⅲ的要求）。

3.3.2 国家及行业标准

我国数据中心建设中参考和使用的标准种类繁多，甚至不少大型运营商有自己的企业标准，但整体来看使用或参考最广泛的建设标准主要还是 Uptime Institute 的 Tier 等级分类和《数据中心设计规范》（GB 50174）。

1. Uptime 的 Tier 等级分类

美国的 Uptime Institute 成立于 1993 年，致力于数据中心基础设施的研究和认证工作，是目前全球公认的数据中心标准组织和权威第三方认证机构。Uptime Institute 主要编写和发布了《Data Center Site Infrastructure Tier Standard：Topology》《Data Center Site Infrastructure

Tier Standard：Operational Sustainability》两项数据中心基础设施相关标准，对基础设施的可用性、可靠性及运维管理服务能力等方面进行了详细的分级定义，是 Uptime 的 Tier 等级认证的重要依据。Uptime 的数据中心认证在全球范围具有较高的认可度，也可以说是现阶段业界最知名、最权威的认证，全球已有 80 多个国家的 1000 多个数据中心通过了 Uptime 的认证。

Uptime 的 Tier 等级标准定义了数据中心基础设施的四种不同分类，即 Tier Ⅰ、Tier Ⅱ、Tier Ⅲ、Tier Ⅳ。Uptime 认为数据中心的整体安全性依赖于多个单独的基础设施子系统的一体化运营，系统中任意一处出现短板均会导致整体安全性的下降。因此，Uptime 主要从整个基础设施的拓扑结构来分析和确定一个数据中心的安全性，而不仅仅是简单地针对单个子系统提出配置标准要求。在其认证审查过程中，Uptime 会更关注针对某一 Tier 等级，数据中心基础设施中的所有系统、子系统必须达到相同的正常运行时间。因此，Uptime 的 Tier 等级从严格意义上，一直坚持从系统整体架构上来判断系统的整体安全性，Tier 分级没有一个具体的配置要求，表 3-3 所示 Tier 等级配置要求仅供参考。

表 3-3　　Tier 等级配置要求

项目	Tier Ⅰ	Tier Ⅱ	Tier Ⅲ	Tier Ⅳ
支持 IT 负载的最小容量组件	N	$N+1$	$N+1$	N 在任意故障后
分配路径	1	1	1 个主用在线和 1 个备用	2 个同时主用在线
关键电力分配	1	1	2 个同时主用在线	2 个同时主用在线
可同时维护的	否	否	是	是
容错性	否	否	否	是
区域分隔	否	否	否	是
连续供冷	否	否	否	是

在 Uptime 的 Tier 等级分类认证中，更应该关注的是对每个等级有什么样的安全性要求，详情如下：

（1）Tier Ⅰ：基本需求。

1）Tier Ⅰ 基本数据中心拥有非冗余的组件，以及单一的、非冗余的分配路径来为 IT 系统提供服务。

2）Tier Ⅰ基础设施包括 IT 系统的专用空间，过滤电力峰值、谷值和暂时中断的不间断电源（UPS），专用冷却设备，以及避免 IT 功能受长期断电影响的自备发电机。

3）为引擎式发电机储备 12 个小时的现场燃料存储。

（2）Tier Ⅱ：组件冗余。

1）Tier Ⅱ数据中心拥有冗余的组件，以及单一的、非冗余分配路径来为 IT 系统提供服务。除具备 Tier Ⅰ基础设施以外，冗余组件包括额外的发电机、UPS 模块和能量存储、冷却器、散热设备、泵、冷却装置和燃料箱。

2）为“*N*”容量储备 12 个小时的现场燃料存储。

（3）Tier Ⅲ：可并行维护。

1）Tier Ⅲ数据中心拥有冗余容量组件，以及多个独立分配路径来为 IT 系统提供服务。任何时候，只需一个分配路径为 IT 系统提供服务。

2）所有 IT 设备均为双电源供电，并且合理安装兼容机房架构的拓扑。

3）为“*N*”容量储备 12 个小时的现场燃料存储。

（4）Tier Ⅳ：容错配置。

1）Tier Ⅳ数据中心拥有多个独立的物理隔离系统来提供冗余组件，以及多个独立、不同、激活的分配路径同时为 IT 系统提供服务。当任何基础设施出现故障后，均会仍有至少“*N*”容量的基础设施可以继续为 IT 系统提供运行保障。

2）所有 IT 设备均为双电源供电，并且合理安装兼容机房架构的拓扑。

3）主备用的系统和路径必须相互物理隔离（分区化），以防任何单项事件同时影响两个系统或分配路径。

4）需要连续冷却。

5）为“*N*”容量储备 12 个小时的现场燃料存储。

2. 国标的等级分类

国标对数据中心的等级分类思路与 Tier 的等级分类思路相同，均是从整体角度考虑安全性，避免在某一个子系统出现短板从而影响到整体的安全性。根据 GB 50174—2017《数据中心设计规范》的要求，将数据中心的建设等级划分为 A、B、C 三级。

（1）A 级数据中心。A 级数据中心为最高级别的建设标准，要求基础设施宜按容错系统配置。具体判断标准：在电子信息系统运行期间，基础设施应在一次意外事故后或单系统设备维护或检修时仍能保证电子信息系统正常运行。需要补充的是，GB 50174—2017《数据中心设计规范》还提出了一个新的思路，即当两个或两个以上地处不同区域的数据中心同时建设、互为备份，且数据实时传输、业务满足连续性要求时，数据中心的基础设施可按容错系统配置，也可按冗余系统配置。

（2）B 级数据中心。B 级数据中心为中等级别的建设标准，要求基础设施应按冗余配置。具体判断标准：在电子信息系统运行期间，基础设施在冗余能力范围内，不得因设备故障而导致电子信息系统运行中断。

（3）C 级数据中心。C 级数据中心为最低标准，基础设施按基本需求配置，在基础设施正常运行情况下，能够保证电子信息系统运行不中断即可。

国标对数据中心等级分类的思路综合考虑了国际标准与我国的国情，特别是考虑到我国电网可靠性较高，因此，规定独立于正常电源的专用馈电线路可以替代发电机组作为备用电源。国标等级配置要求见表 3-4。

表 3-4　国标等级配置要求

项目	国标 A 级	国标 B 级	国标 C 级
总体性能	宜容错配置	冗余配置	基本需求
供电电源	应由双重电源供电	宜由双重电源供电	应由双回线路供电
供电网络中独立于正常电源的专用馈电线路	可作为备用电源	—	—
变压器	应满足容错，可采用 $2N$ 系统（避免单点故障的系统配置即可）	应满足冗余，宜 $N+1$ 冗余	应满足基本需要 N
后备发电机组	应 $N+X$（$X=1\sim N$）	当供电电源只有一路时，需设置后备发电机系统，宜 $N+1$ 冗余	不间断电源后备时间满足信息存储要求时可不配
发电机储油	宜满足 12h	—	—
UPS 系统	宜 $2N$ 或 $M(N+1)$（$M=1$、2、3、…）；或一路（$N+1$）UPS 和一路市电；或 $N+1$ 冗余	宜 $N+1$ 冗余	应满足基本需要 N
后备电池时间	15min（发电机作为后备电源时）	7min（发电机作为后备电源时）	根据实际需要
空调供电	双路电源（其中至少一路为应急电源），末端切换，应采用放射式配电系统	双路电源，末端切换，宜采用放射式配电系统	宜采用放射式配电系统

3.4 发展趋势

如今，在云计算、物联网、大数据、5G等创新业务的驱动下，全球的数据流量一直呈现指数增长。数据量的大幅增长，是推动IDC数据中心建设快速增长的基础。特别是2020年，全球新冠肺炎疫情促使线上经济加速繁荣，网络授课、线上会议、视频点播、直播购物、网络游戏等大量线上业务的需求规模飞速上升。同时，我国“新基建”也将数字经济的发展和数据中心的建设列为重要内容，这必将带动整个社会加速进行数字化转型。因此，未来数年，不论是全球还是在中国，数据中心仍将继续保持高速增长。

在数据中心飞速发展、各项技术不断创新的背景下，数据中心逐渐呈现出以下几方面的发展趋势。

1. 数据中心的云化趋势

从技术发展和使用需求的角度看，用户信息系统云服务化是大势所趋。云服务商可以将大规模的服务器通过软件定义网络（SDN）和网络功能虚拟化（NFV）技术进行虚拟化整合，可以直接为客户提供存储、计算等各种服务能力，客户甚至不需要知道提供服务的硬件安装地点，只需要提出需求，便可通过云获得相应的IT能力。因此，云业务必将对传统IDC业务带来巨大的冲击。云业务也对数据中心提出了更高的要求，首先，云业务要求服务器密度上升，对机架供电和制冷的要求随之提高；其次，云业务在数据中心内或不同数据中心间带来大量的数据流量，对网络的要求随之增大；最后，云化背景下，服务更全面，数据中心将更加强调服务的能力。

同时，云业务也将重构IDC的价值，提升传统IDC的盈利能力。一是云计算模式整合机房、硬件和软件等基础资源，通过分布式计算与虚拟化技术，提升计算、存储及网络资源利用率，避免资源闲置。二是传统IDC转型云计算进一步拓宽市场边界。传统IDC主要提供信息基础设施的租赁、托管及运维，而云计算则可实现更多样化的增值服务，如混合云、私有云托管、混合云/私有云建设等。三是云数据中心资源的调整更方便，利用更充分。传统IDC需要根据客户需求逐步部署和配置基础设施资源，因此，传统IDC的业务交付通常需要较长时间。而云数据中心通过软件技术手段，只需短短几分钟甚至几十秒即可实现资源的快速分配，并且可以在云端建立庞大的虚拟资源规模，因此云数据中心的资源利用率和客户响应均远高于传统数据中心。

2. 大型或超大型数据中心与边缘 DC 两极分化

视频直播、人工智能、自动驾驶等一系列对带宽、时延要求更高的业务发展，决定了未来的数据中心必须围绕业务需求分层布局。不同业务将影响网元功能的部署位置，对时延要求一般的基础网络业务、控制面功能网元可以集中部署；对大带宽业务，转发面下沉、流量本地疏导；对时延要求较高的新型业务，要求内容靠近用户，业务分布全网络边缘。边缘数据中心介于核心数据中心和用户之间，它处于最接近用户的地方，通过广域网保持数据的实时更新，可直接为用户提供良好的服务，不仅可以避免传递重复的数据，也使得当地用户获得与访问核心数据中心无差异的服务，获取更好的用户体验。未来数据中心建设的网络层次应该是超大规模数据中心与边缘数据中心并举，两者的相互结合有望实现成本与效率、资源节约与用户体验的共赢。

3. 绿色节能是发展方向

2019 年，工业和信息化部、国家机关事务管理局、国家能源局三部委发布了《关于加强绿色数据中心建设的指导意见》（工信部联节〔2019〕24 号），该文件要求，到 2022 年，数据中心平均能耗基本达到国际先进水平，新建大型、超大型数据中心的电能利用效率值（PUE）达到 1.4 以下；通过开展节能改造工程，力争使既有大型、超大型数据中心电能利用效率值不高于 1.8。2020 年，国家发展改革委、中央网信办、工业和信息化部、国家能源局联合出台《关于加快构建全国一体化大数据中心协同创新体系的指导意见》（发改高技〔2020〕1922 号），该文件要求，到 2025 年，我国大型、超大型数据中心运行电能利用效率更是要降到 1.3 以下。

在国家政策的引导下，需求旺盛的北京、上海、深圳等核心区域对综合能耗指标和电能利用效率也纷纷提出了更加严格的地方要求。

（1）北京：中心城区全面禁止新建和扩建数据中心，其他区域仅允许建设 PUE 在 1.4 以下的云计算数据中心。

（2）上海：新建互联网数据中心 PUE 控制在 1.3 以下，改建数据中心 PUE 控制在 1.4 以下。

（3）深圳：PUE 在 1.4 以上的数据中心不享有能源消费的支持，PUE 低于 1.25 的数据中心可享受新增能源消费量40%以上的支持。

因此，不论是从生产经营的角度，还是从社会国家的政策要求，数据中心的绿色节能发展都是数据中心建设经营中绕不开的关键环节。

数据中心的基础设施主要是为数据中心的服务器提供一个安全、可靠、稳定及高效的运行环境。综合以上发展趋势来看，未来的基础设施技术发展，应该具备表3-5所示的基础设施技术特征。

表3-5　　基础设施技术特征

技术战略特征	启示
合理的安全可靠性	国际标准与国内现状的结合，合理选择系统的配置方案，获得需要的安全可靠性
高密度的供电制冷	适应云数据中心发展趋势的必然要求
绿色节能高效运行	充分利用自然冷却技术，是获得系统高效的关键，但只有在结合当地实际情况的基础上全方位考虑节能降耗，才能获得最理想的电能利用效率
基础设施弹性支撑	通过创新技术措施，使基础设施的支撑能力更方便调整和扩展
模块化的系统结构	在建设期有利于分期投资、快速部署、灵活调整；在运营期有利于保证高效、便于管理
数据中心基础设施管理系统（DCIM）和智能技术	整个基础设施全部由智能管控系统集中控制，以达到最优运行状态，大幅提升效率、简化运维

4

数据中心基础设施体系

数据中心的基础设施为数据中心内服务器等设备及数据业务提供着稳定的能源和空间环境条件，保障其可靠、经济、优质运行。它不仅提供 IT 设备正常运行所需的物理架构和温度、湿度等物理环境，而且还要具备保证数据中心运行所需要的供电、制冷、安全及维护等方面的功能。

数据中心基础设施的主要功能是通过一系列分配、变换等手段及冗余机制，将交流主用电源变换成各类专业设备所需的电源种类和保障等级；通过空调、通风等技术手段为专业设备的正常运行提供适合的温度、湿度和洁净度；设置完善的安防、监控以及安保措施，保证数据中心核心业务的物理安全性；通过接地、防雷等措施，预防和消除各种外界及内部的异常因素影响，提高设备运行安全性；通过消防等措施，提升数据中心机房的火灾防控能力。

4.1 数据中心基础设施系统架构

数据中心基础设施包括电源系统、空调制冷系统、安防系统、机柜和架空地板、防雷和接地系统、消防系统等子系统以及这些构成元素的管理和服务系统。某数据中心基础设施各子系统投资占比如图 4－1 所示。

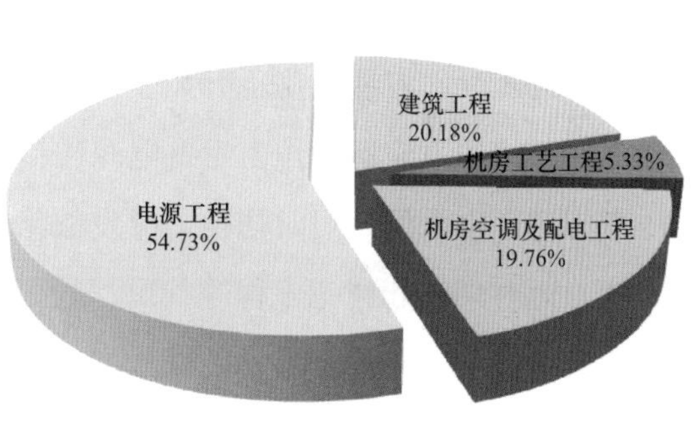

图 4－1　某数据中心基础设施各子系统投资占比情况

4.1.1 电源系统

在数据中心基础设施各子系统中，电源系统是投资最大，也是最重要的系统之一。电源系统支撑数据中心中的所有设备，包括 IT 设备的正常运行，在所有影响 IT 设备运行的故障因素中，电源是最敏感的第一要素。应急计划研究杂志（Contingency Planning）曾发表过一组计算机网络系统发生故障原因的统计数据报告，在电源故障、暴风雪、火灾、硬件及软件故障、水灾和水患、地震、网络转运终止、人为故障、暖通（HVAC）故障等诸多因素中，由电源引起计算机网络系统发生故障的占 45.3%。另外，电源对 IT 系统的重要性还表现为其与系统性质、规模、IT 技术进步、管理水平和人员素质等相关性较小。

由于市电具有来源便利及便于维护的特性，数据中心经常使用市电作为主用电源。早期的数据中心耗电量较小，普遍使用 380V 或者 10kV 市电电源引入，随着数据机柜单设备功耗的急剧上升（从 1～2kW 上升到 4～20kW，甚至更高）以及数据中心规模的增大，单个数据中心建筑的功率很容易就达到 1 万 kW 以上，一个数据中心集群或者是园区的功率则经常达到几十万千瓦，在这种情况下，数据中心的市电引入多条常规的 10kV 线路也不能满足要求，数据中心开始使用到 35kV、110kV、220kV 的市电引入，因此，数据中心内自建各级降压变电站或者配电站也成为常规性配置。

为了保证数据中心内数据机柜设备的供电连续性以及不间断制冷性能，数据中心大量使用交流不间断电源或者直流不间断电源。我国大量的数据机柜使用 220V 交流不间断电源输出进行供电，也有部分数据机柜使用直流 240V 或者 336V 系统进行供电。这类电源通常可以对外部引入的市电进行整流处理或者整流逆变处理，使得数据机柜能够得到更加稳定的和优质的电源输入。通常为了增加供电可靠性，不间断电源系统还使用各种冗余架构，如主备用供电方式、N+1 并联冗余供电方式、2N 系统供电方式，或者是 DR（Distrbuted Reserve）型、RR（Reserved Redundant）冗余系统，来为数据机柜进行供电。各类不间断电源通常使用阀控铅酸蓄电池来保证切换期间的短时间后备，后备时间从十分钟到几十分钟不等。近年来，有些机房也开始了磷酸铁锂电池在数据中心使用的探索。另外，也有一些数据中心使用飞轮储能作为后备电源、铅碳蓄电池作为后备电源及储能电源。

考虑到市电电源的短时切换、突发故障、检修、计划性停电等情况，除了配置蓄电池组来应对短时切换和暂态过程等状况，数据中心还需要配备完善的长时间后备电源系统。数据中心一般都需要配置足量的柴油发电机组等设备作为长时间后备电源，这类后备电源可以满足长时间断电时数据中心不间断运行的要求，通常柴油发电机组的油料储备需要满足 8h（国标 A 级数据中心要求 12h）以上的时间。

典型数据中心电源系统构成如图 4－2 所示。

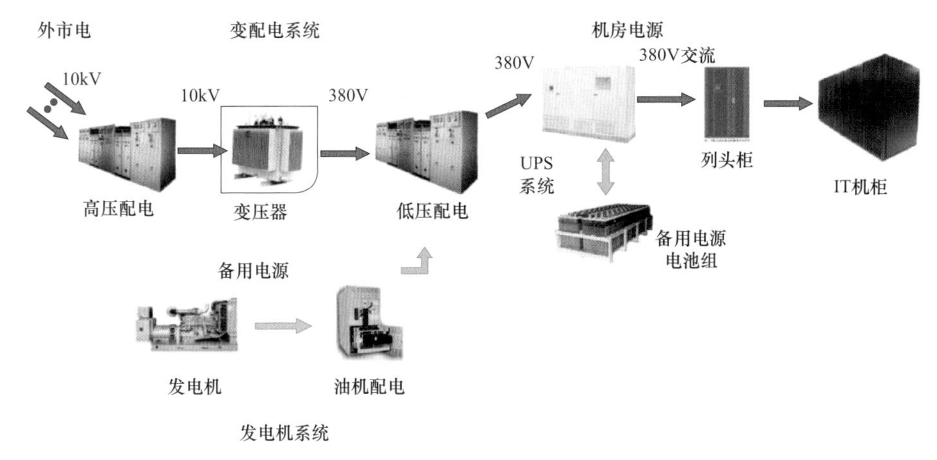

图 4-2　典型数据中心电源系统构成

对于电源系统来说，除了主用电源和后备电源，整个系统架构的可靠性和灵活性也是非常重要的。整个电源系统基础设施，即从建筑物的电力入口到数据中心 IT 负载的整个系统，包括交流输入系统（市电、发电机及输入配电）、不间断电源系统（输入/输出配电、UPS 主机或高压直流、蓄电池组等）、功率因数调整和电能质量调整装置、机架配电等多个构成元素。提高系统的可用性是对电源系统最主要的要求，关键环节的冗余配置、系统智能管理和正确的设备选型等，都是供电方案规划阶段首先要考虑的内容。

4.1.2　空调制冷系统

空调制冷系统是第二个重要的系统，一般制冷设备能耗占到了能源消耗的 30%，对电力的消耗巨大，数据中心能耗构成如图 4-3 所示。由于数据中心具有设备发热量大、同时使用系数高、单位面积空调冷负荷极大、对空调系统依赖性强的特点，空调制冷系统的运行稳定性、可靠性对保证数据设备正常工作是至关重要的，也是必须保证的。对于早期设备集中放置的小型数据中心（服务器室），由于总发热量和设备放置空间的密度都很低，只要配置普通机房精密空调就能够保证房间合适的温度。2005 年以后互联网行业高速发展，数据业务需求猛增，原本规模小、功率密度低的数据机房升级成为数据中心，需要为更多的、功耗更高的 IT 设备提供基础设施。单机柜功耗从 2kW 增加至平均 6kW，部分高密机房中机柜功耗达到 20kW，在我国的超级计算数据中心中单机柜功耗甚至超过了 100kW。数据中心的规模也逐渐变大，开始出现几百到上千个机柜的中型数据中心。数据中心的整体能耗急剧增加，节能问题开始受到重视，各种数据中心制冷系统解决方案如雨后春笋般应用在不同场景。

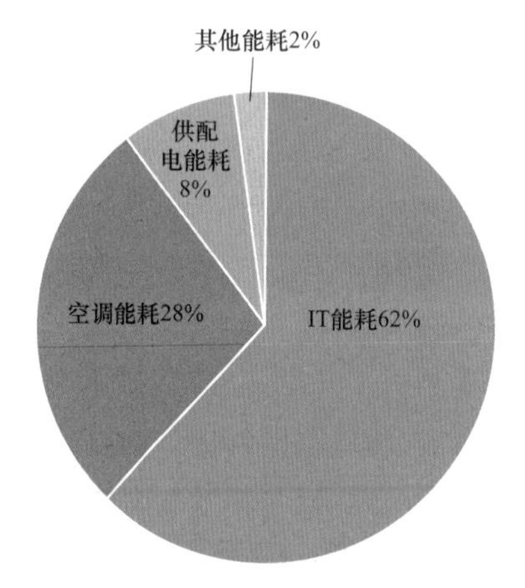

图 4-3　数据中心能耗构成（PUE 为 1.6 时）

空调制冷系统需要持续运行，把机房内的热量转移到机房外散到大气，才能维持机房的环境，使得该环境满足服务器运行的需要。机房热量与室外大气热量交换的方式决定了机房专用空调设备制冷系统形式多样化。根据数据中心的特点和地域气候环境不同，需要选用不同的空调制冷系统。

1. 冷源侧系统

（1）风冷式机房精密空调。风冷式机房精密空调在小型数据中心机房的应用最为广泛。风冷式直接蒸发系统使用制冷剂作为传热媒介，机组内的制冷系统由蒸发盘管、压缩机、冷凝器等制冷管路组成。风冷式机房精密空调每套空调相对独立控制和运行，属于分散式系统，易于形成冗余。室内外机一一对应，相互之间独立，任意系统故障或检修不影响其他系统，可靠性很高，仅有低压加湿水管部分进机房，影响小且无冷却水系统高压水管泄漏风险，安装和维护简单，建设灵活，扩容相对灵活，在小型数据中心机房中普遍应用。

传统的风冷直膨式系统压缩机能效比（COP）为 2.8～3.5，空调设备耗电大，适用于设备耗电少、小型以及具备冷凝器摆放条件的机房。随着装机需求的扩大，数据中心机房预留的室外风冷冷凝器安装位置严重不足，在办公建筑中大量采用的冷冻水系统开始逐渐应用到数据中心的制冷系统中。

（2）冷冻水型集中式空调系统。冷冻水型集中式空调系统（水冷型集中式空调系统）包括冷冻水主机、冷冻水泵、冷却水系统、空调末端和管路阀门等，系统相对复杂，如果设计为双盘管，保障冷水主机、管路、阀门、盘管都是两套，可以进一步提高系统可靠性。冷冻水管进入机房，需要考虑机房区与空调区的隔离和防水排水。大型冷水主机的能效高于分散系统和风冷系统，一般冷水机组的 COP 可以达到 5.4～6.0，大型离心冷水机组的 COP 更高，冷水主机在考虑设计冬季利用自然冷源时，可以进一步提高能效。采用冷冻水系统可以大幅降低数据中心运行能耗。冷冻水型集中式空调系统采用集中式冷源，冷水主机以及冷却系统可以集中放置，对建筑立面造型影响较小，但是由于管网系统需要一次到位，所以初期投资较高，且需要使用的水资源量比较大，适用于大型、功耗高的数据中心机房，系统综合匹配设计后可以充分发挥运行费用低和节能的优点。

典型数据中心水冷空调系统构成如图 4–4 所示。

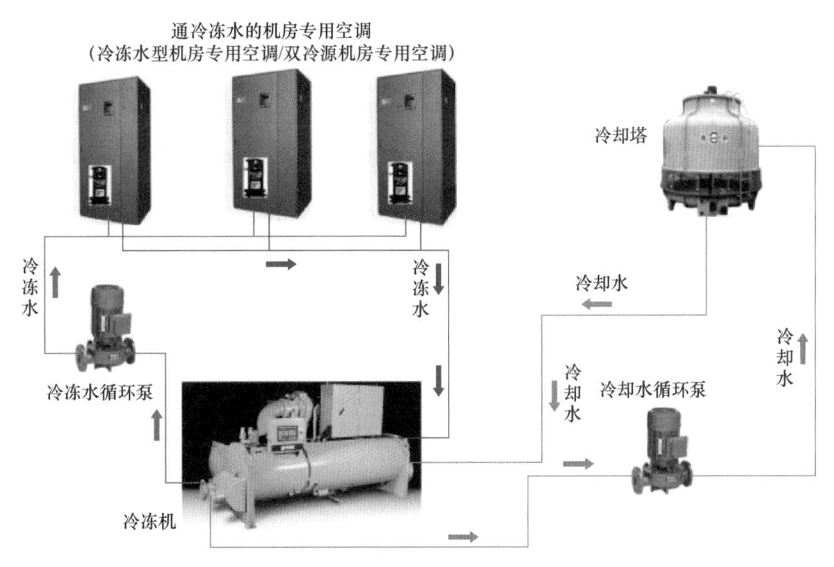

图 4–4　典型数据中心水冷空调系统

（3）风冷型集中式空调系统。风冷型集中式空调系统使用也较多，风冷式冷水机组直接利用空气进行冷却来制取冷冻水。比较合适使用在缺水、水质十分恶劣的地区，风冷冷水机组的 COP 普遍比较低，一般在 3.0 左右。因此，与水冷式冷水机组相比能耗较高。为了降低风冷式冷水机组的能耗，可以采用附加干冷器或风冷一体机的方式，利用过渡季节的室外低温进行自然冷却以达到节能的目的。

2. 空调末端与气流组织

无论是水冷型集中式空调系统，还是风冷型集中式空调系统，都在机房内配置有空调末端机组，以将冷源系统的冷量送往服务器机柜。

（1）房间级空调末端。房间级空调末端主要是机房专用空调，放置在机房的一侧或者两侧专门的空调区域内。末端空调的送风方式可分为下送风和上送风两种，下送风是通过地板下静压箱自下而上输送冷风，是最常用的一种空调末端形式。末端空调的连续耗能运转部件是风机，一般使用内置控制器后倾式电子控制换向电动机的风机，即 EC 风机。

（2）列间空调末端。列间空调末端根据布置的位置不同，又可分为列间空调、顶置空调和底置空调。列间空调布置于机柜的列间时，前侧出风，水平吹向机柜，经过机柜前门进入机柜为机柜供冷，穿过机柜回风至空调后部。顶置空调布置于机柜上方，一般设备本身不配置风机，表冷盘管设置于机柜顶部。服务器机柜风扇将排出的热空气聚集到封闭的热通道内，通过热压的作用，热空气自然上升，经过机柜顶部的顶置冷却单元表冷盘管降温后，因热压作用开始下降，并再由服务器机柜风扇吸进设备进行降温，实现垂直方向的空气循环。因为末端空调不配置风扇，热压作用维持空气自然流动，所以能耗很低。底置空调布置于机柜下方，冷空气经机柜前门穿过机柜到后部。

相比房间级空调，列间空调的气流输送距离短、所需风压小，可以显著降低风机功耗。华北地区某数据中心应用了列间空调末端和顶置空调相结合的冷却技术，年均 PUE 可实现 1.3 以下。

（3）机柜级空调末端。机柜级空调末端更贴近机柜热源，与服务器机柜紧密结合。一般安装在机柜的前门或者背板，形成前门空调末端及背板空调末端。为保证空调末端气流组织的均匀性，机柜级空调末端一般需要配置多台风机。

空调末端一般需要与封闭冷/热通道的方式一起配合来优化气流组织，减少混风造成热损失。冷/热通道封闭系统是基于冷热空气分离有序流动的原理，冷空气由高架地板下吹出，进入密闭的冷池通道，机柜前端的设备吸入冷气，通过给设备降温后，形成热空气由机柜后端排出至热通道，热通道的气体返回到空调回风口。冷/热通道封闭措施约束了机房空调的气流组织，冷气流直接冷却设备，消除冷热气流混风的缺点，提高空调利用效率，降低机房能耗。

机房气流组织示意图如图 4–5 所示，该气流组织方式为冷通道封闭与房间级空调末端配置。

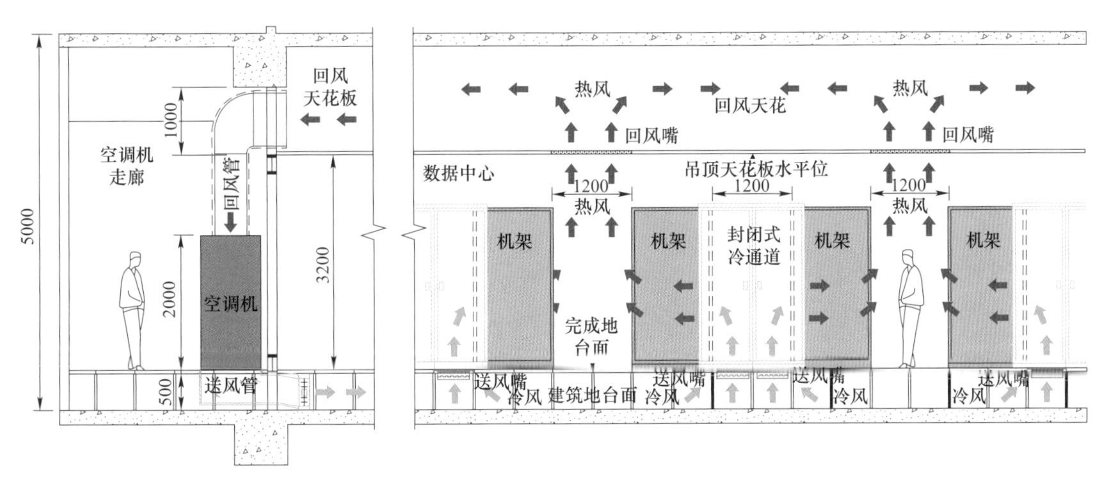

图 4–5 机房气流组织示意图

3. 数据中心蒸发冷却技术

数据中心是耗电大户，其中空调制冷系统耗电占比最高。为了降低数据中心空调制冷系统的能耗，近年来出现了数据中心蒸发冷却技术，该技术展现出广阔的应用前景。

蒸发冷却技术是利用水蒸发吸热制冷的原理进行机房冷却的技术，尤其在干燥凉爽的地区可以充分利用室外空气进行自然冷却，为了保证数据中心机房内空气的洁净度，通常采用间接蒸发冷却的方式来隔绝室内外空气的直接交换。蒸发冷却示意图如图 4–6 所示。

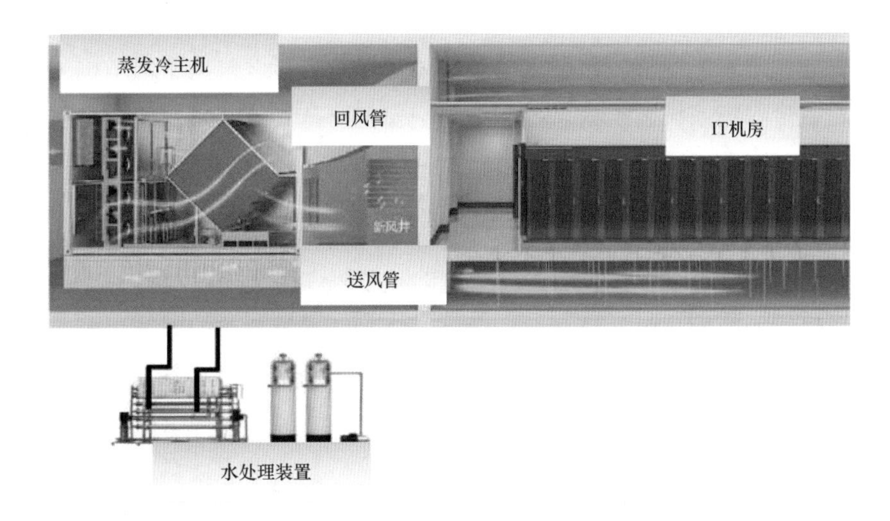

图 4–6 蒸发冷却示意图

间接蒸发冷却系统是以间接蒸发冷却冷水机组（在寒冷地区使用乙二醇自然冷却）为全年主导冷源、间接冷却新风机组为备份冷源、机房高效末端空调机组为末端的集中式蒸发冷却空调系统。根据不同的气候条件切换相应的运行模式，从而在可靠运行的前提下，充分挖掘水侧蒸发冷却技术、风侧蒸发冷却技术各自的优势，并且实现相互间的自然冷源补充，实现系统节能。

当外界环境温度较低时，系统运行在冬季模式，此时蒸发冷却冷水机组和换气以及机房末端空调运行在内循环模式。当外界温度较温和时，系统运行在夏季模式，此时蒸发冷却冷水机组运行在夏季模式，与夏季换气和室内末端空调一起运行，间接蒸发冷却新风、直接蒸发冷却新风或机械制冷都不运行。当室外温度较高且湿球温度也较高时，整个系统运行在极端模式，有三种制冷方式均可实现制冷，即间接蒸发冷却新风+室内高效末端、直接蒸发冷却新风+室内高效末端、蒸发冷却冷水机组+机械制冷+室内高效末端。

4.1.3 安防系统

数据中心是数据业务运营中十分关键的基建要素，基于数据中心的功能和特征，有必要对数据中心基础设施配置完善的安防设施。

常规数据中心需要防范两类问题，一是物理防护，防止设备损坏，机房内放置的都是精密的信息化设备，例如路由器、交换机、服务器等硬件，不得随意挪动或更改位置；二是信息防护，防止出现泄密，由于机房内存储内容涉及商业机密，一旦泄漏会造成无法估计的影响。

数据中心的安全防范系统（简称安防系统）是保障机房安全的重要措施，主要包括视频监控系统、入侵报警系统、出入口控制系统、安全防范集成管理系统等。安防系统一般根据受防权限划分出不同的区域，进入员工区域、服务器租户方或专业人员的区域时需要不同的授权。安防系统对数据中心的重点区域进行实时视频监控，对出入口实施门禁管控，对可能发生入侵的场所实施报警管理，各子系统之间实行联动管理控制。

数据中心建筑的智能化包括信息通信设施系统、动力设备监控系统、公共安全系统三大部分。通过智能化集成实现综合管理，保障数据中心的正常运营功能，增强可靠性，提升经济性，减少后期运营成本。

（1）信息通信设施系统。信息通信设施系统包括通信接入系统、综合布线系统、语音通信系统、公共广播系统、信息网络系统、会议系统及信息导引和发布系统。其中，通信接入系统和综合布线系统是整个通信设施的核心。从安全性和可靠性角度考虑，数据中心至少设置两个独立的通信接入机房；考虑到不同的客户需求和通信冗余，应安排多家通信运营商线路进入；进入通信接入机房的电信网络和冗余线路，应当考虑来自不同方向的路由。

（2）动力设备监控系统。数据中心的动力设备监控系统应实现对数据中心非核心区域基础设施设备和核心区域的集中监控，需要对数据中心的动力环境（温湿度、漏水、压差、氢气、UPS、智能 PDU、智能配电柜、精密空调、高低压配电设备、发电机组、新风机、消防监控、门禁等）、视频监控、隐蔽管廊监控、带外管理等基础信息数据进行数据采集。

（3）公共安全系统。数据中心的公共安全系统包括火灾自动报警系统和应急联动系统及安全技术防范系统。其中，安全技术防范系统又可细分为安全防范综合管理系统、入侵报警系统、视频安防监控系统、出入口控制系统、电子巡查管理系统、访客对讲系统和停车场管理系统等。

4.1.4 机柜和架空地板

在数据中心机房中，机柜是所有 IT 设备的支撑机构和分配单元，实际上是数据中心的缩影，是 IT 设备的微环境。因此，整个数据中心机房中存在的问题在机柜中也都会反映出来，包括物理结构、承重、IT 设备的安装及兼容性、气流管理、电源分配、线缆管理（电源电缆和数据电缆）等。数据中心普遍采用的机柜是宽度 600mm、深度 1100mm 或 1200mm 的数据机柜。根据机柜内服务器数量的不同和功耗的不同，数据机柜的使用高度范围为 2000～2500mm，其中使用较多的高度是 2200mm。

架空地板虽然并非标配，但在数据中心内使用也很普遍，是数据中心基础设施的一部分。架空地板的功能主要有用于冷却 IT 设备的冷气流分配系统；用于数据线缆敷设的轨道、管线或支架；电源线缆敷设空间；用于设备接地的铜导线接地网；用于冷冻水管道或其他公用设施管道敷设空间。

早期的部分 IT 设备要求从机柜底部进风，但目前几乎所有 IT 设备均采用由前向后的气流方向，以使其同时适用于架空地板和硬地板环境。制冷系统用于冷却 IT 设备的冷气流分配系统时，由于数据机柜功率密度高达每机柜 5～20kW，在该功率密度条件下，为了提供高效且均匀的空气气流，要求高架地板的深度至少为 600～1000mm 或者更深，且要求高架地板下面无障碍物。架空地板是机房下送风的重要通道，制冷设备将冷风送入高架地板内，使高架地板下面形成一个冷源静压室，这样可以均匀地向机房内各机柜配送冷空气。

数据中心的空调制冷系统对机柜和架空地板的使用有各种不同的配置方式，包括基于机柜行级的空调设备、新风与间接新风节能冷却以及背板热交换器等，这些方案并不要求使用架空地板设计，事实上其中一些方案使用普通硬地板设计效果更佳。

4.1.5 防雷和接地系统

雷击会产生不同程度的破坏，国际电工委员会已将雷电灾害称为“电子时代的一大公害”，雷击、感应雷击、电源尖波等瞬间过电压已成为破坏电子设备的罪魁祸首。通过大量的通信设备雷击事例分析，专家们认为，由雷电感应和雷电波侵入造成的雷电电磁脉冲是机房设备损坏的主要原因。

为了保护建筑物和建筑物内各电子网络设备不受雷电损害或使雷击损害程度降到最低，应从整体防雷的角度来进行防雷方案的设计。雷电防护主要包括以下几种。

1. 直击雷防护

做好直接雷击防护是感应雷击防护的前提。直击雷防护按照 GB 50057《建筑物防雷设计规范》的规定进行设计和施工，主要使用避雷针、网、线、带及良好的接地系统，其目的是保护建筑物不受雷击的破坏，给建筑物内的人或设备提供一个相对安全的环境。

2. 电源线防护

统计数据表明，微电子网络系统 80%以上的雷害事故都是由与系统相连的电源线路上感应的雷电冲击过电压造成的。因此，做好电源线的防护是整体防雷中不容忽视的一环。

3. 信号系统的防护

尽管在电源线和通信线路等外接引入线路上安装了防雷保护装置，但雷击发生时网络线（如双绞线）感应到过电压，仍然会影响网络的正常运行，甚至彻底破坏网络系统。所以，网络信号线的防雷对于网络集成系统的整体防雷来说，是非常重要的环节。

4. 等电位连接

计算机房应设置均压环。将机房内所有金属物体，包括电缆屏蔽层、金属管道、金属门窗、设备外壳以及所有进出大楼的金属管道等金属构件进行电气连接，并接至均压环上，以均衡电位。

数据中心的均压等电位连接应依据电磁兼容理论，选择网（M）型、星（S）型和星–网组合型连接方式，以实现均压等电位的优化连接。等电位连接示意图如图 4–7 所示。

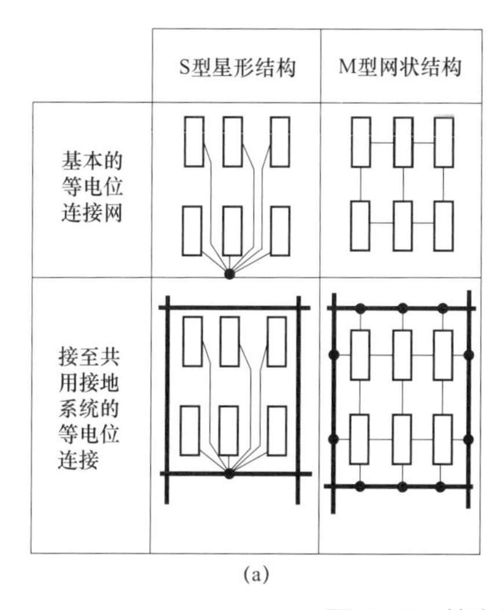

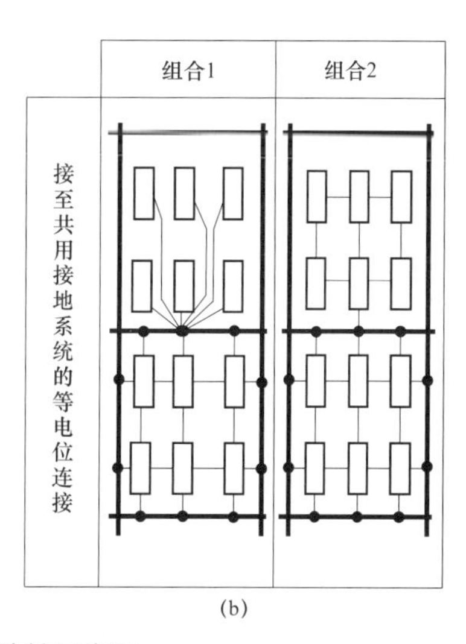

图 4–7 等电位连接示意图

（a）通信系统等电位连接的基本结构；（b）通信系统等电位连接方法的组合方式

5. 数据中心的接地网

我国数据中心接地系统一般使用 TN–S 或者 TN–C–S 方式。

TN–S 供电系统有五根线，即三根相线 U、V、W，一根中性线 N 和一根保护接地线 PE，电力系统仅一点接地，用电设备的外露可导电部分（如外壳、机架等）接 PE 线。TN–S 供电系统对接地故障灵敏度高，线路经济简单。在一般情况下，只要选用适当的开关保护装置和足够的导线截面积，就能满足安全要求。目前，采用这种供电系统的比较多，TN–S 供电系统适用于三相负荷比较平衡且单相负荷容量较小的场所，TN–S 供电系统接地示意图如图 4–8 所示。

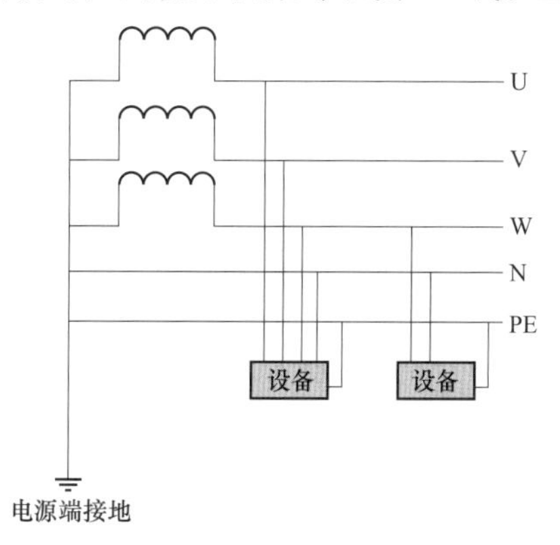

图 4–8 TN–S 供电系统接地示意图

TN–C–S 供电系统的前一部分有四根

线，是 TN－C 供电系统；后一部分有五根线，是 TN－S 供电系统。分界点在 N 线与 PE 线的连接点处，分开后就不允许再合并。这种供电系统一般用在民用建筑物的供电由区域变电站引来的场所，进户前采用 TN－C 供电系统，进户后变成了 TN－S 供电系统。TN－C－S 供电系统在新建数据中心及其他设施中较常见。

4.1.6 消防系统

消防系统是数据中心机房中必不可少的，对于维护数据中心的完整性、安全性和可用性至关重要。为了保证建筑物的消防安全，发生火灾后及时告警、及时通知人员疏散、及时扑灭火灾至关重要，所以数据中心需要配置消防系统。根据功能区域的不同划分，数据中心的消防系统一般相应设置室内、室外消火栓给水系统，水喷淋系统，高压细水雾灭火系统。其中，数据中心机房的设备一般选用气体灭火系统。为了确保安全并正确掌握异常状态，一旦出现火灾能够准确、迅速地报警和灭火，需要设置自动消防灭火系统。消防系统应设置电源主开关联动装置，一旦发生意外，防火系统启动之时，能自动及时切断总电源输入，将损失减至最低。

火灾发生时产生的烟雾主要以一氧化碳为主，这种气体会对人员的生命构成极大的威胁，导致人员的死亡率可达 50%～70%。另外，火灾发生时所产生的烟雾对人视线的遮挡也会使人们在疏散时无法辨别方向。因此，火灾发生后应立即使防排烟系统工作，把烟雾以最快的速度迅速排出。机房是相对密闭的环境，当发生气体喷射后，气体灭火剂不容易排除，所以必须安装排烟系统。

消防系统一般对应设置完善的消防电气系统，包括手动火灾报警系统、火灾自动探测报警系统、视频火警警报系统、空气采样早期烟雾探测系统。

手动火灾报警系统由手动报警按钮、警铃、视像火警警报器及消防总控制屏组成。按动手动报警按钮将启动消火栓及喉辘系统水泵、警铃及联动视频火警警报器。火灾自动探测报警系统由感温探测器、警铃、视频火警警报器及消防总控制屏组成。火灾自动探测报警系统与消防联动控制系统为网络结构、模块化结构的控制主机。消防总控制屏设于消防控制中心以监察感温探测器的报警信号及联动警铃与视频火警警报器动作，任何感温探测器、喷淋水流指示器及手动报警按钮动作均通知到警铃及联动视频火警警报器。

4.2 数据中心基础设施技术路线

大数据行业近年来高速发展，其技术内容发生了很大变化，均来源于服务器技术的发展，以及对于基础设施的可靠性、可维护性、绿色节能的追求。数据中心里的全部耗电量可分为两大部分，一是 IT 负载消耗的电力，二是支持设备消耗的电力。只有将近一半的电力真正用于服务器机柜负载，一半以上的电力均用于支撑供电系统、制冷系统和照明消耗。

4.2.1 基础设施运行存在的问题

目前业界普遍认为影响数据中心内基础设施运行效率低的主要原因有五个方面。

1. 供电设备效率低

UPS、变压器、转换开关和配线等设备在工作时，会消耗部分电力（表现为热量）。虽然此类设备标称的效率评级很高（90%及以上），但当由于冗余目的成倍配置设备或设备在远远低于其额定功率的情况下运行时，其效率会明显降低。另外，供电设备中这部分“浪费”能源产生的热量还必须使用制冷系统制冷来抵消，从而致使空调系统消耗更多的电力。

2. 制冷设备效率低

空气处理器、冷水机、冷却塔、冷凝器、水泵和干冷器等设备在执行冷却功能时，会消耗部分电力。事实上，制冷设备废热导致的效率降低通常远远高于供电设备废热导致的效率降低。当冗余配置设备在远远低于其额定功率运行时，效率会明显降低。因此，提高制冷设备的效率可直接提高整个系统的效率。

3. 照明系统电力消耗

照明会消耗电力并产生热量，这些热量又必须经制冷系统冷却，从而导致空调系统消耗的电力增加。如果数据中心内没有工作人员仍开启照明设备或在数据中心的未用区域开启照明设备，便会产生无用的电力消耗。因此，提高照明系统的效率或控制照明系统使其仅在需要的时间及地点开启，可有效提高整个系统的效率。

4. 供电和制冷系统超大设计及建设

从投资角度来看，安装过多的供电和制冷设备是一种浪费。当供电和制冷系统的设计值高于 IT 负载时，便会导致供电和制冷设备过度规划。下述因素的任意组合均会造成这种情况：①高估 IT 负载并按照超大负载确定供电和制冷系统规模；②IT 负载分阶段部署但却按照未来最大的负载确定供电和制冷系统规模；③制冷系统设计不当致使需采用过大规模的制冷设备才能顺利冷却 IT 负载；④超规模建设会极大地降低整体系统运行效率，并导致过多的电力消耗。

负载减少时，许多供电和制冷设备的运行效率会大幅度下降。虽然某些电气设备（如电气线路）在低负载下效率更高，但大多数重要设备（如风扇、水泵、变压器和变频器）在低负载下的效率会下降。

5. 配置不合理造成低效率

IT 设备的物理配置会对制冷系统能耗产生极大影响，不当的配置不仅会迫使制冷系统超过 IT 设备的实际需要增加空气流动，而且还会导致温度低于 IT 设备实际需要。此外，不当物理配置可能会导致多种制冷设备发生“冲突”（如某台设备正在减少空气湿度，而另一台却在增加空气湿度；某台设备在制冷，另一台却在制热），极大地降低系统效率。还有一些其他因素也会导致系统效率降低，如由于 IT 设备运行时系数取值问题不明确导致出现了供冷能力和供电能力不匹配造成的配置浪费。因此，对物理配置进行系统优化可大大降低能源消耗。

4.2.2 提升基础设施运行效率的措施

为提升数据中心基础设施运行效率，使之保持高效运行，在设计阶段和运行阶段必须要注意以下几个方面的问题。

（1）采用更高效的设备。

1）使用高压发电机组来降低电力系统在传输和架构上的损耗。

2）根据不同地域的散热条件、功率密度、维护保障和经济效益来选择风冷系统或水冷系统。

3）使用静止无功发生器（SVG）对系统功率因数进行双向补偿；使用有源电力滤波器

（APF）来抑制谐波，优化电能质量。

4）采用非晶合金变压器或者高效变压器来降低设备的空载损耗。

5）使用更高效率的高频 UPS 为 IT 设备进行供电等。

（2）减少超规模设计及建设情况。应尽量减少供电和制冷系统超规模设计和建设情况，使设备能够在其效率曲线的最佳范围内运行。可以将当前情况用不上的供电和制冷设备停机冷备用，尽量减少在运设备数量，减少设备空载损耗，提高在运设备的负载率，保证设备尽量运转在高负载率和高效率区域。

（3）采用最新技术。供电、制冷和照明设备应采用最新技术，最大限度地减少电耗，采用智能照明系统，减少不必要的维护用电。

（4）优化负载运行效率。对于必须低于额定功率运行的子系统（以提供冗余），应优化该负载运行时的效率，而非该设备的满负载效率。

（5）物理配置与系统匹配。一体式物理配置应与数据中心系统匹配，而不是与其所安装的房间特征相关。例如，行级制冷应与 IT 机柜相集成，独立于房间级制冷之外。

（6）配备监控装置系统。在出现不良功耗时，监控装置系统能显示和预警，方便工作人员迅速解决问题。

4.2.3 基础设施技术发展路线

除了采用上述各种措施来提高数据中心基础设施运行效率以外，数据中心应采用更合理的系统架构和制冷方式等手段，在不降低系统运行安全性的前提下，提高数据中心基础设施的运行效率。

1. 电源系统技术发展新思路

电源系统架构的技术演进主要从 IT 服务器设备本身供电方式进行。外部 380V 交流电源输入以后一般都需要经过多级转换后才能提供给板卡内器件使用，每级转换会产生损耗和效率损失。为了降低此类供电损失，行业内专家开始探索各种新的供电方案，以提高系统效率，如采用高频 UPS 代替工频 UPS、采用高压直流供电系统（HVDC）以及进行服务器电力优化（Google 服务器内部备电）等。UPS、HVDC、Google 与天蝎服务器如图 4–9 所示。

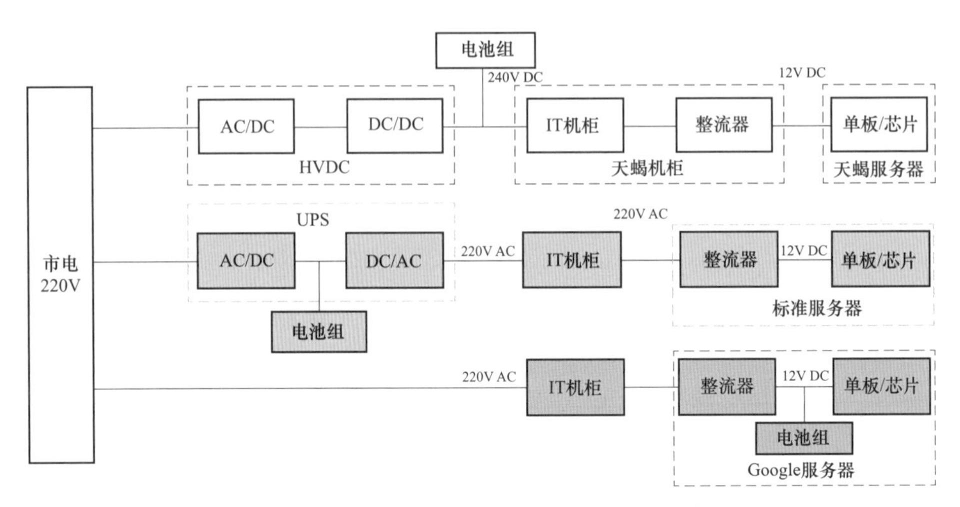

图 4-9　UPS、HVDC、Google 与天蝎服务器

（1）UPS 供电系统。近年来数据中心工程中大量使用高频 UPS 代替工频 UPS 设备。高频机采用 IGBT 高频整流器，并且配套有完善的滤波系统，相对工频机而言，设备向系统注入的谐波电流大大减少，使整个供电系统的安全可靠性有所提高。

高频机是以微处理器作为处理控制中心，将繁杂的硬件模拟电路烧录于微处理器中，以软件程序的方式来控制 UPS 的运行。因此，体积、质量等方面都有明显的降低，噪声也较小，对空间、环境比较友好。高频机普遍的半载效率要优于工频机，通常高频机半载效率可达 94%以上，而工频机半载效率一般为 88%左右，UPS 系统的效率提高 6%，对整个系统的节能减排及机房 PUE 的降低具有非常重要的作用。

为了方便建设和维护，我国数据中心工程中大量采用高频 UPS 设备组成双母线 UPS 系统来给服务器设备供电。双母线 UPS 系统是由两个均具备独立输入输出配电的 UPS 系统为基础组成的。两个 UPS 系统互为备用，正常情况下，两个 UPS 系统均分负荷运行，当其中一个系统出现故障后，负载全部由另外一个 UPS 系统承担。

（2）高压直流（HVDC）供电系统。目前国内各运营商及通信电源厂家对高压直流供电系统电压等级的选择主要有两个标准，即 240V 和 380V 两种电压等级。根据相关研究和实验，目前绝大部分的服务器电源无须改造均能够采用直流 240V 电源直接进行供电，而不必采用 220V 交流电源供电，所以在互联网企业中应用较多；380V DC 的 HVDC 需要采用定制服务器，虽然效率较高，但目前应用较少。

根据实验室测试结果，HVDC 电源的运行效率（半载时）普遍比 UPS 的半载效率高 1

个百分点。另外，HVDC 系统的蓄电池并联在负载端，直接与负荷相连，当停电时可确保供电的不间断，相对 UPS 的结构更易维护，也更可靠。采用直流供电时，系统由模块组成，便于维护，而且由于采用模块化结构，扩容非常方便。同时，建设时可根据服务器的数量逐步扩容整流模块，使每个模块的负载率能尽量提高，利于节能。

（3）ECO 供电方式。经济运行（ECO）供电方式即 UPS 正常工作时不经过双变换环节，直接通过内部旁路来进行供电，在停电或电网波动超过设定的上限时自动切换回双变换模式。这种方式几乎没有设备损耗，效率可以达到 99%以上，在欧洲有较多应用。这种供电方式的问题在于目前测试的 UPS 设备在 ECO 模式长时间运行后并不能可靠唤醒，给系统可靠性带来了一定威胁。

相比之下，一侧 UPS 或者 HVDC 供电，另一侧使用市电直供的方式能为服务器机柜提供双路供电，可以获得更高的供电效率。但此系统如果运行在正常双侧均分负荷的情况时，效率还未达到理想要求，目前业界已着手对服务器电源进行改进，以使其能够正常运行在市电侧 100%带载、运行异常时直接转回 UPS 带载的运行方式。在这种模式下，正常系统的供电效率基本可以达到 98%～99%。

（4）服务器电源优化。基于服务器的电源优化角度，各公司纷纷推出了新的供电架构。

1）微软 LES 电源。微软 OCS 开放服务器与本地能源存储（LES）分布式供电架构。LES 架构在服务器标准电源模块内增加了锂电池包，锂电池通过低成本、小电流的 380V 充放电电路并联到电源供应模块（PSU）的功率因数校正（PFC）母线上，实现市电正常下的充电，以及市电异常下的备电供应。一个 LES 电源模块就相当于一台小型 UPS。因为每个电源模块都自带电池，理论上 LES 的服务器并不需要向其他市电主供的方案一样要在断电时进行切换，可靠性更高。LES 供电架构因为不需要 UPS 和铅酸电池组，可以节省 25%的机房面积与 15%的 PUE，锂电池采用业界应用最成熟的 18650 锂电芯。

2）Facebook 的服务器交直流双电源。Facebook 的定制服务器是在服务器电源上进行优化。这种服务器支持交流 277V 和直流 48V 两种输入，正常情况下由市电主供来消除 UPS 的双变换能量损耗。由于服务器接受交流单相电源输入，所以不需要在列头柜内进行 480V/208V 的电压转换，消除了这一转换环节的损耗。而在停电时，则由电池组提供 48V 直流备电给另外一路服务器电源，该路服务器电源将 48V DC 转换成 12V DC 直接向服务器供电，整个供电系统效率更高。

3）Google 的服务器内部备电。Google 的每台内置电池服务器内部都有一块 12V 内置电池，正常情况由市电通过服务器电源转换成 12V 进行供电，如果停电或主路供电遇到问题，则由电池直接给服务器供电。因为内置电池的成本很低，有多少服务器，就配多少块电池，所以安装比较灵活，只要供电系统总容量允许，扩容时基本不用考虑备电的问题。因为是市电直接供电，所以系统的整体效率就是服务器的效率。Google 的服务器结构如图 4－10 所示。

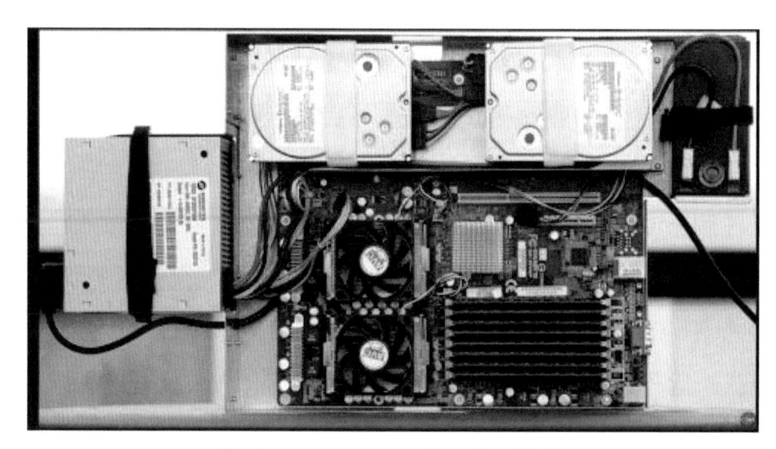

图 4－10　Google 的服务器结构

综上所述，从备电系统的位置来看，随着电池组一步步向后端延伸，供电架构也从完全的集中式过渡到完全的分布式（机房集中供电→微模块内供电→机柜内供电→服务器内供电），单个服务器本身的可用性也逐步提高。从上述几种供电方式的分析来看，未来将呈现以下趋势：一是设备效率越来越高，就 UPS 来说，目前主流设备效率已高达 95%（半载情况下），未来可以提升的空间已经非常有限；二是从关注单独的设备转向追求更加高效的供电架构，减少不必要的供电链路和环节；三是由于新技术带来系统可用性的提升，继而对设备硬件可靠性的要求逐渐降低；四是在设备效率基本达到极致的情况下，用户将更加注重诸如智能化、AI 技术、预制式、一体式融合解决方案等手段的实现。未来技术的发展将会推动这种融合向供电链路的上下游推进。

2. 制冷系统技术发展新思路

服务器在朝着高功率密度方向演进的同时，也在朝着 IT 设备标准化方向演进。标准化使设备之间的兼容性越来越强，用户设备选型的可选择性也越来越高，可以极大地降低建设成本。

IT 设备硬件平台的标准化（尺寸、电源设计、制冷设计）直接改变了数据中心的内部形态。数据中心的服务器机柜标准化以后，所有的 IT 设备在标准化以后都可以放置进入标准的服务器机柜（主流尺寸为容纳宽度 19in 服务器，高度为 42U，1U=1.75in=4.445cm），从而使数据中心更加美观整齐、机柜散热方式更加统一、气流组织更加简单、线缆布放更加有序。

高密度的单台 IT 设备耗电量越来越大，服务器超过 99%的耗电最后都以热量的形式散发出去。随着刀片服务器的迅猛发展，单个机柜的热负荷在满配的情况下可高达 30kW 及以上，制冷量的更高需求促使更加高效的制冷方式出现，如列间空调。列间空调是将制冷装置放置在 IT 设备列中，而非放置在房间的周边空调集中布放区域，列间空调的使用可以显著缩短气流通路，减少冷热气流混合的机会，提高气流分配的可预测性。预测针对 IT 设备的气流分配，可更精确控制不断变化的气流速度实现自动调节，以满足附近 IT 负载的需求。列间空调内通常使用变频风扇，变频风扇以 IT 负载所需的速度旋转，比定频风扇效率高。因此，使用列间空调可极大提高机房内空气处理设备的效率。列间空调的基本布置如图 4-11 所示。

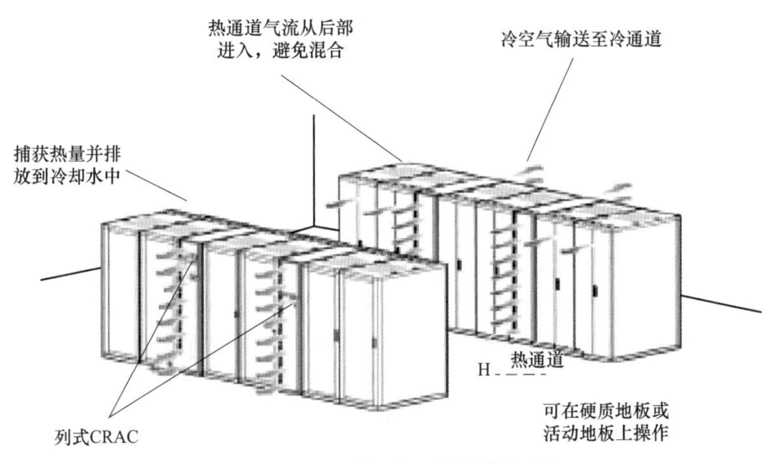

图 4-11 列间空调的基本布置

应用于高热密度制冷开放式架构的另一个方法是顶部辅助制冷，该方法使用 R134a 制冷剂作为制冷媒介。顶部辅助制冷分散在服务器机柜的顶部配置，配置灵活、可靠性和能效都比较高。使用顶部辅助制冷方式时，一般空调设备需放置在机架顶部或吊挂于天花板下，更靠近高密度发热源，可为机架顶部提供冷空气以解决机列上部 1/3 部分的发热问题。

使用 R134a 替代水作为制冷剂可以消除机房内进水带来的隐患。另外，由于制冷模块和电子设备不在同一密闭环境之中，在制冷系统电力故障时，机房中的冷空气可用作缓冲，可以在电力恢复前继续维持制冷。

顶部辅助制冷和传统地板下送风制冷系统配合使用，为新建数据中心和现有数据中心扩容或者应对功率增长、布局优化等方面提供了制定制冷方案的另一思路，尤其是当传统地板下送风的制冷系统不能满足机房制冷需求时，顶部辅助制冷系统可以在不使用任何宝贵的架空地板空间的前提下提供额外的冷量，列间空调则可在占用少量机位的情况下实现高密机架的安装可能性，使得数据中心的建设和使用更加灵活。

3. 基础设施平台管理新思路

数据中心基础设施管理系统（DCIM）可以有效地进行能效监控、热点处理、容量管理，以及计算机柜空间利用率管理等各种综合管理工作。

大多数的数据中心都无法充分利用电源容量、冷却能力和机柜空间，这种情况的主要表现就是数据中心的平均运行功率低下，导致整个系统运行效率较低。现代 IT 设备的功率密度范围是每机柜 5～20kW，典型的数据中心运行情况为每机柜 3kW 或更低，这种差异表明该数据中心的物理规模设计大大超出需求，其通风模式、气流混合、配电线路及照明系统均超过实际需求。

由于缺乏有效方式管理电源容量、制冷能力和机柜空间，导致数据中心经常会低功率密度运行。基础设施管理系统可以保证数据中心在高功率密度下运行，获得更高的运行效率。Google 在全球的数据中心正是通过此种方式对数据中心的运维体系进行管理，而使其数据中心的 PUE 逐年降低。

未来数据中心基础设施技术发展面临的挑战不仅仅包含供电、制冷和管理平台这三个方面的内容，还会有更多的热点出现，但数据中心主要实现的目的是唯一的，就是提高数据中心的可用性、灵活性和降低运行成本。

5 新技术在数据中心的应用

5.1 绿色新能源技术

为了降低数据中心 PUE，近年来传统设备效率不断提升，各种绿色节能技术不断出现，同时也出现了新的供电架构和解决方案。

5.1.1 UPS 效率提升技术

UPS 是当前数据中心主要使用的不间断供电技术，UPS 效率的提升经历了飞轮 UPS、工频 UPS、高频 UPS 以及模块化 UPS 几个发展阶段。模块化 UPS 依托模块化（包括功率模块、旁路模块、控制模块）、高效率（行业模块最高效率已经超过 97%）的设计，已经成为数据中心供电系统的主要选择技术。在数据中心持续追求低 PUE 的大环境下，如何减少供电系统转换的能量损失，提升 UPS 的效率成为首个需要解决的问题。主要可以考虑如下措施来提升 UPS 的效率。

1. UPS 拓扑及器件设计技术

当前主拓扑采用三相维也纳拓扑，主开关管开通期间，电流经过两个半导体器件，但主开关管关断时，只经过一个半导体器件，效率比双 boost 电路更高。采用交错并联技术，纹波更小，可以降低电感和滤波电路损耗。选用更高效的 SIC 器件及新型 4PIN 封装器件，降低器件损耗，平衡电路采用 LC 谐振拓扑，软开关设计，降低平衡电路损耗。动态母线调节及 PWM 发波算法再实现 0.3%的效率提升。

由于数据中心设计大多采用供电的 2*N* 架构设计，负载率通常为 60%～70%，即每一路 UPS 的负载率为 30%～35%，如何提升低负载率下 UPS 的工作效率成为 UPS 效率提升的关键。

（1）合理设计 IGBT、Diode、SCR、电感等损耗器件的规格参数，确保它们在负载率为 50%时具有最优的损耗与电流之比。

（2）电感在 UPS 低载下占据较大损耗占比，要提高低载下的 UPS 效率，需要降低电感在 UPS 中的损耗占比，因此可采用三电平&维也纳拓扑（整流的双 boost 本质上也是三电平拓扑）来降低电感损耗。

（3）设计风扇调速策略，使风扇转速与负载量匹配，轻载低速转，重载高速转，实现低载下风扇损耗占比下降。

2. UPS 休眠技术

UPS 设备休眠是指通过高频开关电源智能化控制技术，以及自动关闭冗余模块使系统工作在最佳效率点，从而实现节能降耗。

UPS 的输出功耗、带载损耗、空载损耗是组成 UPS 能量消耗的 3 个主要部分。输出功耗取决于负载电流大小，无法降低，而且在设计的时候一般会按照最大负载进行设计，这样在实际运行时就经常会出现设计负载远远大于实际运行负载的情况；带载损耗取决于 UPS 的工作效率，一般我们的设计无法覆盖全负载率范围（0～100%），通常负载率为 40%～80%时，工作效率达到最高，设计时可通过提高模块工作效率降低带载损耗；当负荷未达额定容量时，会造成大量的空载损耗，可通过降低 UPS 模块（整机）的工作数量、提高负载率来降低损耗。

UPS 休眠技术就是根据负载电流大小，将 UPS 数量和容量与系统的实配模块的数量和容量进行比较，通过软件定义输出容量技术，来动态调整工作 UPS 模块（整机）的数量，使部分模块（整机）处于休眠状态，把 UPS 整机调整到最佳负载率下工作，从而降低系统的带载损耗和空载损耗，实现节能目的。高频 UPS 负载率与效率的典型关系如图 5－1 所示。

根据实际负载的变化，UPS 设备可自动对冗余模块进行软关断或开启，使运行的 UPS 模块工作在电源转换高效率点。UPS 休眠功能的实现有以下几个关键要点：

（1）模块休眠轮换应先开后关。

（2）在负载阶跃变化时，系统输出应连续供电，以确保系统安全运行。

（3）对模块采用周期性的自动轮换工作方式，轮换周期为 $N\times 24$h（预置 $N=7$，N 为 5～30 可调）。

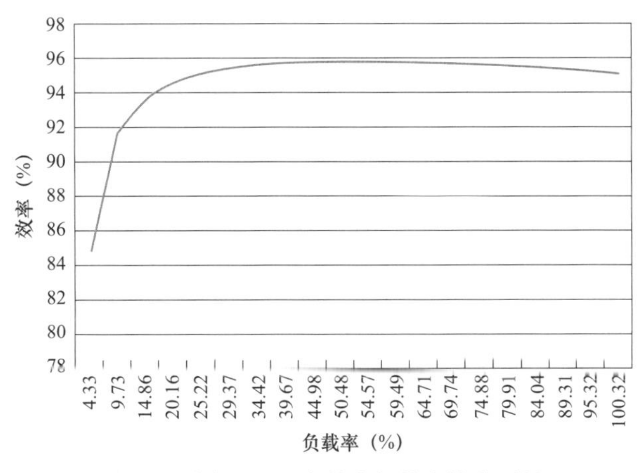

图 5-1　高频 UPS 负载率与效率的典型关系

（4）自动轮换时开启连续休眠时间最长的模块，关断连续工作时间最长的模块。

（5）监控模块故障情形下，所有系统模块应正常运行，即按模块初始设定参数值运行。

（6）节能状态在本地及后台可显示，相关参数可通过本地或后台设置。

（7）监控模块应具备系统检测功能，当系统出现紧急告警时，如市电断电、模块异常、电池低压等，系统自动进入非节能状态。

UPS 休眠提高效率原理如图 5-2 所示。

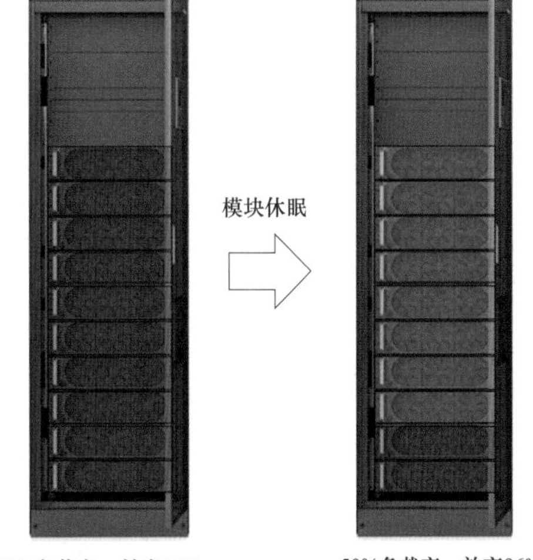

图 5-2　UPS 休眠提高效率原理

3. UPS 设备经济运行（ECO）模式

UPS 设备 ECO 模式下，UPS 在旁路模式运行，处于热备份状态，一旦旁路电压异常，UPS 将在极短时间内（一般情况下：≤4ms）切换到在线模式。UPS 工作在在线模式时，有整流器和逆变器损耗，效率一般为 90%～97%；而工作在 ECO 模式下，UPS 仅有旁路损耗及功率变换器的空载备用损耗，整机效率可以达到 99%以上，因此 ECO 模式可以降低 UPS 损耗，实现节能目的。

由于 UPS 设备在 ECO 模式下，市电通过旁路进入负载，负载侧的谐波有可能对电网造成污染，为解决该问题，目前先进的 UPS 还具备在线滤波功能，ECO 模式滤波原理如图 5-3 所示。在 ECO 模式下，UPS 的逆变器对负载谐波进行补偿，当负载电流为非正弦波或超前滞后于旁路电压时，逆变器补偿该电流（该补偿电流与负载电流之和为旁路电流），将旁路电流修正成与旁路电压相位相同的正弦波。这种工作模式下，逆变器实际起到有源滤波器的作用。

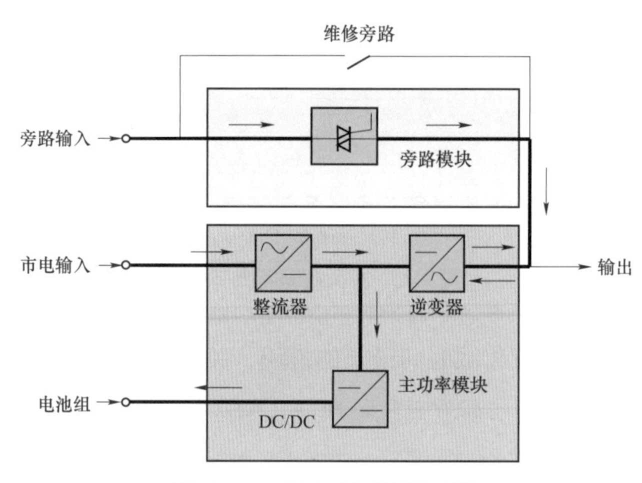

图 5-3　ECO 模式滤波原理

UPS 设备 ECO 模式具有以下运行特点：

（1）用户在评估当地电网安全稳定情况后，可以设置旁路的 ECO 电压、频率范围，并且启动 ECO 功能。

（2）UPS 在开机后启用 ECO 功能，系统检测到旁路在 ECO 电压、频率范围内，UPS 自动由逆变转入旁路供电，同时逆变器就绪。

（3）当 ECO 旁路掉电时，UPS 能快速检测到 ECO 旁路掉电并且转入逆变供电，保证客户的负载供电质量。

（4）为防止逆变和 ECO 旁路频繁切换，在 ECO 旁路正常 5min 后，再由逆变切回到 ECO 旁路。

ECO 模式的优点是可以提高效率，缺点是电网异常时可能影响设备，如浪涌、雷击等，UPS 这些电网异常无法全部过滤，因此可能有一部分浪涌或雷击能量会影响负载，另外在切换期间有毫秒级别的断电时间。

5.1.2　高压直流供电技术

高压直流（HVDC）供电效率约 96%，比当前高频 UPS 效率略高，但如果用相同的服务器电源，将 UPS 换成 HVDC，供电效率并不会有明显提升。要提高 HVDC 供电架构的效率，需要定制服务器电源。

传统的服务器电源有两级变换，第一级变换是将输入转为高压直流，第二级变换是将高压直流转为 12V 直流。在 HVDC 供电架构中，由于输出为高压直流，因此可以将服务器电源的整流器去掉，服务器只保留第二级 DC/DC 部分，将服务器电源第一级效率从 96%提高到 99%以上，从而提高整体供电效率。HVDC 供电节能原理如图 5－4 所示。

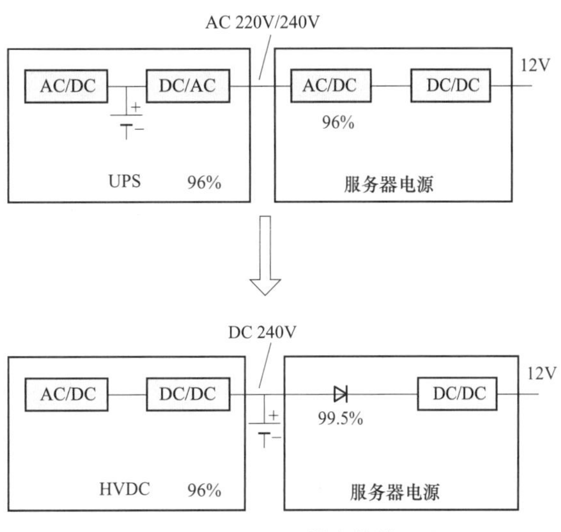

图 5－4　HVDC 供电节能原理

由于定制服务器电源并非易事，仅有少部分 IT 大企业可以实现，因此 HVDC 并没有得到大规模应用，国内外应用均较少。

5.1.3　市电直供技术

市电直供是指将市电直接供电给负载，不经过 UPS、HVDC 或整流器。由于省去了 UPS、HVDC 或整流器的效率损失，因此整体供电效率可以得到提升，市电直供节能原理如图 5－5 所示。

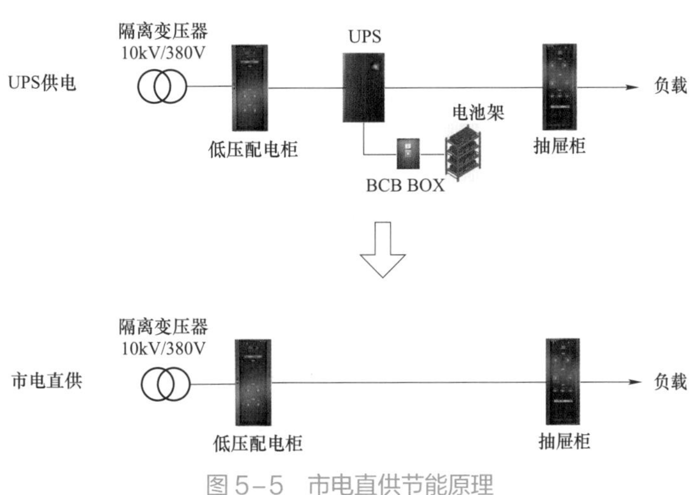

图 5－5　市电直供节能原理

目前绝大多数用电设备都是用市电直供，例如民用电、工业电机用电，仅有少数需要保护的用电设备需要用到 UPS、整流器等专用电源，如数据中心、通信机房、通信基站。由于电网运行中会出现闪断、雷击、浪涌等问题，因此数据中心一般都会配置 UPS 作为设备的高质量不间断电源，但 UPS 会增加设备投资，同时 UPS 效率损失也会提高数据中心的 PUE。

GB 50174—2017《数据中心设计规范》新增了市电直供技术作为 A 类机房标准，当机房设备有两路供电电源，一路为（N+1）UPS，另外一路市电直供，可以满足 A 类机房的要求，前提是市电直供的电流满足电网谐波标准。

尽管市电直供技术可以带来供电效率的提升，但相比传统的 UPS 供电方式，该电路缺少 UPS 的保护，下游负载面临的威胁更大，因此目前市电直供技术并未被大规模应用。

5.1.4 分布式供电技术

数据中心分布式供电是相对于传统的集中式 UPS 供电方式而言的，传统数据中心采用集中式的 UPS 及电池给大量 IT 设备供电。分布式供电技术是指将电池分布到各 IT 设备电源中，在供电链路上节省了 UPS 的损耗，实现节能目的，如采用 12V 电池，将其挂在服务器电源的 12V 总线上。正常工作时，服务器电源给 IT 设备供电，同时给电池充电；市电异常时，由 12V 电池给 IT 设备供电。也可以采用更高电压的电池组，电池组与 12V 总线之间加 DC/DC 变换器。分布式供电节能原理如图 5-6 所示。

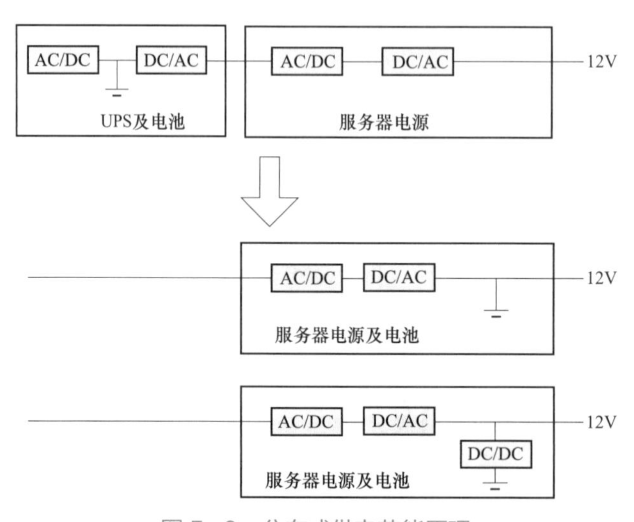

图 5-6　分布式供电节能原理

分布式供电的优点是提高了供电效率，缺点是各分布式的交流电源缺少 UPS 的保护，且电池分散在 IT 设备内，不仅给管理带来不便，而且也对 IT 设备安全运行提出了更高的要求。分布式供电需要定制 IT 设备电源，仅有少量大企业公司能实现。Google 有数据中心采用 12V 电池内置服务器电源方案，电池备电约 1min，一旦市电异常，电池可以在 1min 内启动。Facebook 也有数据中心采用 48V 电池内置服务器电源方案，48V 电池与 12V 供电电源之间加一级 DC/DC 变换器。国内也有一些互联网数据中心采用分布式供电。

5.1.5 错峰填谷技术

电网公司为了鼓励电力用户错峰用电，对各地的非居民用电电价设置了比较大的峰谷电价差，数据中心可以利用此特点进行错峰填谷。一般来说，数据中心的错峰填谷手段分为两种，一种是冷量的错峰填谷，利用水蓄冷或者冰蓄冷在夜晚电价低的时段蓄冷，白天电价高的时段放冷；另一种手段则是电能的错峰填谷，这种方式是利用数据中心较多的电池，在夜晚电价低的时段为蓄电池充电，白天电价高的时段转换电池为重要负荷放电。

但是，由于每天频繁地进行蓄冷和放冷、充电和放电，能量的转换效率一定有损失，所以这种错峰填谷技术实际上并不节能，该技术主要优点是可提高电网的稳定性，利用峰谷电价差节约电费支出。目前使用大型蓄冷罐进行水蓄冷的冷量错峰填谷方式已经有较多的使用案例，且已经取得了比较明显的经济效益。电能的错峰填谷原理如图 5-7 所示。

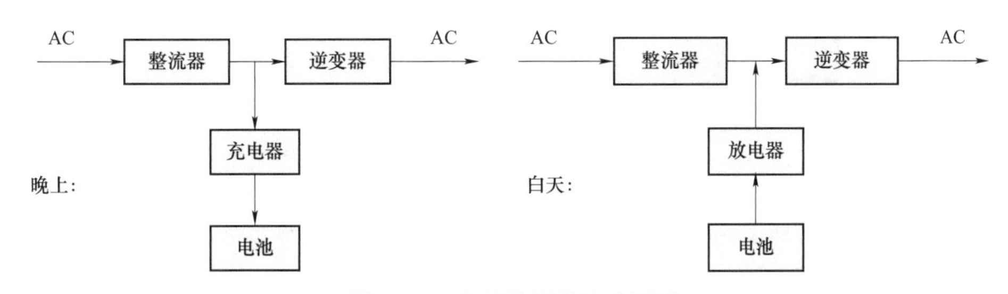

图 5-7 电能的错峰填谷原理

电能错峰填谷技术类似于储能电站，其应用限制在储能电池。储能电池需要满足多次循环充放电次数要求，若每天一次循环，5 年则需要 1800 多次，而当前传统铅酸电池仅能满足几百次循环要求，锂电池能满足要求但价格较贵，目前最适合该技术的是铅炭电池，其价格与铅酸电池相当，循环次数可达到 3000 次以上。

但数据中心的电池并不能完全用于错峰填谷。由于数据中心的电池主要用于备电，一旦市电断电或异常，需要电池提供电量，所以数据中心的电池并不能全部放完，需要预留 5min 以上的备电时间。电能错峰填谷技术需要 UPS 提供市电电池联合供电功能，以满足电池小电流放电需求，但如果 UPS 转电池模式放电，由于放电电流大，电池能放出的能量将大幅度减小。由于上述限制，目前电能的错峰填谷技术还仅在初始阶段，并未大规模应用。

5.1.6 光伏发电、风电等新能源接入数据中心

太阳能、风能是未来重要的发电能量来源。数据中心作为能量消耗大户，电费在运营成本中的占比一直居高不下。利用数据中心的空余地、屋顶放置光伏组件、风力发电组件，将光伏发电、风力发电直接接入数据中心，就近利用，可以降低数据中心消耗电网的电量，实现节能目的。光伏发电、风电接入数据中心原理如图 5–8 所示。

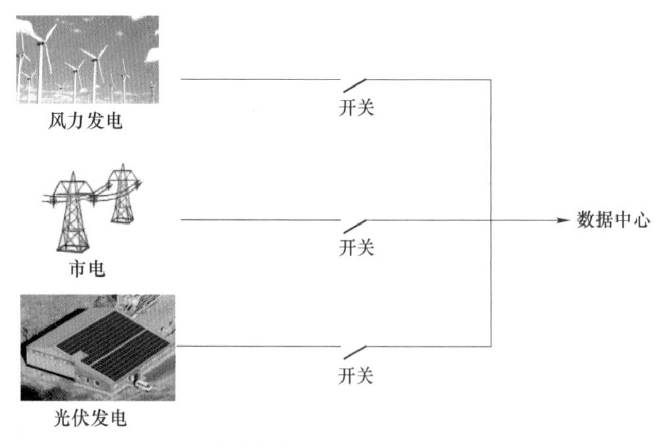

图 5–8 光伏发电、风电接入数据中心原理

光伏发电、风力发电用于数据中心，尽管可以有效降低数据中心电费消耗，理论上可使数据中心的 PUE 低于 1，但技术上还存在有缺陷。一方面，数据中心需要的是持续而稳定的电力供应，而光伏发电、风力发电易受自然气候影响，无法保证提供稳定的电力供应；另一方面，数据中心面积有限，即便将所有有效面积利用起来，光伏发电、风电提供的电量也有限。光伏发电、风电应用于数据中心，如果无政策支持，目前很难实现收支平衡。

5.2 新型自然冷却技术

5.2.1 自然冷却技术发展难点

目前数据中心的空调制冷系统消耗电能占到了数据中心整体能耗的30%～60%，是数据中心的能耗大户，降能耗是数据中心发展的主要问题之一。数据中心建设不仅要确保设备的稳定运行，也要确保温度、湿度、空气洁净度等环境参数满足设备制造商的设计规范，因此优化数据中心制冷系统，减少能源的消耗是当前空调制冷系统发展的主要问题。随着IT设备（服务器、存储）、网络设备的发展，其耐受温度的拓展，以及相关的规范调整，自然冷却技术受到越来越多的热捧。以ASHRAE90.4－2011 A1服务器为例来说明自然冷却技术的温湿度耐受范围的变化，见表5－1。

表5－1 ASHRAE90.4－2011 A1服务器工作范围

温湿度	2004年	2008年	2011年
温度下限	20℃	18℃	15℃
温度上限	25℃	27℃	32℃
湿度下限	40%	—	20%
湿度上限	55%	60%	80%

自然冷却技术是充分利用自然冷源，通过选择合适的热量传递形式，使数据中心内部的热量传递到外部环境。在这个过程中，数据中心的制冷系统可以停止机组的制冷系统，或者部分利用自然冷源。为了保持数据中心温湿度环境满足要求，当外界环境温度高于数据中心内部温度时，依然要采用空调的压缩机系统机械制冷；当外界环境温度较低，则无须压缩机工作，外部的冷源可以通过直接或间接的方式引入室内，从而减少空调系统的功耗，达到节能的目的。

（1）受温度限制。数据中心内部温度较高时，自然冷却技术的应用会受到限制。在低纬度地区的一些区域常年温度高于30℃，而数据中心的设计温度一般要求为24～26℃，则这类区域的数据中心就无法应用自然冷却技术。某些地区温度变化比较频繁，早晚温差大，每天空调系统频繁开启或关闭，自然冷却技术效果受限，反复调整对空调的寿命影响也比较大。

（2）受湿度和污染物限制。外部自然空气的湿度过高、空气污染严重都需要空调系统做二次处理，比如高湿城市，空气湿度大，湿气往往给电子设备带来腐蚀，加速设备老化，不利于数据中心的稳定运行，通过增加一些干燥设备或者安装支持调整湿度的空调来解决以上问题并没有节省电能。对于空气污染，大量带有硫化物、酸性物质的空气，含有雾霾的空气涌入数据中心将腐蚀电子设备，甚至带来设备短路，对于这些低质量的空气，数据中心还要增加一套空气净化系统，这样虽然减少了空调系统的能源消耗，却又增加了空气净化系统的能源消耗，没能从根本上解决能耗的问题。

（3）受建筑结构的限制。采用新型的风侧自然冷却，由于水的比热容是风的 4 倍，考虑到体积，风则是水的 3700 倍，采用风侧自然冷却时，需要在数据中心结构设计时就充分考虑布局。

5.2.2 水侧自然冷却系统

水侧自然冷却系统是在原有冷冻水系统之上，增加一组板式换热器及相关切换阀组，实现冷水机组机械制冷与自然冷却模式之间的切换。高温天气冷水机组开启机械制冷，在低温季节将冷却塔制备的低温冷却水与来自机房的高温冷冻水进行热交换，在过渡季节则将较低温的冷却水与来自机房的较高温的冷冻水进行预冷却后再进入冷水机组，达到降低冷水机组温度的目的。在我国北方地区，冬季室外温度较低，利用水侧自然冷却系统，冬季无须开启机械制冷机组，可通过冷却塔与板式换热器“免费”利用冷源来减少数据中心运行能耗。水侧自然冷却系统原理如图 5-9 所示。

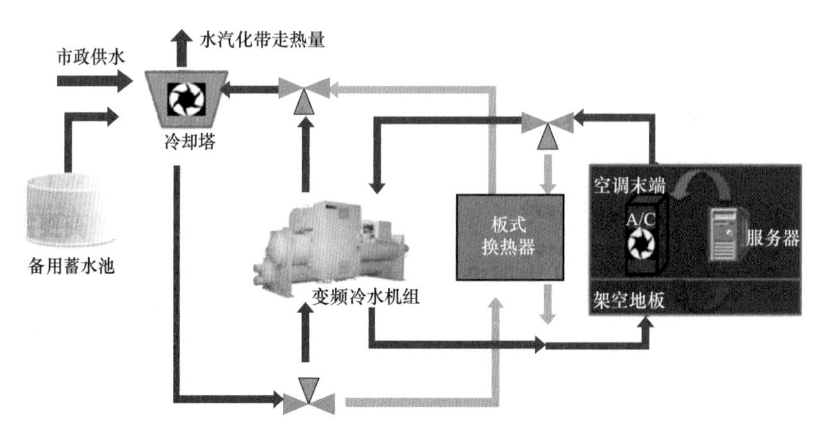

图 5-9　水侧自然冷却系统原理

传统数据中心的冷冻水送回水温度一般为 7/12℃。以北京地区为例，全年 39%的时间可以利用自然冷却；如果将冷冻水送回水温度提高到 10/15℃，全年自然冷却时间将延长至 46%，同时更高的水温提高了冷水机组内部的蒸发温度，冷水机组能效比可以提升 10%。另外，随着服务器技术的进步，冷冻水温度可以进一步提高，全年自然冷却的时间也将进一步延长。目前国内技术领先的数据中心已经将冷冻水温度提高至 15/21℃或更高，全年自然冷却时间可以达到 70%甚至更长。

水侧自然冷却系统节能效果显著，但相对复杂，适合应用于大型数据中心项目，已经成为我国目前数据中心项目设计中普遍采用的空调制冷系统方案。我国 PUE 能效管理最佳的数据中心也采用水侧自然冷却系统，可实现的全年平均 PUE 为 1.32。

5.2.3 风侧自然冷却系统

与水侧自然冷却系统相比，风侧自然冷却系统减少了水和空气之间的能量转换和传递环节，系统更简单，节能效果显著。风侧自然冷却系统是指室外空气直接进入数据机房或者间接通过换热器将机房内热量传递到外部环境，从而实现对 IT 设备降温的冷却技术。根据室外空气是否进入直接机房内部空间，可将封测自然冷却系统分为直接风侧自然冷却系统和间接风侧自然冷却系统。该技术使空调制冷系统不再通过传统制冷机组生产低温冷媒对数据中心降温，可显著减少数据中心空调系统能耗。Google、Facebook 等互联网企业在美国、欧洲等气候条件良好的地区建设的应用直接风侧自然冷却技术的数据中心，结合其他节能技术后，可使 PUE 接近 1.07。Facebook 风侧自然冷却系统如图 5–10 所示。

图 5–10 Facebook 风侧自然冷却系统

我国大部分地区全年平均气温低于 20℃，考虑到服务器的工作温度，非常适合采用风侧自然冷却方案。

风侧自然冷却方案的可行性不仅与环境温度和湿度有关，室外空气质量也是重要的影响因素。在空气质量不佳的区域，大气环境中的水分、污染物会加速 IT 设备上的金属元器件腐蚀和非金属元器件老化，对 IT 设备造成永久性损坏。出现的直接新风引入导致 IT 设备故障的失败案例显示，空气质量不佳不仅会造成硬件损坏，而且还会影响数据中心的可靠运行。

对于风侧自然冷却，解决有害气体对数据中心 IT 设备危害的方法之一是采用化学处理法，即针对不同种类和浓度的有害气体，配制对应原料的滤料进行化学反应，使进入数据中心的空气不再威胁 IT 设备的稳定运行和工作寿命。解决空气质量危害的另一种思路是应用间接风侧自然冷却系统，其原理是通过空气－空气换热器、实现室外新风与室内高温回风在隔绝状态下的间接换热。这种方案不仅避免了室外新风侵入机房的风险，而且还可以充分利用室外自然冷源，使实现数据中心的能效更高，但此类设备对建筑的耦合度高，需要在建筑设计前期进行规划。间接风侧自然冷却系统如图 5－11 所示。

图 5－11　间接风侧自然冷却系统

5.2.4　湖水、海水、地下水等自然冷却系统

数据中心选址会优先靠近自然冷源，如湖水、海水、地下水，水的温度一般都比较稳定，如地下水常年 4℃，可以高效带走热量，以达到自然冷却的目的。由于数据中心常年把热量排放到水源系统中，需要重点评估水源系统对自然冷却系统的破坏作用，考虑微生物、矿物质对于管路系统、水泵的腐蚀、堵塞，方案实际应用时需要考虑的因素和投资比

一般的系统更复杂，投资更高，因此数据中心较少应用。湖水自然冷却系统的基本构成一般包括自然冷水、板式换热器、冷冻水泵、自然冷源水泵、三通阀、机房空气处理设备（CRAH）。海水冷却系统如图 5-12 所示。

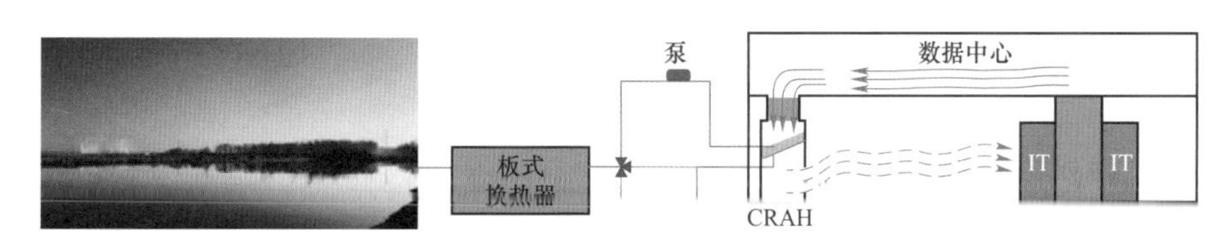

图 5-12　海水冷却系统

国内第一个采用湖水作为自然冷源的数据中心——阿里巴巴千岛湖数据中心已投入运行，受到了国内 IT 和空调界的高度重视。阿里巴巴千岛湖数据中心采用湖水冷却，最大的特点就是因地制宜，深层湖水通过完全密闭的管道流经数据中心，帮助服务器降温，再流经 2.5km 的青溪新城中轴溪，作为城市景观呈现，自然冷却后回到千岛湖。因地制宜采用湖水制冷，冷却水经过净化后回流供市政景观用水，此过程做到了保持湖水纯净零污染，制冷能耗减少超过 80%。该工程节能效果十分显著，2017 年 7 月，当室外气温高达 40℃时，该数据中心的机械制冷设备也无须开机。阿里巴巴千岛湖数据中心如图 5-13 所示。

图 5-13　阿里巴巴千岛湖数据中心

除阿里巴巴千岛湖数据中心外，湖南东江湖大数据中心一期也采用湖水作为自然冷源。该工程利用东江自然冷水资源，采用自然水冷技术，年平均水温低于 13℃，冷水资源丰富。河流湖泊水温分为变温层、斜温层、滞水层三层，其中斜温层可以作为屏障防止变温层与滞水层进行热交换，滞水层不与斜温层进行循环，水温最高为 4℃。采用湖水制冷，通过热交换系统进行热交换处理，热交换后的冷源将在变温层处理，保证生态环境不被破坏。与传统的制冷方式相比，此种制冷方式仅需 1/5 的能耗即可保障设施的正常运行。

利用地表水作为数据中心的自然冷源虽然节能效果十分明显，但是除了受到自然环境的制约外，在技术和环境保护方面均需要深入研究。

5.2.5 转轮自然冷却系统

转轮自然冷却系统填充有具备吸热和放热储能能力的材料。转轮在两个独立且封闭的风道内缓慢旋转，两个风道内分别完成室外空气冷却填料以及填料冷却数据中心内空气的工作过程，实现数据中心热量向环境的传递。由于转轮价格昂贵、效率有限、体积庞大，其主要用于工业除湿，用于数据中心的工程实例很少。转轮自然冷却系统的主要构成有风阀、热转轮、电动机、带轮、V 型带、排风风机、辅助机械制冷部分、送风风机、挡水湿膜，该方式下自然冷却主要依靠材料的蓄热特性实现，转轮自然冷却系统如图 5－14 所示。

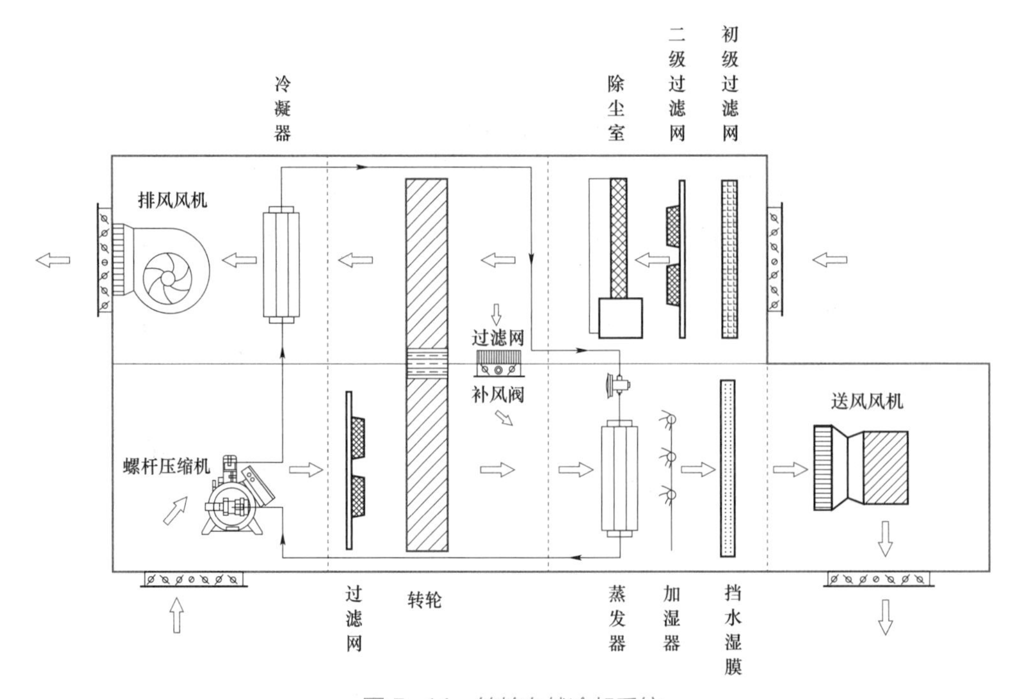

图 5－14 转轮自然冷却系统

1. 转轮自然冷却系统的工作模式

转轮自然冷却系统有以下几种工作模式：

（1）完全压缩机制冷模式。环境温度高于自然冷却启动温度时，转轮停止运行，机房所有的热负荷由压缩机制冷系统承担。

（2）混合制冷模式。环境温度低于自然冷却启动温度时，转轮启动从新风中获取部分热量，压缩机制冷补充冷量不够部分。

（3）转轮完全自由冷却模式。环境温度低于完全自然冷却温度时，压缩机停机，可以完全依靠转轮获取冷量。

2. 转轮自然冷却系统的优点

转轮自然冷却系统的优势主要体现：

（1）由于室内外空气隔离，不受空气质量影响，温湿度控制精准。

（2）可以充分利用自然冷源，效率高，节省能源。

（3）机械制冷只作为补充，整体节能，一体化协调控制。

3. 转轮自然冷却系统的缺点

（1）转轮占地面积大，需要在设计初期提前介入。

（2）需要增加转轮驱动电机，通过蓄冷实现自然冷却，效率低于空气直接换热。

5.2.6 其他自然冷却系统

1. 带自然冷却节能模块的风冷式冷水机组

在气温较低的季节，当环境温度比冷冻水回水温度低 2℃或以上时，开启自然冷却模块制冷，此时冷水机组内的压缩机不工作。当自然冷却不够时，压缩机系统开启来补足制冷量输出。随着室外环境温度降低，自然冷却部分占的比例越来越大，直至达到 100%，完全自然冷却制冷，无压缩机功耗。

2. 双盘管乙二醇自然冷却

同一套精密空调系统内配置了两套独立的换热器，如一套换热器为氟利昂制冷系统，另外一套换热器为冷冻水制冷系统。两套换热器通过二通阀来调节水经过板式热交换器的冷凝器或者经过冷冻水盘管。室外干冷器夏季提供冷却水给板式热交换器的冷凝器用于直膨制冷，冬季提供冷冻水给经济盘管用于冷冻水制冷。

3. 氟泵自然冷却

机组具备压缩机工作模式和氟泵工作模式。在环境温度较高时，制冷压缩机运行；当环境温度低于设定点时，停止压缩机运行，制冷剂无须通过蒸汽压缩就可以实现冷凝，自动切换为更节能的氟泵工作模式。氟泵运行功耗仅为压缩机的10%左右。同时，相对于水系统空调，无须添加防冻剂，无机房进水风险。

4. 辅助蒸发自然冷却

空调室外机配置雾化水喷淋系统。工作时将软化水加压喷出，雾化的液滴进入冷凝器进风侧，降低冷凝器的表面温度，使得冷凝器的整体散热量增大，压缩机功耗降低。这种通过室外机雾化喷淋延长自然冷却运行时间的方式，在干燥且水资源丰富气候地区最为有效。

5.3 数据中心的 AI 和物联网技术

人工智能（artificial intelligence，AI）是研究、开发用于模拟、延伸和扩展人的智能的理论、方法、技术及应用系统的一门新的技术科学。AI 技术的研究领域包括机器人、语言识别、图像识别、自然语言处理和大数据处理等。所有 AI 研究都离不开深度学习（deep learning），深度学习是一种机器学习的方法，是一种试图使用复杂结构的神经网络对数据进行高级抽象的算法。神经网络是一套模拟人脑构造和设计的算法，能够通过感知系统对外界的输入信息进行标记和聚类。

物联网（internet of things，IoT）是新一代信息技术的重要组成部分，也是“信息化”时代的重要发展阶段。物联网是指物物相连的互联网，是通过感知层、网络层、平台服务层、应用层的相关技术，实现物物相连、人物交互，是使电网更智能、更可靠的重要手段之一。物联网这一技术将给企业和社会带来前所未有的机遇，它将互联网的全球影响力和直接控制实体世界的新能力有机地结合起来，其中包括机器、车辆、工厂和基础设施等现代社会标志性的物体。

物联网通过智能感知、识别技术与普适计算等通信感知技术，广泛应用于网络的融合中，被称为继计算机、互联网之后世界信息产业发展的第三次浪潮。透过传感器、射频识别（RFID）、网关等技术的配置与建设，为全面自动化、智能化打好基础。物联网将改变制造业、石油天然气、农业、矿业、交通和医疗卫生等众多产业，这些产业的经济总量约占世界经济的2/3。物联网应用的主要领域有智能工业、智能农业、智能物流、智能交通、智能电网、智慧环保、智能安防、智能医疗、智能家居等。

5.3.1 AI与物联网技术

人工智能可以帮助我们处理更多、更大量的数据，数据可以是图片、文字，也可以是数字，其优势在于可以不断地学习、不断地优化，并做出合理、合适的推断。对人工智能来说，学习到的有效数据越多，其预测的准确性也会越高。

物联网技术是通过射频识别（RFID）、红外感应器、全球定位系统、激光扫描器等信息传感设备，按约定的协议，把任何物品与互联网相连接，进行信息交换和通信，以实现智能化识别、定位、跟踪、监控和管理。物联网肩负了一个至关重要的任务，就是数据收集。在概念上，物联网可连接大量不同的设备及装置，包括家用电器和穿戴式设备，嵌入在各个产品中的传感器便会不断地将新数据上传至云端，这样收集到的新数据可以持续地被人工智能所使用。

可以将人工智能比喻成大脑，物联网比喻成手、皮肤等，人工智能偏向于对外界做出反应，而物联网偏向于解决问题、传输和控制。物联网技术的应用，例如智能工业、智能农业等，是基于大数据和云计算的，人工智能就是大数据和云计算的一部分，所以人工智能与物联网是相辅相成的、相互联系的“共同体”，人工智能可以让物联网更加精确、更加快捷，而物联网可以让人工智能更加“聪明”。

5.3.2 AI与物联网在数据中心的应用

将AI和物联网技术用于数据中心是趋势所在，越来越多的企业在尝试用AI、物联网技术等辅助数据中心的运行。不论是从节能的角度，还是从安全运行的角度出发，应用AI

和物联网技术的数据中心占比都将越来越大。

1. 节能方面的应用

据统计，信息通信技术（information and communication technology，ICT）产业能耗位居全球能耗 TOP5，全球数据中心年耗电高达 4000 亿 kWh。当前数据中心平均 PUE 高达 2.5，而国际节能组织绿色网格要求 PUE 需低于 1.6，中国政府节能要求低于 1.5，所以降低能耗是目前数据中心发展的主要目标。

当前造成数据中心能耗偏高的原因有冷冻站等设备选型不合理、数据中心设备运行控制不合理、参数设定不合理等，因此要降低数据中心 PUE，必须从两个方向入手，一是在建造之前合理规划，二是建成之后合理运行。对于已经建成的数据中心，要降低能耗，只能从更加合理的运行着手，这正是 AI 和物联网的强项所在。

数据中心是一个多变量环境影响的环境，包括供电中断、不连续制冷、网络中断等，数据中心时刻面临服务器、存储、网络宕机等不可预测事件，此类事件会导致业务中断，从而带来巨大的经济损失。导致数据中心能耗高的因素有很多，包括环境温度的变化、负载率的变化、关键制冷设备参数的设定与调整、不同区域的功率密度差异等，同时涉及的制冷系统设备众多、参数复杂、系统相互关联耦合也是影响数据中心能耗的因素。仅仅通过人工的经验会出现很大的差异性以及不确定性，同时也很难通过设计特定的逻辑算法或者公式来实现不同场景下数据中心系统的能耗优化。面对这种困难挑战以及不确定性，谷歌团队依托自身运营数据中心以及掌握海量运行数据的优势，开始使用大量运营数据来训练其机器学习神经网络系统，这些数据包括数据中心的环境温度、湿度、IT 的负载率、电力分配，各个制冷子系统的参数（频率、转速、温度、开度等）等；谷歌团队的 DeepMind 深度学习系统训练的目标是降低 PUE，此外谷歌团队还同时训练了两个辅助深度神经网络来预测数据中心未来数小时的温度和压力，在确保人工智能系统不会超出数据中心运营阈值的情况下，数据中心生产环境制冷能耗降低 40%，相当于将 PUE 总体降低了 15%。

由于 AI 模型是基于当前历史数据进行学习和优化，历史数据一定要有效且准确，并且包含的范围尽可能宽广，这样预测的结果可信度就会较高。AI 的优势在于即使当前的数据量不是很完美（数据量较少），它仍可以通过实时采集的新的历史数据，进行再学习，不断地优化提升自我，使得预测结果更加精准。

2. 安全运行方面的应用

对于专业的数据中心工作人员，他们有责任有义务为数据中心运行提供安全保护，但有时候黑客入侵就是一瞬间，一个不起眼的漏洞都有可能成为黑客入侵的入口。有了 AI 和物联网技术的辅助，专业数据中心的工作人员能够更好地维护和保障整个数据中心的安全。

针对数据中心安全运行方面的应用有很多，包含数据中心设备的故障快速诊断定位、对自然灾害（火灾等）识别和预判、网络病毒的阻隔和预防等。AI 应用正在成为数据中心和关键基础设施管理的一部分，以下是一些主要应用领域：

（1）态势感知。对活动仪表板具有趋势、相关性分析和推荐操作。

（2）预防性维护。AI 模型和物联网技术用于识别和关联预测电源、存储或网络连接故障的数据，这样数据中心在进行维护时，可以主动将工作负载移至更安全的区域。

（3）根本原因分析。机器学习追踪几个服务故障的产生原因，并学习将其用于将来的预防性维护。

（4）网络安全和入侵检测。AI 模型和物联网技术用于在应用传感器、访问控制系统和网络系统中发现异常模式，并提供更好的信噪比和主动缓解的措施。神经网络学习可用于不断提高企业的安全态势和管理相关问题的能力。

（5）自动化实现。“窄定义 AI”配备各种自动缓解技术，并产生类似于汽车在看到即将碰撞时刹车的动作。

6

国内外数据中心建设实践

6.1　数据中心建设型式

数据中心的建设需要考虑技术、资金、税收、环境、交通、电力资源、通信设施、人力成本等各方面的因素，是一个非常复杂的过程。数据中心的型式也因为各种需求的不断涌现、各种因素的平衡和选择，呈现出多种多样的形态。常规的数据中心一般建在地面和室内，规模可大可小。随着数据中心建设的发展，钢结构厂房式的数据中心和直接可以放置于室外的集装箱式数据中心也逐渐普及。由于每个企业的需求侧重各不相同，数据中心的型式更是越来越多。

这些型式不同、各有特色的数据中心，提供了传统的数据中心无法提供的各种优势，比如超高的物理安全性、高效的运行效率、极强的吸引力等。这些独特的数据中心不一定具备推广性和普适性，但其思路值得借鉴，而未来的数据中心型式也一定是丰富多彩、多种多样的。

6.1.1　建在湖边、海边或海底

从降低能效的角度出发进行数据中心的选址与建设，国内外有许多优秀的实践，包括直接把数据中心建在海底，直接利用湖水、海水进行冷却。一些数据中心建在了海边、湖边或海底，在这些位置建设数据中心，可以直接利用自然界的水源进行冷热交换，充分利用湖水或海水的冷量达到降温目的，大幅降低空调系统的运行损耗，获得超低的 PUE 以节约电费成本。微软从 2015 年开始历时两年设计海底数据中心，于 2018 年交付投入使用，2020 年 9 月打捞上岸（见图 6-1），实验结果非常成功，该数据中心部署的 864 台服务器出现故障的服务器只有 8 台，故障率仅仅为陆地数据中心的 1/8。

图 6-1 微软海底数据中心

北京海兰信数据科技股份有限公司（简称海兰信）也完成了国内首个海底数据中心的设计、制造以及样机测试，并于 2021 年 1 月 10 日发布测试报告，数据中心的 PUE 达到 1.076，达到国内领先以及世界先进的能效水平。

阿里巴巴千岛湖数据中心建设在千岛湖旁边，可以充分利用海水、湖水进行数据的冷却。此外，东江湖大数据中心也是充分利用东江湖湖水进行冷却。阿里巴巴千岛湖数据中心如图 6-2 所示。

图 6-2 阿里巴巴千岛湖数据中心

在湖边、海边、海底建设数据中心的缺点就是会对自然环境造成影响和破坏，因此，在一些发达国家，此类数据中心的建设要经过环保部门的评估和认证。在我国香港，如果数据中心希望利用海水制冷，就至少要经过 1 年半时间的环境评估，且评估通过后才允许开工建设。

6.1.2 建在山洞或矿坑

把老矿井或山洞改建成数据中心的一大优势就是安全，而且此类数据中心可以利用山洞特有的地理优势进行空气对流的自然冷却，比如富士康在贵州的山洞隧道数据中心。位于地下或山洞中的数据中心受天然山体形成的岩石外壁保护，为了保证隐秘性，规划数据中心时人员和设备入口也较少，整体的高度安全性以及防护性被人们称为“数据堡垒”。一些数据中心还可以利用山体的结构形成自然的通风通道，大幅降低对电制冷的依赖性，提高数据中心的利用效率，获得良好的运行成本。例如腾讯在贵州省贵安新区建设的山洞型数据中心，就是充分利用了山洞高防护、高安全、高隐蔽的特点。腾讯贵安数据中心如图 6–3 所示。

图 6–3 腾讯贵安数据中心

6.1.3 建在沙漠

在国内，一些互联网公司厂家为了降低数据中心的电力使用成本，且同时兼顾数据中心互联以及访问的时延问题，采用“前店后厂”的建设模式，把一些对时延要求低、访问频率低的“冷数据”放置在电力充足的偏远地区。有一些数据中心建设在沙漠地区，比如我国在宁夏中卫集中建设了一批大型数据中心，建在此处的主要原因是中卫有充足的电力资源、廉价的土地资源和良好的气温。亚马逊中卫数据中心如图 6–4 所示。

图 6–4 亚马逊中卫数据中心

6.1.4 建成景点

一个优秀的数据中心是一个集数据中心基本功能、建筑学艺术及人们审美多因素于一体的综合体。一个有建筑特色的数据中心可以为数据中心本身增色不少。将数据中心建设成为当地一个景观，吸引投资者和访问用户，由于建筑外观本身就是一个品牌和广告示范，因此不用投入太多的额外资金做专门的营销，就能达到吸引客户眼球以及广泛传播的作用。例如，巴塞罗那超级计算中心建设在那赫罗纳教堂里，金碧辉煌的内部装修风格，长而通透的走廊给人空旷广阔的感觉，超级计算机中心放置于教堂中心玻璃盒里，使机柜中的设备看起来亮晶晶的，走入其中完全感觉不到这是一个在高速运转计算的超级计算中心，更像是一个陈列艺术品的殿堂，体现了西班牙古老悠久的历史文化底蕴。巴塞罗那超级计算中心自建成以来就成为世界上最美的数据中心之一，吸引了大量的投资者和客户，巴塞罗那超级计算中心如图 6–5 所示。

图 6–5 巴塞罗那超级计算中心

6.2 数据中心建设实际案例

随着互联网尤其是移动互联网、云计算、大数据、物联网、人工智能、区块链技术的发展，各行业都在进行数字化转型，都将带动数据中心基础设施的持续建设高潮。

模块化数据中心建设模式在有效应对互联网业务的不确定性，同时减少数据中心基础设施初始投资方面，已经成为首选。主机房模块化部署以及衍生的主机房微模块部署模式正在替代传统楼宇数据中心园区大颗粒度的暖通、供电部署方式。由于可弥补传统数据中心楼宇建筑周期长的缺点，基于仓库、板房等快速改造的仓储式数据中心建设模式，也应运而生。预制模块化建设模式（也称集装箱数据中心）由于可更快地加速数据中心建设速度，从而赢得了市场的青睐。通过钢结构现场快速模块化搭建建筑机房的模式也开始在数据中心建设中使用。

6.2.1 美国 Switch SuperNap 拉斯维加斯数据中心

美国 Switch 通信公司的 SuperNap 数据中心建设在拉斯维加斯，面积超过 40 万平方英尺，该数据中心包括 40 多家云计算公司和密集的网络运营商。该数据中心采用了单层钢结构的建筑形式，配有用来隔热的双层轻质屋面。建筑为长方形，采用全模块化设计，长度方向留有扩充余地，宽度方向一侧放置电气设备、一侧放置空调设备，中间则为 IT 机房。每个模块拥有独立的完全一致的供电供冷标准化设施。

IT 机房内部采用标准的模块化部署，大约 20 个机柜为一个模块，背靠背排列，热通道采用隔板封闭，通道隔断外侧分三层布置强弱电缆。每个租户为一个封闭空间，采用钢丝网隔离。

数据中心的电气系统采用高可靠性的 Uptiem Tier Ⅳ标准，双路供电，UPS 和电源分配单元（PDU）则为 DR 架构，红蓝灰三色定制的配电柜，实现其特有的装饰和标识风格。

气流组织采用上送上回，标准化制造的送风单元组成送风支路，每个送风单元均配置了可调节风阀，按需供冷，精确送风，降低风机能耗。空调的制冷模式采用自主开发研制的空调单元，布置在室外场地。内部配有压缩制冷模块，送风、回风、新风处理模块，蒸发冷却模块，表冷降温模块等多个功能段，可以根据室外的环境参数和室内的环境要求（每 5min 检测分析一次），自动选择制冷或制冷组合方式，寻求最优运行模式。

拉斯维加斯的气候属于极其干燥的沙漠气候，干湿球温差大，采用风侧自由冷却后，并辅以蒸发冷却技术，全年 PUE 可低至 1.18，最高 PUE 也只有 1.28。

6.2.2 美国 DRT–3105 Alfred Street 数据中心

美国 DRT –3105 Alfred Street 数据中心（简称 DRT）也采用大颗粒度模块化设计，该数据中心位于硅谷，占地面积 60 000 平方英尺，建筑面积 50 000 平方英尺，机架面积 27 000 平方英尺。总 IT 负载 4.5MW，由 4 个 1.125MW 的模块组成，总供电 9MVA，平均 PUE 为 1.35，功率密度 167W/ft^2。

标准模块化数据中心（point of delivery，POD），屋顶设置冷源装置，每个 POD 含 500 多个机柜。每个园区按照一个个 POD 组成的建筑进行叠加，每个 POD 的配置基本相同，都拥有完全独立的 IT 机房和配套的供冷和供电单元。

DRT 的 POD 的供电系统采用标准的全模块化的设计思路，大部分组件采用工厂制造，现场拼装的内容只占很少一部分。电气配置基本以 2500kVA 的变压器为基数，可以根据客户的要求，采用 2N 或 DR 的 UPS 架构。每个 POD 大约可以支持 1150～1300kW 的 IT 负载。其余的电力用来支持制冷、照明、控制等系统的用电。柴油机布置在室外空地上。

DRT 的 POD 的制冷系统采用标准的全模块化的设计思路，POD 厂房采用直接风侧自然冷却的空调机组，每个 POD 按 3+1 配置，空调机组布置在屋面上。电气房间的空调形式也一样，只是机组容量要小一些。DRT 的电力系统和制冷系统如图 6–6 所示。

DRT 的 POD 使用标准化、模块化的工厂预制品，大大缩减了建设周期。

(a)

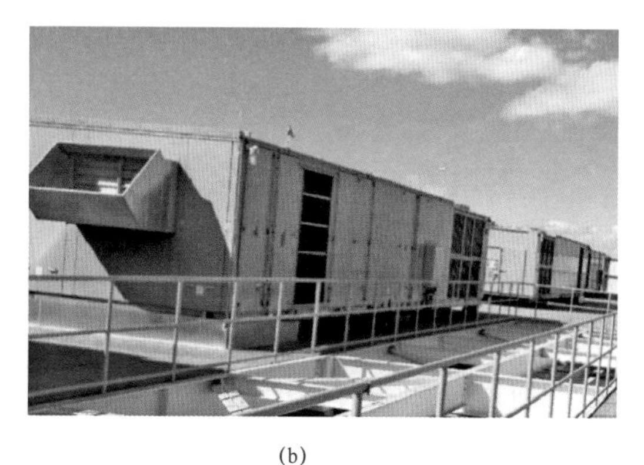

(b)

图 6–6 DRT 的电力系统和制冷系统

（a）电力系统；（b）制冷系统

6.2.3 美国 Facebook RDDC

美国 Facebook 快速部署数据中心（rapid deployment data center，RDDC）采用钢结构全模块建设模式，采用了大平面一层的设计方式放置所有设备，通过提高层高来满足布线、热通道回风等要求。没有采用多层结构或俄勒冈式的两层结构。Facebook RDDC 区域平面布局采用模块化的布局模式，电气模块放置在中间部分，机械制冷模块分别边缘布置在左右两侧，并且采用空气处理机（AHU）方式。在左右两侧中心区域为数据中心主功能区域，放置服务器、存储、网络等模块。整体布局两边为精密空调，一侧为 UPS 等配电系统，类似传统数据中心的设计整体布局模式。

新型的 RDDC 采取了钢结构预构件的方式设计，钢结构吊装部署，FaceBook RDDC 全模块化钢结构如图 6-7 所示。

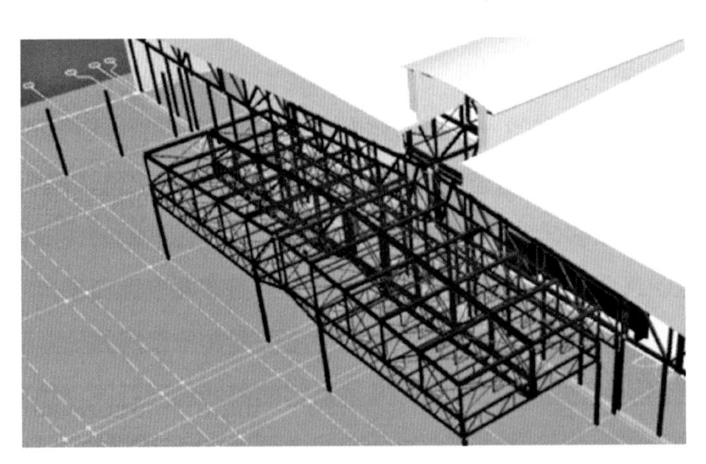

图 6-7　FaceBook RDDC 全模块化钢结构

6.2.4 腾讯微模块数据中心

微模块数据中心是为了应对云计算、集中化、高密化、虚拟化等变化，以及数据中心的业务上线不确定性和上线的快速性，解决数据中心基础设施建设周期与业务发展快速性不匹配问题，同时提高数据中心的运营效率，降低能耗，实现数据中心建设按需部署、按需扩展、快速扩容且互不影响。微模块建设模式是一种典型的建设模式，并且在行业已经大量使用。

微模块数据中心由多个独立的微模块组成。其中每个微模块的功能都相对完整，包括微模块具备独立的供电、制冷及管理功能，具有统一的输入输出接口，包括硬件安装接口、管理系统的南北向接口。区域的微模块在业务部署时可以互相备份，不同机柜数量颗粒度、不同单机柜功率密度的微模块可以排列组合形成一个完整的数据中心。微模块数据中心是一个整合的、标准的、弹性的、灵活的、最优的、智能的、具备很高适应性及弹性部署扩展的基础设施环境和高可用计算环境。腾讯天津数据中心微模块部署如图 6-8 所示。

(a)

(b)

图 6-8 腾讯天津数据中心微模块部署
（a）微模块全貌图；（b）微模块内部结构图

微模块是一种集供电（包括不间断电源和备电）、列间制冷、服务器机柜、网络机柜及密封通道组件、早期消防检测、通道内照明、设备监控、强弱电布线、安防等功能模块于一体的模块化数据中心产品，微模块构成如图 6-9 所示。微模块内部的所有单元均是符合业内通用规范的标准化产品。在数据中心施工现场，通过标准化的设计，可以实现多个厂家与供应商的同时施工，工人通过简单的拼装、连接以及通电的简单配置调测，即可实现微模块的整体快速交付。整个建设过程就像搭积木一样，模块化的设计保障了安装就像搭

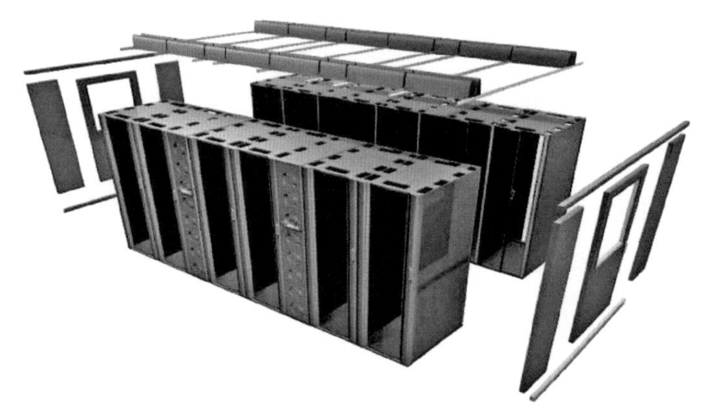

图 6-9 微模块构成

积木一样便捷、简单，能够大大缩短现场施工周期，降低现场施工难度及管理难度，提升现场施工质量，保证工程有序、准确、按时完成。

6.2.5 华为万人桌面云预制模块化数据中心

华为的万人桌面云预制模块化数据中心，承载了华为研发部门 1 万人的桌面云业务。单柜功率密度为 9kW/柜，制冷及配电都满足 $2N$ 冗余备份要求，年宕机时间不超过 0.4h。华为万人桌面云数据中心如图 6－10 所示。

图 6－10 华为万人桌面云数据中心

整个数据中心包含 10 个集装箱，其中包括 4 个 20 英尺供电箱、2 个中控箱、3 个制冷箱及 2 个 IT 业务箱。总占地面积约 $800m^2$，承载的 IT 设备总功率为 308kW。配置了 2 台 800kVA 的变压器，将两路 10kV 的高压电转换为 380V。变压器室外面做了良好的隔热和防腐处理，满足长期室外部署的要求。采用两台 1+1 备份的 800kVA 容量油机，内置储油罐可提供 8h 发电所需燃料。油路、电路全部埋于地下，保证线路和管路的安全。数据中心内部采用行级冷冻水精密空调，配置了预制化的制冷箱提供冷源。每个制冷箱配备了 4 台涡旋冷水机组，3 用 1 备，单台冷水机组制冷量 100kW，故总制冷量 300kW。制冷箱上层为冷水机组，下层为储冷罐。冷冻水水泵和箱体内的精密空调由单独的 UPS 进行供电，当断电时水泵可利用储冷罐里的冷水为整个系统提供 15min 的连续制冷。

预制模块化在行业里已有大量使用，迪拜机场也是采用预制模块化方式建设的数据中心，迪拜机场预制模块化数据中心如图 6－11 所示。

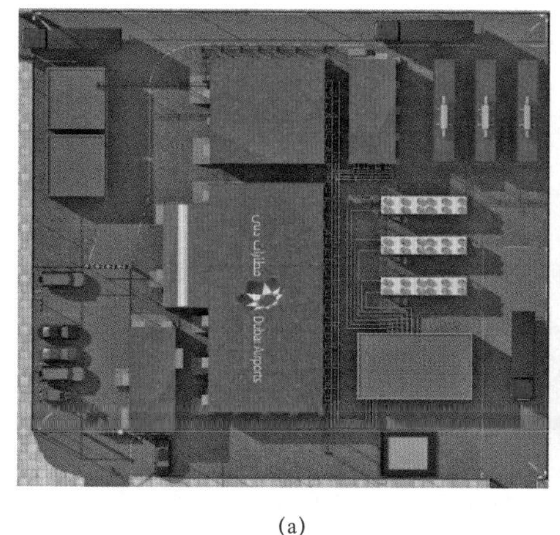

(a)

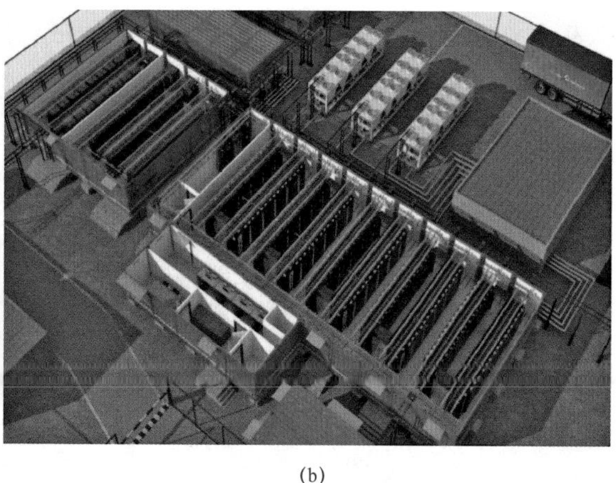

(b)

图 6-11　迪拜机场预制模块化数据中心
（a）数据中心鸟瞰图；（b）数据中心内部布局图

6.2.6　北京联通仓储式数据中心

数据中心的建设尤其是在国内北上广深区域，现在是一地难求。如何充分利用、盘活现有的老旧机房、老旧厂房、老旧仓库成为数据中心建设首选的选址利旧方式。北京联通黄村仓储式数据中心项目为国内首个仓储式数据中心，该数据中心就是利用老旧仓库进行改造，该项目获得有数据中心行业“奥斯卡”之称的 Data Center Dynamic 颁发的“中型数据中心创新奖”。仓储式模块化 IDC 由原本适应于传统楼宇型数据中心的模块化 IDC，并结合户外型集装箱式模块化 IDC 演进而来，其物理形态设计在适应楼宇型传统标准模块化数据中心的基础上，吸纳了预制模块化数据中心的防水、防尘、隔热防护功能，同时又有效规避了标准集装箱外形尺寸高度、长度、宽度的局限性，形成了适应仓储式 IDC 改造、标准化的仓储式 IDC 模块化产品平台，该产品平台广泛适应于各种库房场景，可覆盖各种订制化需求，从而达到工厂预制预集成与测试、现场快速拼装的部署目标。仓储式模块化 IDC 整体解决方案适应于仓库 IDC 改造、简易板房 IDC 快速部署，对建筑本体及装修无特殊要求。北京联通黄村利用仓库改造，采用仓储式微模块建设的数据中心如图 6-12～图 6-14 所示。

仓储式模块化 IDC 总体结构设计，采用底座层、设备层、隔离层及顶部覆盖层的四层式架构，既保证了模块化的灵活按需部署，按需扩容，又实现了仓储环境的防水、防尘、隔热的效果。底座层主要是模块基础架构及承重平台；设备层由机柜、不间断电源系统、列头柜、列间空调及早期消防监测等设备而成；隔离层有效隔断模块内部冷热气流，优化空调气流组织结构，以支持 IDC 模块高能效；顶部覆盖层有效规避建筑屋顶潜在漏水风险，确保机房安全运行。

图 6-12　仓储式微模块整体示意图

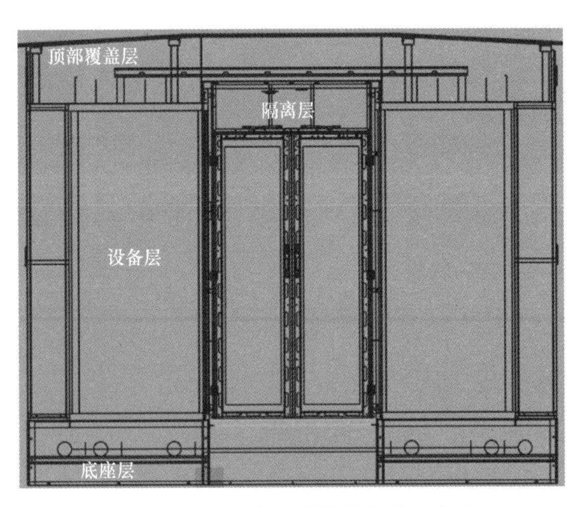

图 6-13　仓储式微模块构造示意图

图 6-14　北京联通黄村仓储式数据中心

6.3　绿色数据中心建设实践

数据中心属于高耗电产业，以中国广东省为例，每年 IDC 的用电量大约占全省用电量的 10%。从技术角度，业务的发展对数据中心的规模逐渐出现规模化、大型化、模块化、弹性化、高密化（单机柜功率密度 8～10kW），甚至超高密化（高性能计算 30kW 以上）的需求，且要求数据中心更加绿色节能；从成本角度来看，PUE 越低，数据中心运行成本会越低，有些数据中心还接入分布式光伏发电、风电等新能源发电系统以弥补用电需求。

6.3.1 数据中心节能方式

谷歌的三个数据中心采用了完全不一样的制冷方式，但都实现了 100%的自然冷却，其设计具有高效、简单、可靠的优点。

1. Google 比利时数据中心蒸发冷却

Google 比利时数据中心使用工业废水进行制冷，即利用水箱中的低温运河水存储室内的热量，再通过冷却塔带走热量，实现无须压缩机机械制冷的目的。Google 比利时数据中心在设计之初，为了充分利用自然水源进行自然冷却，建设了一个专用水处理厂，对直接从运河中抽取的河水进行过滤处理，同时将其净化到可用于制冷散热的工业用水标准，净化后的冷水通过水泵输送到储冷大水罐，最终供给到各个冷却塔，用于整个数据中心的蒸发冷却。Google 比利时数据中心如图 6－15 所示。

图 6－15　Google 比利时数据中心

该数据中心通过修建水处理厂，把过滤净化处理好的运河水提供给数据中心，作为带走数据中心内部热量的对流介质，仅采用冷却塔而非传统的制冷机组来散热，实现了数据中心 100%水侧自然冷却，这是谷歌的第一个完全自然冷却的数据中心。这个数据中心将 400m 开外的工业运河水变废为宝，不仅冷却了服务器，降低了数据中心能耗，节省了数据中心电费开支，而且还清洁了水源。

2. Google 都柏林数据中心风侧自然冷却

不同于水侧的自然冷却，风侧自然冷却在 Google 都柏林数据中心得到了采用。由于已有的建筑结构和散热供水系统无法安装大型的冷却塔，导致在数据中心整个制冷架构方案设计时，无法使用传统的水侧自然冷却方案，考虑到都柏林得天独厚的气候条件，最终采用了模块化的空气处理机组（AHU）方案。

该数据中心的制冷过程：从室外取自然空气送入混风室，使其与数据中心机房内 IT 设备释放的热量回风混合，经过滤、加湿处理环节，混风之后的气流通过 AHU 风扇送到直接蒸发盘管进行冷却，最后通过送风管道进入数据中心机房。隔离热气流采用了热通道封闭方案，进入机房的冷空气经 IT 设备热量交换后，部分参与回风，部分则直接排放到室外。直接蒸发盘管技术可以在干燥的冬天用于机房湿度调节，也可以在夏天用于调峰，比如在高温天气冷却室外进入机房的热空气。

3. Google 芬兰数据中心海水冷却

Google 芬兰数据中心利用海边的废弃造纸厂改造而成，采用闭式的内循环冷冻水（淡水）和模块化制冷单元，实现对开式外循环冷却海水的热交换器传热，将升温后的海水送到室外的温度调节房，使进入的新鲜海水与送出的热水混合。Google 芬兰数据中心如图 6–16 所示。

图 6–16　Google 芬兰数据中心

海水是非常稳定可靠的冷源，由于海水常年温度变化小且可预计，同时传统空调水系统几乎不存在水消耗问题，因此可实现非常低的 PUE，从而大大降低数据中心的能耗。采用海水来散热也面临很多技术风险与挑战，在设计初期需要做详细精密的热仿真，包括但是不限于各个季节不同海水温度影响、设备水垢带来的性能影响，还有更为严重的就是海水对管路的腐蚀等。为了降低腐蚀的风险，可以在此数据中心使用玻璃纤维材料的水管和热交换器上镀钛的板换叠片。

6.3.2 数据中心新能源应用

由于数据中心能源消耗大，如何减少对传统火电的依赖，调整数据中心的供电能源结构成为数据中心建设需要重点考虑的一个问题。如果数据中心的供电能源架构仍大量使用化石能源，随着数据中心集约化、规模化、大型化的发展趋势，对煤电的需求将继续增加，温室气体排放将增多，从而形成能源供给的恶性循环，全球的可再生能源转型之路也将推进缓慢。对新能源、可再生能源的使用成为数据中心建设的首选考虑，同时也成为全球能源结构转型、降低温室气体排放的关键。

云计算已成为互联网规模可再生能源商业化的重要技术支撑，谷歌、亚马逊、微软、苹果公司等互联网巨头纷纷采购可再生能源，为其云数据中心提供能源，此举动同时成为加快全球能源结构向可再生能源转型的推动力。采购可再生能源的方法通常是通过采购可再生能源证书（RECs）或签署电力购买协议（PPA）将其新的可再生能源并入电网。例如，大型运营商通过购买太阳能和风能发电的输出，将新的可再生能源引入到支持其数据中心的电网中。国际能源署发现，2019 年可再生能源的四大购买者都是数据中心运营商，包括三大云计算平台和社交网络。

互联网、大数据、AI 等在驱动数据流量额高速增长的同时，也在促成全球向可再生能源转型方面发挥着关键作用。自 2009 年起，绿色和平组织开始发布报告《绿色云端》，针对信息产业互联网企业的能源使用情况进行评分，并向全球的互联网行业巨头发出倡议，要求其承诺 100%使用可再生能源。此后，一些互联网行业巨头发挥其在全球能源转型中的作用，大量使用并承诺数据中心新能源的使用。脸书（Facebook）、苹果公司（Apple）及谷歌（Google）、亚马逊（AWS）、微软（Microsoft）等互联网行业巨头相继承诺 100%使用可再生能源，同时中国的互联网企业阿里、腾讯、百度等也纷纷加入倡导新能源使用行列，互联网行业作为新能源使用的先头，开始踏上数据中心可再生能源转型之路。至今已经越来越多的互联网企业加入到“承诺100%使用可再生能源”的行列，包括此前远远落后的一些服务器托管公司。

互联网巨头纷纷承诺100%使用可再生能源，促使电力公司部署大量可再生能源为数据中心供电。这样的模式也促使其他行业加入到向可再生能源转型的行列。海外互联网企业走在前列，Google、Facebook、Apple、Microsoft等公司都提出了可再生能源的使用计划。绿色和平组织每年进行能源使用透明度公开，包括可再生能源承诺与可再生能源倡导，可再生能源采购、选址政策、节能减排等方面的评估，并对可再生能源发电、天然气发电、煤电及核电使用比例进行排名。

苹果公司为保证数据中心绿色节能，进行了能源结构调整，承诺可再生能源在所有数据中心都100%利用，这些能源来自水能、风能、太阳能、生物质能等。这些数据中心包括北卡罗来纳州数据中心，使用了10MW的沼气燃料电池，总计38MW的光伏发电，达到了60%～100%的新能源使用率；加州数据中心使用来自加利福尼亚州的风力发电，并于2013年实现了100%的可再生能源进行供电；位于加州蒙特利市的纽瓦克数据中心则充分利用加州充足的太阳能资源，整个数据中心通过130MW光伏发电供电，Apple纽瓦克数据中心如图6-17所示。

图6-17　Apple纽瓦克数据中心

苹果公司还有其他大量的数据中心使用可再生能源供电，包括俄勒冈州普林维尔数据中心使用“微型水电项目”实现水力发电供电；内华达州数据中心、亚利桑那州数据中心都使用太阳能发电供电；在丹麦数据中心使用沼气发电为数据中心提供可再生能源电力，同时产生沼气剩余的残渣作为肥料运输到农场，实现资源的循环利用。苹果公司第一个位于中国的数据中心建在贵州，该数据中心充分利用了贵州常年平均气温保持在 15℃上下、空气质量较高的特点，直接使用新风冷却，降低数据中心的制冷能耗，而且贵州水电资源丰富，电力充沛，符合苹果公司 100%利用可再生能源进行供电的计划。

随着新基建战略的实施，我国开始了新一轮数据中心的建设高潮，对数据中心建设也提出了详细的节能环保要求与规划。《关于加强绿色数据中心建设的指导意见》（工信部联节〔2019〕24 号）中明确提出，到 2022 年，我国数据中心平均能耗基本达到国际先进水平。新建大型、超大型数据中心的 PUE 达到 1.4 以下，要求水资源利用效率和清洁能源应用比例大幅提升。具体重点工作任务包括加强在用数据中心绿色运维和改造、加快绿色技术产品创新推广、提升绿色支撑服务能力和探索与创新市场推动机制。地方政府也纷纷对数据中心能耗问题作出了相应的要求。《上海市经济信息化委、市发展改革委关于加强本市互联网数据中心统筹建设的指导意见》中明确提出上海市数据中心用能限额，新建数据中心 PUE 严格控制在 1.3 以下，改建数据中心 PUE 严格控制在 1.4 以下。广东、天津、贵州、重庆、江苏、河南等地区都对数据中心的节能审查、绿色化专项行动、节能设计等方面提出了要求。

国内数据中心在新能源利用方面也进行了大量实践，比如华为松湖数据中心使用太阳能，腾讯青浦数据中心使用冷热电三联供，青海湖大数据中心为中国首个 100%使用新能源的数据中心等。

Ⅲ 平台篇

7 大数据平台技术架构

大数据平台是数据采集、存储、计算、管理、分析及应用的全流程技术框架，涵盖了基础环境搭建、资源调度服务、安全保障及平台管理等方面的技术体系。大数据平台建设的目标是为各类大数据应用和用户建立统一规划的技术体系，提供完整的技术支撑服务，保证数据资源、大数据应用与基础保障环境、信息安全保障体系各要素之间构成一个有机的整体，方便信息的交换和共享，消除资源建设的无序和重复，推动系统的集成和整合，保障基础运行环境的安全和稳定，提升技术支持和运维服务的水平和质量。大数据平台作为处理大数据问题的技术体系，其特征包括：

（1）标准性。大数据平台应该支持多个开发商进行开发，并能互相兼容，顺利地彼此迁移。

（2）易用性。大数据平台使用要简易，不改变业务的使用习惯，避免冗长的开发过程耽误应用时机。

（3）高可用性。大数据平台应该有健全的存储技术、完整的容灾备份、稳定的网络通信来保证大数据任务能顺利执行。

（4）安全性。随着社会对数据安全的重视程度越来越高，大数据平台必须有完善的对敏感数据的安全管控，包括敏感数据的脱敏以及数据防盗。

7.1 大数据平台技术总架构

大数据平台技术架构是数据采集、存储、计算、资源调度和平台管理等整个大数据平台的技术支撑，支撑所需要支持业务、数据和应用服务部署的软硬件，包括基础设施、中间件、网络、通信、流程、标准等。基础通用的大数据平台架构包括数据采集、数据存储、数据计算、数据应用、平台管理及安全管理。大数据平台技术架构如图 7-1 所示。

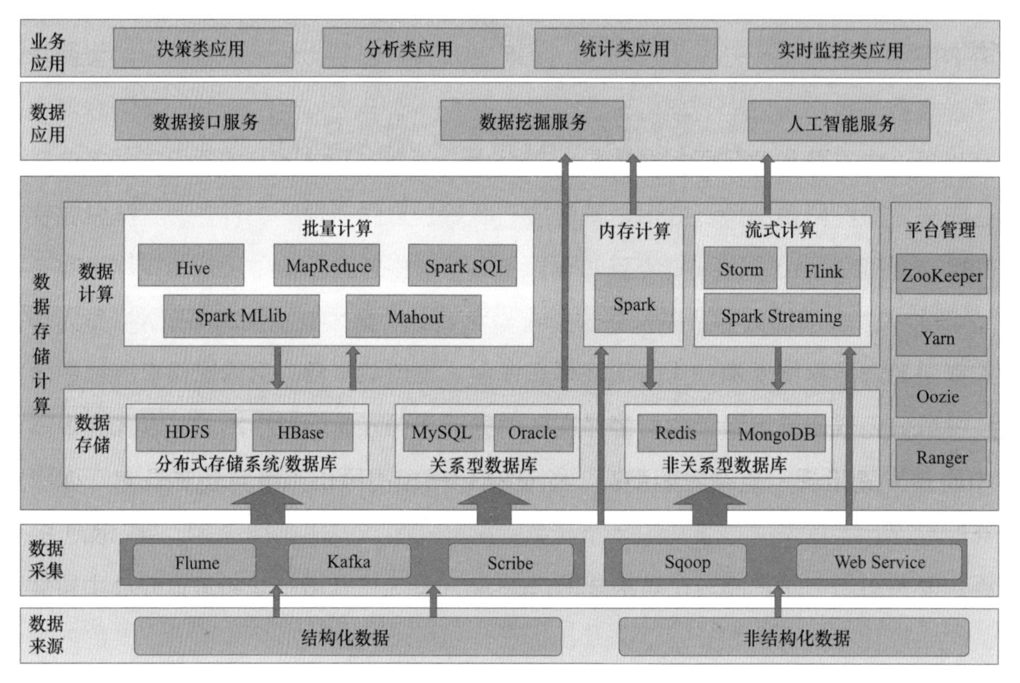

图 7-1 大数据平台技术架构

1. 数据采集

采用多源数据整合技术，提供数据定时抽取、实时数据接入、文件数据采集等服务，实现结构化/非结构化数据、海量历史/实时/准实时数据、内部/外部数据接入，支持定时/实时分布式数据的采集处理能力。通过数据采集和整合的工具集，汇聚不同种类、不同来源的数据到大数据平台中，构成了大数据平台的数据资源，数据采集的主要工具包括 Flume、Scribe、Sqoop、Kafka、Web Service 等框架。

2. 数据存储

针对异质异构的海量数据，根据其各自的特点选择合适的数据存储方式，保证大数据平台能提供海量的存储规模和高效的查询索引性能。提供数据、数据模式及数据组织方式的存储空间，包括数据计算时和计算处理后的数据存储空间。数据存储的框架主要包括分布式存储系统/数据库、关系型数据库和非关系型数据库等。

3. 数据计算

对汇聚到大数据平台的海量数据进行处理，根据处理时间、计算方式等将数据计算分为批量计算、流式计算和内存计算。批量计算主要应用于海量、非实时静态数据的计算和处理，具有低成本、高可靠性和高扩展性的特点，批量计算框架主要包括 MapReduce、Hive 及 Spark SQL 等；流式计算是尽可能快地分析最新数据并给出分析结果，流式计算框架主要包括 Storm、Flink、Spark Streaming 等；内存计算主要应用于海量、非实时静态数据的复杂迭代计算，其中 Spark 框架被广泛应用。

4. 数据应用

基于底层组件提供的能力提供统一数据存取服务、数据计算服务、自助式分析、数据挖掘和人工智能等数据分析和计算技术支撑。描述了单个大数据应用部署、多个大数据应用之间的交互、应用与核心公用组件之间的关系，是整个平台数据价值的体现，为大数据平台应用提供数据接口服务、数据挖掘服务及人工智能服务等，主要框架及工具包括 HBase、Spark MLlib、Mahout 等。

5. 平台管理

是整个数据平台的中枢系统，由任务管理、调度管理、集群管理和平台安全等组成，支持作业调度、资源优化分配、跨域协同计算、平台部署、安装配置、平台运行监控、日志监控和平台审计等功能，是平台稳定和安全运行的保障。能够对整个平台当前运行状态、资源调度和运行风险等进行监控，提高平台的稳定性和降低风险，平台管理的主要框架包括 ZooKeeper、Yarn、Oozie 等。

6. 安全管理

针对大数据存在的安全风险以及电力行业对数据安全的高要求，提供接入安全、存储安全、隐私保护、身份验证等数据安全控制手段，融合数据脱敏技术和多租户技术，增强业务系统数据在平台和应用中的安全性。

其中，数据存储、分析处理、展示与应用需要提供接口服务，以方便业务应用对数据进行各种层次的提取和分析。平台管理和安全管理贯穿大数据平台多个环节，它们既是技术体系，也是一个标准规范体系，需要从技术和规范两个层面确保平台稳定和数据安全，在处理大数据任务时，每一层都需要任务管理与调度，也要注意对隐私数据的模糊处理和对数据安全的保护。

在大数据平台架构技术体系中，主流框架也会发生变化。目前，在数据采集层，兼顾了不同类型数据的采集和传输，形成了 Sqoop、Flume、Kafka 等一系列主流开源技术。在数据存储层，HDFS 已经成为大数据存储的事实标准，对于非关系型数据模型，形成了 Redis、MongoDB 等 NoSQL 数据库体系。在数据计算层，Spark 在逐渐取代 MapReduce 成为大数据平台统一的计算平台。在数据应用层，如数据可视化领域，商业智能（BI）分析工具 Tableau、QlikView 通过简单的拖拽来实现数据的复杂展示，成为目前最受欢迎的可视化展现方式。经过多年的发展，技术体系逐渐完善，大数据技术也在不断更新和发展，其发展主要呈现以下特点。

（1）更快。Spark 已经逐渐替代 MapReduce 成为大数据生态的计算框架，以内存计算对计算性能进行大幅提高，尤其是 Spark 2.0 增加了更多的优化器，计算性能进一步增强。

（2）流式处理的加强。Spark 提供了一套底层计算引擎来支持批量、SQL 分析、机器学习、实时和图处理等多种能力，但其本质还是小批的架构，在流式处理要求越来越高的现在，Flink 的出现使 Spark Streaming 面临着激烈的竞争。

（3）SQL 的支持。从 Hive 诞生起，Hadoop 生态就在积极向 SQL 靠拢，主要从兼容标准 SQL 语法和性能等角度来不断优化，产生了一系列 SQL on Hadoop 技术，在支持 SQL 和数据精细化操作方面有很大的优势。

（4）深度学习的支持。深度学习框架出现后，和大数据的计算平台形成了新的竞争局面，以 Spark 为首的计算平台开始积极探索如何支持深度学习能力，TensorFlow on Spark 等解决方案的出现实现了 TensorFlow 与 Spark 的无缝连接，更好地解决了两者数据传递的问题。

7.2 大数据采集

大数据平台采集的数据类型多、范围广、来源多样，因此要根据数据类型的不同，选择合适的采集处理方法和技术框架。大数据平台采集的数据类型主要包括结构化数据和非结构化数据。

结构化数据是指存储在数据库里，可以预定义数据类型、统一格式和结构的数据，如关系型数据库、面向对象数据库中的数据，其中结构化数据采集框架主要包括 Sqoop、ETL 和 Web Service 等。

非结构化数据是指无法用数字或统一的结构表示，包括所有格式的办公文档、文本、图片、XML、各类报表、图像和音频/视频信息等，其中非结构化数据的采集框架主要包括 Flume、Scribe、Kafka 等。

结构化数据和非结构化数据最主要的区别在于是否存在预先定义的数据模型。结构化数据能够用统一的某种结构加以表示，而非结构化数据没有数据模型形式的限制，可以自由表达。

1. Flume

Flume 是高可用的、高可靠的、分布式的海量数据日志采集、聚合和传输系统。Flume 的数据流由事件贯穿始终，事件是 Flume 的基本数据单位，携带着事件所有数据内容信息和数据头信息。这些事件由数据源（Source）生成。当 Source 捕获事件后会进行特定格式化，然后 Source 会把事件推入到单个或者多个数据通道（Channel）中，Channel 属于缓冲区，起到缓冲数据的作用，Channel 将保存事件直到数据持久（Sink）处理完该事件。Sink 负责持久化日志或者把事件推向另一个 Source，Flume 架构如图 7-2 所示。

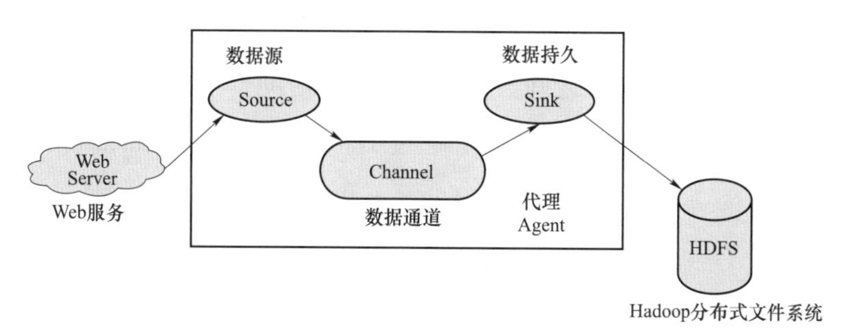

图 7-2 Flume 架构

2. Scribe

Scribe 是一个开源的实时分布式日志收集系统。它能够从各种日志源上收集日志，存储到一个中央存储系统上，以便于进行集中统计分析处理。Scribe 为日志的“分布式收集，统一处理”提供了一个可扩展的、高容错的方案。当中央存储系统的网络或者机器出现故障时，Scribe 会将日志转存到本地或者另一个位置，当中央存储系统恢复后，Scribe 会将转存的日志重新传输给中央存储系统。Scribe 通常与 Hadoop 结合使用，用于向 HDFS 中推送日志，而 Hadoop 通过 MapReduce 作业进行定期处理。

Scribe 架构如图 7–3 所示，Scribe 从各种数据源上收集数据，放到一个共享队列上，然后 push 到后端的中央存储系统上。当中央存储系统出现故障时，Scribe 可以暂时把日志写到本地文件中，待中央存储系统恢复性能后，Scribe 把本地日志续传到中央存储系统。

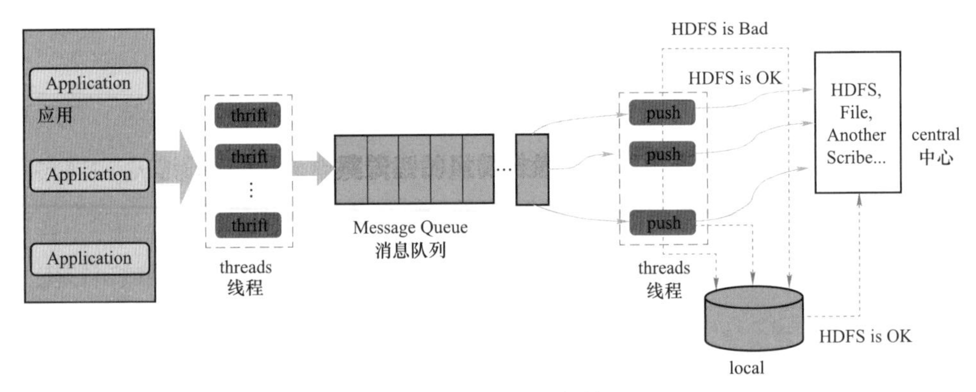

图 7–3　Scribe 架构

3. Sqoop

Sqoop 是一个用来将关系型数据库和分布式存储系统或文件系统中的数据进行相互转移的工具。以 RDBMS 和 HDFS 之间数据传输为例，借助于 Sqoop，可以从 RDBMS，如 MySQL 或 Oracle 中导入数据到 HDFS 中，通过 Hadoop 的 MapReduce 模型计算之后，将结果导回 RDBMS。

Sqoop 架构如图 7–4 所示，Sqoop 用户端（Sqoop Client）提交一个请求时，Sqoop 用户通过 REST 方式向 Sqoop 服务端（Sqoop Server）发出请求。Sqoop 服务端在收到请求之后，从数据源中抽取元数据（metadata），并向执行引擎（Hadoop 的 MapReduce 算子）授

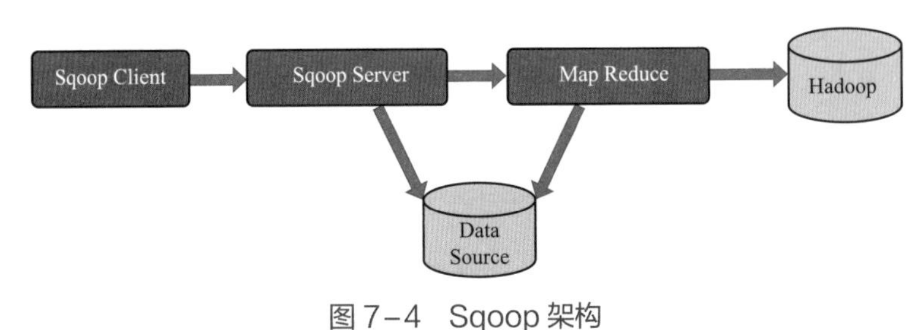

图 7–4　Sqoop 架构

权执行请求，在执行时，MapReduce 算子以并行化方式完成请求。

4. Kafka

Kafka 是分布式发布—订阅消息系统，是一种快速的、可扩展的、分布式的满足数据的一次采集、多次消费的需求的系统。在 Kafka 的基本架构组件中，包含话题（Topic）、生产者（Producer）、服务代理（Broker）、消费者（Consumer）。话题（Topic）是特定类型的消息流。消息是字节的有效负载（Payload），话题是消息的分类名或种子（Feed）名。生产者（Producer）是能够发布消息到话题的任何对象；已发布的消息保存在一组服务器中，它们被称为代理（Broker）或 Kafka 集群；消费者（Consumer）可以订阅一个或多个话题，并从代理（Broker）拉数据，从而消费这些已发布的消息。Kafka 架构如图 7-5 所示。

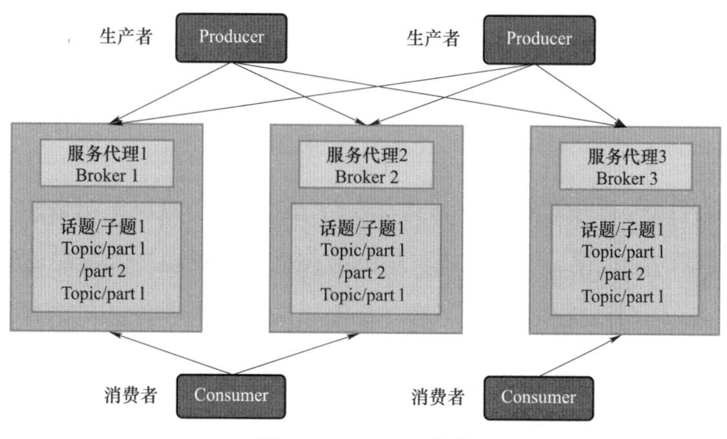

图 7-5 Kafka 架构

7.3 大数据存储

数据存储是整个平台的核心之一，贯穿于整个计算层和数据共享层。不同的数据类型需要不同的存储形式，数据存储方式包括分布式存储系统/数据库、关系型数据库、非关系型数据库 3 种。分布式存储系统/数据库适合存储海量非结构化数据，如文本、文档、音视频、图片等，具有强可伸缩性、高容错性和高吞吐量的数据访问能力，其中 HDFS 是典型的分布式存储系统/数据库。关系型数据库主要存储分析型数据，如分析结果、计算结果等，分析型数据和事务型数据（如元数据、ODS 数据、业务员操作数据等）是结构化数据的主要存储系统，关系型数据库具有安全优势和高效业务性能，典型的关系型数据库有 MySQL、Oracle 等。非关系型数据库主要存储快速访问的非结构化数据，提供快速的查询能力，主要包括 Redis、MongoDB 等。

1. HDFS

HDFS 是一种分布式文件系统，可对集群节点间的存储和复制进行协调。HDFS 确保了无法避免的节点故障发生后数据依然可用，可将其用作数据来源，用于存储中间态的处理结果，并可存储计算的最终结果。HDFS 采用 Master－Slave 架构，一个 HDFS 集群通常由一个 NameNode 和多个 DataNode 组成。NameNode 负责管理文件系统的元数据以及客户端对文件的访问，DateNode 存储实际数据。HDFS 存储时一个文件会被分成一个或多个数据块，这些数据块存储在 DataNode 上，而 NameNode 负责文件系统的名字空间操作，管理数据块到 DataNode 节点的映射，DataNode 负责处理文件客户端的读写请求。

2. Redis

Redis 是完全开源免费并遵守伯克利软件发行版（BSD）协议的高性能 key－value 数据库。Redis 支持数据的持久化，可以将内存中的数据保存在磁盘中，重启的时候可以再次加载进行使用。Redis 同时还提供 List、Set、Zset、Hash 等数据结构的存储，Redis 也支持 Master－Slave 模式的数据备份。

3. MongoDB

MongoDB 是一个介于关系型数据库和非关系型数据库之间的产品，是最接近于关系型数据库的 NoSQL 数据库。它支持的数据结构非常松散，是类似 JSON 的 BSON 格式，因此可以存储比较复杂的数据类型。MongoDB 最大的特点是它支持的查询语言非常强大，其语法有点类似于面向对象的查询语言，几乎可以实现类似关系型数据库单表查询的绝大部分功能，而且还支持对数据建立索引。

7.4 大数据计算

大数据平台可以提供不同的服务，不同的服务对计算实时性有不同的要求。大数据平台的计算为了满足不同服务的需求可分为流式计算、内存计算和批量计算。

流式计算是尽可能快地对最新的数据做出分析并给出结果。流式计算面向实时处理需求，处理持续来源、简单关联数据，响应时间通常为0.5～5s，主要用于对实时性要求比较高的场景，主要的框架包括Spark Streaming、Storm、Flink等。

内存计算面向交互性分析需求，数据存储和计算全部位于主内存中，消除了磁盘I/O性能瓶颈，响应时间通常位5s～1min，主要用于交互等对时效性要求较高的场景，其中最常用的框架有Spark。

批量计算主要面向大批量数据的离线分析，计算规模大、密度高、计算周期长、逻辑运算复杂，通常需要规模集群并行处理，响应时间在分钟级以上，主要用于时效性要求较低、数据量较大的数据处理场景，主要的框架包括MapReduce、Hive、Spark SQL等。

由于不同业务应用场景对数据处理时间的要求不尽相同，为了支持多业务场景的数据计算，满足不同时效性的计算需求，目前主流的设计是将三者结合，实现多类型服务的混合计算框架。

7.4.1 流式计算

某些特殊业务场景对数据的实时性有较高的要求，而基于Hadoop的批量处理方法严重依赖持久存储，每个任务需要多次执行读取和写入操作，因此速度相对较慢。针对这种应用要求提出了流式处理技术（即流式计算），该技术可以对实时进入系统的数据进行计算，无须针对整个数据集操作。流式处理可以处理几乎无限量的数据，但同一时间只能处理一条（流处理）或很少量（微批处理）数据，不同记录间只维持最少量的状态。Storm、Spark Streaming和Flink是最具代表性的流式计算框架。

1. Storm

Storm是一个开源的分布式实时计算框架。利用Storm可以很容易做到可靠地处理无限的数据流，像Hadoop批量处理大数据一样，实时处理数据，具有高性能、低延迟及很高的容错性。Storm有以下4个主要特点。

（1）高性能、低延迟。在数据处理过程中能够实时响应。

（2）分布式。可以轻松应对数据量大、单机搞不定的场景。

（3）可扩展。随着业务发展，数据量和计算量越来越大，系统可水平扩展。

（4）容错性。单个节点挂了不影响应用正常使用。

2. Spark Streaming

Spark Streaming 是 Spark 核心应用程序接口（API）的一个扩展，可以实现高吞吐量的、具备容错机制的实时数据的处理。支持从多种数据源获取数据，包括 Kafka、Flume 等，从数据源获取数据之后，可以使用诸如 map、reduce、join 和 window 等高级函数进行复杂算法的处理。

3. Flink

Flink 是一个针对流式数据和批量数据的分布式处理引擎。针对数据流的分布式计算提供了数据分布、数据通信以及容错机制等功能。Flink 在实现流式处理和批量处理时，与传统的数据处理方案完全不同，它从另一个视角看待流式处理和批量处理，将二者统一起来。Flink 是完全支持流式处理，也就是说作为流式处理看待时输入数据流是无界的，批量处理被作为一种特殊的流式处理，只是它的输入数据流被定义为有界的。同时，Flink 可以支持本地的快速迭代，以及一些环形的迭代任务，并且可以定制化内存管理。Flink 的主要特点如下：

（1）可以提供准确的结果，甚至在出现无序或者延迟加载数据的情况下。

（2）具有状态和容错能力，可以在保持应用状态的同时从故障中恢复。

（3）大规模运行，在上千个节点运行时有很好的吞吐量和低延迟。

7.4.2 内存计算

内存计算是数据不需要存储在磁盘中的计算，而是直接在内存中计算的一种计算形式，能够有效地减少 I/O 等性能瓶颈，提高响应时间。内存计算技术普遍基于 Spark 构建，提供分布式内存计算能力。

1. Spark

Spark 是一个分布式的内存计算框架，其特点是能处理大规模数据，计算速度快。Spark 延续了 Hadoop 的 MapReduce 计算模型，其计算过程保持在内存中，减少了硬盘读写，能够将多个操作进行合并后计算，因此提升了计算速度。同时，Spark 也提供了更丰富的计算

API。

2. RDD

RDD 是 Spark 中最主要的数据结构，可以直观地认为 RDD 就是要处理的数据集。RDD 是分布式的数据集，每个 RDD 都支持 MapReduce 类操作，经过 MapReduce 操作后会产生新的 RDD，而不会修改原有 RDD。RDD 的数据集是分区的，因此可以把每个数据分区放到不同的分区上进行计算，而实际上大多数 MapReduce 操作都是在分区上进行计算的。Spark 不会把每一个 MapReduce 操作都发起运算，而是尽量把操作累计起来一起计算。Spark 把操作划分为转换（transformation）和动作（action），对 RDD 进行的转换操作会叠加起来，直到对 RDD 进行动作操作时才会发起计算，这种特性也使 Spark 可以减少中间结果的吞吐，可以快速地进行多次迭代计算。

7.4.3 批量计算

批量计算是在计算开始前已知所有输入数据，输入数据不会产生变化，且在解决一个问题后就要立即得出结果的前提下进行的计算。Hadoop 是开源的大数据分布式存储与计算平台，用户利用 Hadoop 可以轻松地组织计算机资源，搭建自己的分布式计算平台，充分利用集群的计算和存储能力，完成海量数据的存储计算等。批量处理框架主要包括 MapReduce、Hive、Spark SQL 等。

1. MapReduce

MapReduce 是一个并行计算与运行的软件框架。用 map 和 reduce 两个函数编程实现基本的并行计算任务，提供了抽象的操作和并行编程接口，以简单方便地完成大规模数据的编程和计算处理。MapReduce 主要将数据按照某种特征归纳起来，然后处理并得到最后的结果。map 面对的是互不相关的数据，它解析每个数据，从中提取出 key 和 value，即提取数据的特征。经过 MapReduce 的 shuffle 阶段之后，在 reduce 阶段看到的都是已经归纳好的数据，在此基础上做进一步的处理得到结果。

2. Hive

Hive 是一个基于 Hadoop 的数据仓库工具，可以存储、查询和分析存储在 Hadoop 中的大规模数据。同时 Hive 还定义了类 SQL 语言 HQL，允许用户进行和 SQL 相似的操作，它可以将结构化的数据文件映射为一张数据库表，并提供简单的 SQL 查询功能。还允许熟悉 MapReduce 的开发者开发自定义的 mapper 和 reducer 来处理内建的 mapper 和 reducer 无法完成的复杂工作。

3. Spark SQL

Spark SQL 是 Spark 为结构化数据处理引入的一个编程模块。Spark SQL 不负责计算，其只告诉 Spark 该如何计算，本身并不直接参与计算，主要用于结构化数据处理和对 Spark 数据执行类 SQL 的查询。通过 Spark SQL 可以针对不同格式的数据执行 ETL 操作（如 JSON、Parquet），然后完成特定的查询操作。

7.5 平台管理

平台管理对整个大数据平台的任务管理、资源调度和分布式系统的协调等起着至关重要的作用。通过平台管理能够更好地协调平台中框架之间正确的资源分配和运行。平台管理的框架主要包括 ZooKeeper、Yarn、Oozie 和 Ranger 等。

1. ZooKeeper

ZooKeeper 是一个针对大型分布式系统的可靠协调系统，是分布式系统中的一个重要组件，它能为 HDFS、HBase、MapReduce、YARN、Hive 等组件提供重要的功能支撑。在分布式应用中，通常需要 ZooKeeper 来提供可靠的、可扩展的、分布式的、可配置的协调机制来统一各系统的状态。ZooKeeper 主要有以下三大特点。

（1）ZooKeeper 的主要作用是为分布式系统提供协调服务，包括但不限于分布式锁、统一命名服务、配置管理、负载均衡、主控服务器选举以及主从切换等。

（2）ZooKeeper 自身通常也以分布式形式存在。一个 ZooKeeper 服务通常由多台服务器节点构成，只要其中超过一半的节点存活，ZooKeeper 即可正常对外提供服务，所以 ZooKeeper 有高可用的特性。

（3）ZooKeeper 是以高吞吐量为目标进行设计的，在读多写少的场合有非常好的性能表现。

2. Yarn

Yarn 是 Hadoop 集群的资源管理系统，主要包含 Resource Manager（RM）、Node Manager（NM）、Application Master（AM）三大模块。Resource Manager 负责所有资源的监控、分配和管理，Application Master 负责每一个具体应用程序的调度和协调，Node Manager 负责每一个节点的维护。对于所有应用，RM 拥有绝对的控制权和对资源的分配权，而每个 AM 则会和 RM 协商资源，同时和 NM 通信来执行和监控任务。Yarn 使得用户能在 Hadoop 集群运行中比迭代方式运行更多类型的工作负载，并减小 Job Tracker 的资源消耗。

3. Oozie

Oozie 是一个基于工作流引擎的开源框架，它能够提供对 MapReduce 和 Pig Jobs 的任务调度与协调。对 Oozie 来说，工作流就是一系列的操作（比如 Hadoop 的 MapReduce），这些操作通过有向无环图的机制控制。这种控制依赖是指一个操作的输入依赖于前一个任务的输出，只有前一个操作完全完成后，才能开始第二个任务。

4. Ranger

Apache Ranger 提供一个集中式安全管理框架，并解决授权和审计。它可以对组件（如 HDFS、Yarn、Hive、HBase 等）进行细粒度的数据访问控制。通过操作 Ranger 控制台，管理员可以轻松地通过配置策略来控制用户访问权限。

7.6 大数据应用

大数据应用是整个大数据的价值体现，不同的应用可以通过对数据进行分析和挖掘提取数据的应用价值。大数据应用通过对数据的分析和具象化，将大数据分析结果应用到各行各业中去。应用层主要提供数据接口服务、数据挖掘服务以及人工智能服务等。

7.6.1 数据接口服务

数据接口服务是将整个大数据平台中的数据进行整合，通过数据计算、数据挖掘等对数据进行业务化封装，提供数据接口供外部访问。数据接口服务通常需要定制化开发，也可以使用一些开源工具，例如 Elasticsearch、HBase 等。

1. Elasticsearch

Elasticsearch 是一个实时的分布式搜索和分析引擎，它可以以很快的速度去处理大规模数据，可用于全文检索、结构化检索、推荐、分析以及统计聚合等多种场景，具有稳定、可靠、快速的特性。

2. HBase

HBase 是一个高可靠性、高性能、面向列、可伸缩的分布式存储系统，利用 HDFS 作为其文件存储系统，通过 MapReduce 来处理 HBase 中的海量数据，并提供了一系列访问接口。此外，Pig 和 Hive 还为 HBase 提供了高层语言支持，使得在 HBase 上进行数据统计处理变得非常简单。

7.6.2 数据挖掘服务

数据挖掘服务主要是从海量数据中挖掘数据存在的价值，如分析服务器日志数据制定负载均衡策略，分析用户 Web 站点的浏览行为推荐营销等。数据挖掘服务主要的工具有 QlikView 等。

QlikView 是一个完整的商业分析软件，使开发者和分析者能够构建和部署强大的分析应用。QlikView 是在内存中处理数据，并且能够自动关联数据，识别数据集合中各种数据项之间的关系，无须手动建模。QlikView 也有一定的缺点，由于 QlikView 是内存型的 BI 工具，数据处理速度很大程度上依赖内存大小，对硬件要求较高，一般企业的配置，数据处理起来较慢，而且 QlikView 对于复杂业务需求必须写 QlikView 的脚本。

7.6.3 人工智能服务

随着人工智能的不断发展，机器学习、深度学习等能够更加精准地分析和应用数据的价值。人工智能服务主要框架及相关库包括 Spark MLlib、Mahout 等。

1. Spark MLlib

MLlib 是 Spark 的机器学习库，旨在简化机器学习的工程实践工作，并方便扩展到更大规模。MLlib 由一些通用的学习算法和工具组成，包括分类、回归、聚类、协同过滤、降维等，同时还包括底层的优化原语和高层的管道 API。其主要包括以下五项主要内容。

（1）算法工具。常用的学习算法，如分类、回归、聚类和协同过滤。

（2）特征工程。特征提取、转化、降维和选择。

（3）管道（pipeline）。用于构建、评估和调整机器学习管道的工具。

（4）持久化。保存和加载算法、模型和管道。

（5）实用工具。线性代数，统计，数据处理等。

2. Mahout

Mahout 是 Apache 的一个开源机器学习库，提供一些可扩展的机器学习领域经典算法，包括聚类、分类、协同过滤、进化编程等，同时也通过 MapReduce 实现了部分数据挖掘算法，解决了并行挖掘的问题。

7.6.4 行业大数据应用体系

大数据应用体系在行业的应用其实就是构建生产业务系统之外的统一数据仓库。从技术架构角度来看，企业级数据仓库的发展一般都是从传统数据库或数据仓库的架构到大规模并行处理（massively parallel processing，MPP）数据库架构，再到 Hadoop（Hadoop Distributed File System）的架构体系。表 7-1 展示了金融、互联网、电信、能源、电力等几个行业代表性企业的大数据应用情况。

表 7-1　部分行业代表性企业大数据技术应用情况

代表企业	中国工商银行	阿里巴巴	中国联通	中国石化	国家电网
数据平台	2000年开始建立数据仓库	2004 年开始建立数据仓库	2011 年开始建立数据仓库	2016年打造云计算大数据平台	2014年开始大数据平台试点
数据管理体系	2007年建立了全行统一的数据体系，2013 年搭建 Hadoop 信息库	2010年引入 Hadoop & Hive 平台，进行新一代的数据平台的构建	2012 年开始整合全国数据建立大数据中心	2016 年启动 ERP 系统主数据管理平台	2009 年启动国网 SG-CIM 模型和主数据标准研究
数据应用	2014年研发了流数据平台，具备实时大数据应用能力	2008 年，阿里巴巴建立了数据平台，将交易核心过程进行重组，成立用户中心开展数据应用	2015 年开始运营数据，与各行业结合做大数据应用	2015年宣布借助阿里巴巴等企业打造数据商业服务新模式	2015年开始大数据应用的建设和推广

续表

代表企业	中国工商银行	阿里巴巴	中国联通	中国石化	国家电网
组织机构	1996年成立软件开发中心，专注电子化建设	2008年确定了数据和云计算两个重要战略，建立全球顶尖团队，搭建全新技术架构	2017年成立专门的大数据运营公司	早期即建立信息化管理部，无专门数据管理部门	2013年成立专业的大数据团队，负责服务内部和外部客户

8 大数据平台数据架构

大数据平台数据架构表述了信息的载体——数据的组成分布模式、存储模式、访问模式，以及不同数据逻辑体之间的共享与交换模式等，数据架构示意图如图 8-1 所示。统一的数据架构使得数据与应用的关系更加清晰，数据的意义更加明确，数据之间的区分和关联更加合理，能保证数据的整体性、一致性、完整性，能提高数据的综合使用效率。

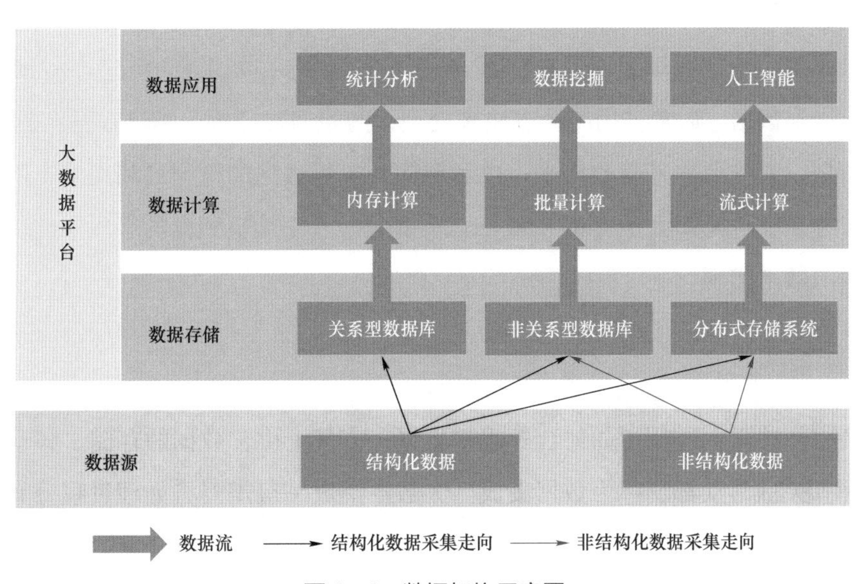

图 8-1 数据架构示意图

8.1 数据预处理

由于数据的种类和类型比较复杂，给数据的采集、存储和计算带来了极大的困难，通过大数据的预处理可以将结构复杂的数据转换为单一或者便于处理的结构，为以后的数据分析打下良好的基础。由于采集数据中的信息并不都是必需的，而且还掺杂了许多噪声和干扰项，因此需要对这些数据进行清洗和去噪，以保证数据的质量和可靠性。常用的数据预处理方法是在数据处理的过程中设计一些数据过滤器，先通过聚类和关联分析的方法将无用或错误的离群数据挑出来过滤掉，防止其对最终结果产生不利影响，然后再将整理好的数据进行集成和存储。

8.1.1 数据清洗

数据清洗是在汇聚多个维度、多个来源、多种结构的数据之后，对数据进行抽取、转换和集成加载。数据清洗过程中，除了更正、修复系统中的一些错误数据之外，更多的是对数据进行归并整理，并存储到新的存储介质中。

常见的数据质量问题有数据为空、数据错误和数据重复等。针对不同的数据质量问题，有不同的解决办法。对于空值数据，通常的处理方法是采用估算，例如采用均值、众数、最大值、最小值、中位数填充，但是估算方法会引入误差，如果空值较多，会使结果偏差较大。对于错误数据，通常采用统计方法来处理，例如偏差分析、回归方程、正态分布等。对于重复数据，首先要将其检测出来，然后删除，重复数据的检测可利用基本的字段匹配算法、递归的字段匹配算法、Smith–Waterman 算法、基于编辑距离的字段匹配算法和改进余弦相似度函数来实现。

8.1.2 数据集成

数据集成，狭义上讲是指如何合并规整数据；广义上讲，数据的存储、移动、处理等与数据管理有关的活动都统称为数据集成。大数据集成一般需要将处理过程分布到源数据上进行并行处理，并仅对结果进行集成，因为如果预先对数据进行合并会消耗大量的处理时间和存储空间。集成结构化和非结构化数据时要在数据之间建立共同的信息联系，这些信息可以表示为数据库中的主数据、键值，非结构化数据中的元数据标签或者其他内嵌内容。

数据集成时应解决的问题包括数据转换、数据迁移以及从非结构化数据中抽取信息。数据转换是数据集成中最复杂和最困难的问题，所要解决的是如何将数据转换为统一的格式。数据迁移指的是将一个应用的数据迁移到另一个新的应用中，在组织内部，当一个应用被新的应用所替换时，就需要将旧应用中的数据迁移到新的应用中。从非结构化数据中提取信息是将结构化和非结构化的数据进行集成。存储在数据库外部的数据，如文档、电子邮件、网站、社会化媒体、音频和视频文件，可以通过客户、产品、雇员或者其他主数据引用进行搜索，主数据引用作为元数据标签附加到非结构化数据上，在此基础上就可以实现与其他数据源和其他类型数据的集成。

8.1.3 数据变换

数据变换是将数据转换为适合挖掘的形式。数据变换采用线性或非线性的数学变换方法将多维数据压缩成较少维数的数据，消除它们在时间、空间、属性及精度等特征表现方面的差异。

数据变换涉及四项主要内容：一是数据平滑，清除噪声数据和无关数据，处理遗漏数据和清洗脏数据；二是数据聚集，对数据进行汇总和聚集；三是数据概念化，使用概念分层，用高层次概念替换低层次“原始”数据；四是数据规范化，将属性数据按比例缩放，使之落入一个小的特定区间，规范化对于某些分类算法特别有用，属性构造是基于其他属性创建一些新属性。

8.1.4 数据规约

数据仓库中往往具有海量的数据，在其上进行数据分析与挖掘需要很长的时间。对于小型或中型数据集，一般的数据预处理步骤已经足够。但对真正大型数据集来讲，在应用数据挖掘技术以前，需要采取一个中间的、额外的步骤，就是数据规约。

数据规约是从数据库或者数据仓库中选取并建立使用者感兴趣的数据集合，然后从数据集合中过滤掉一些无关、偏差或重复的数据，从源数据中得到数据集的规约表示，其数据规模小很多，但可以产生相同的数据分析效果。用于数据规约的时间不应超过或“抵消”在规约后的数据上挖掘节省的时间。

1. 数据规约方法

数据规约主要有以下四类方法：

（1）维规约。通过删除不相关的属性减少数据量。维规约不仅会压缩数据集，还会减少属性数目，从而提高数据挖掘效率，降低计算成本。

（2）数据压缩。应用数据编码或变换，得到源数据的规约和压缩表示。

（3）数值规约。数值规约通过选择替代的、较小的数据表示形式来减少数据量。

（4）离散化和概念分层。通过将属性域划分为区间，离散化技术可以用来减少给定连续属性值的个数。对于给定的数值属性，概念分层定义了该属性的一个离散化。通过收集并用较高层的概念替换较低层的概念，概念分层可以用来归约数据。

在实践中，对于海量大数据，如果我们只需要上百条样本数据用于分析，就需要进行维归约，以挖掘出可靠的模型；另外，高维度引起的数据超负，会使一些数据挖掘算法不实用，唯一的方法也是进行维归约。

预处理数据集的 3 个主要维度通常以平面文件的形式出现，即列（特征）、行（样本）和特征的值，数据归约过程也就是三个基本操作，即删除列、删除行、减少列中的值。

2. 数据规约涉及参数

在进行数据挖掘准备时进行标准数据规约操作，要全面地比较和分析涉及如下几个方面的参数，需要知道从这些操作中将会得到和失去什么。

（1）计算时间。较简单的数据，即经过数据规约后的结果，可减少数据挖掘消耗的时间。

（2）预测/描述精度。估量了数据归纳和概括为模型的好坏。

（3）数据挖掘模型的描述。简单的描述通常来自数据规约，这样模型能得到更好理解。

8.2 数据采集

数据采集是将各种数据源中的不同种类的数据采集到大数据平台中进行存储和计算。数据源根据数据的结构性可分为结构化数据和非结构化数据两类。结构化数据能够用统一的结构加以表示，通常指的是存储在数据库中，可以用二维表结构来表达的数据；非结构化数据是结构不规则或不完整、没有预定义的数据模型，不方便用二维表来表现的数据，包括所有格式的办公文档、文本、图片、XML、HTML、各类报表、图像和音频视频信息等。为确保大数据采集过程完整高效，需要根据其数据特点设计采用相应的采集策略、方法、工具和接口，数据采集示意图如图 8-2 所示。

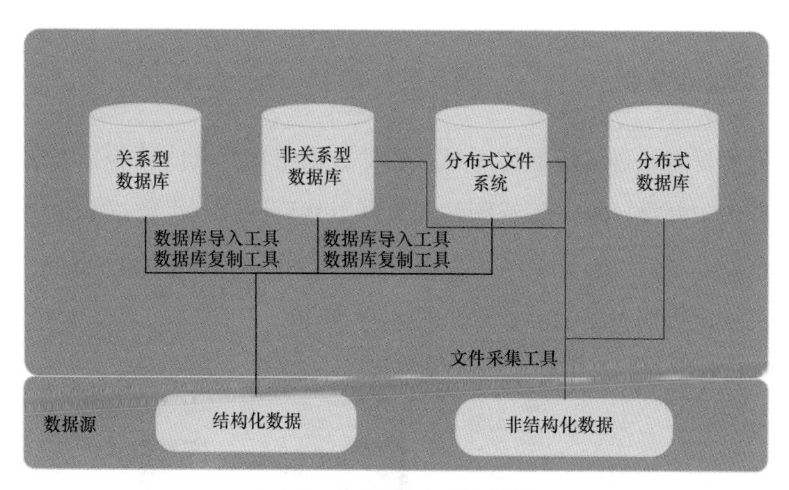

图 8-2 数据采集示意图

8.2.1 结构化数据采集

结构化数据一般是以二维表的形式存储在关系型数据库中。结构化数据的采集处理通常采用关系型数据库导入以及关系型数据库复制两种方式。

1. 关系型数据库导入

关系型数据库导入可以通过 ETL 服务器直接连接关系型数据库来实现，由于导入的数据可能是数据源中的表或视图，因此这些数据需要被转换成 ETL 工具可以识别的格式，传入到大数据平台之中。关系型数据库导入适用于准实时或者时效性要求较低的数据采集，关系型数据库导入示意图如图 8-3 所示。

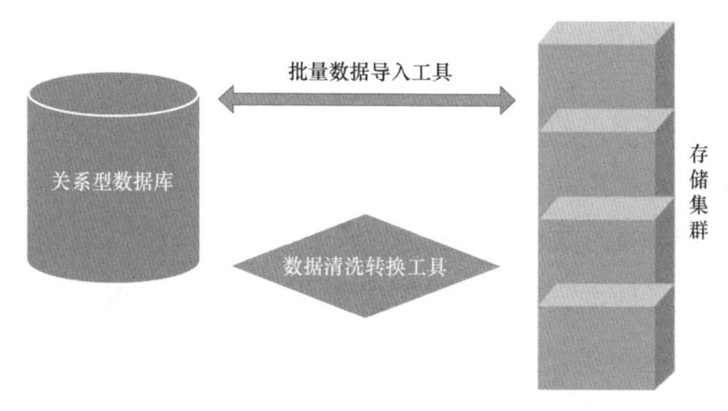

图 8-3 关系型数据库导入示意图

2. 关系型数据库复制

关系型数据库复制通过解析数据库日志捕捉数据变化，具体可能是上次数据导入后数据库中被导入的表中新增、修改、或删除的数据，然后同步到大数据平台中的目标数据库中。关系型数据库复制针对的是结构化数据的实时采集，Oracle GoldenGate 是实现该方式的常用工具，关系型数据库复制示意图如图 8-4 所示。

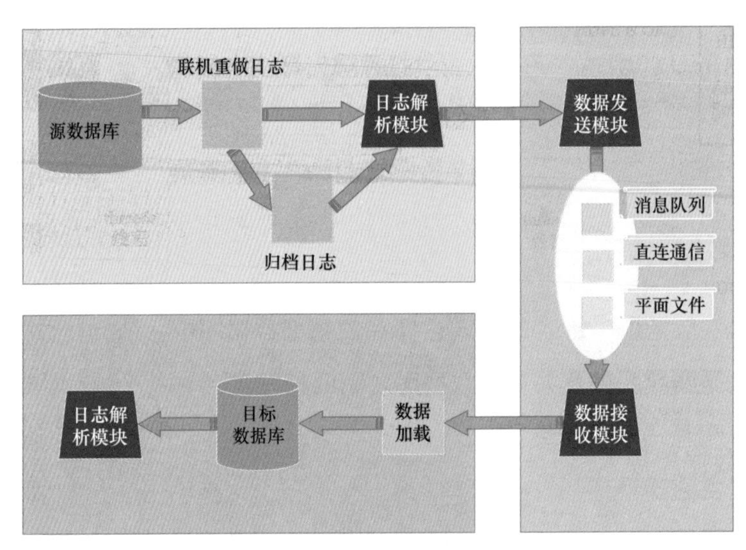

图 8-4　关系型数据库复制示意图

采集后的结构化数据被大数据平台存储在分布式存储系统、非关系型数据库和关系型数据库中。

8.2.2　非结构化数据采集

非结构化数据种类繁多，例如各种办公文档、文本、图片、XML、HTML、各类报表、图像和音频视频等都是典型的非结构化数据。这些数据均能够以文件形式存储在数据源中，其区别就是后缀名不同。文本文档可以是.txt 文件，图片可以是.jpg 文件，视频可以是.mp4 文件，但本质上都是文件数据，所以我们可以统一将这些数据当作文件数据进行采集。

文件数据采集支持分布式方式，可以从数百个产生文件的服务器采集文件到大数据分布式文件系统中，通常用于将多个应用服务中产生的网络日志采集到大数据平台中。文件数据采集主要包含采集代理、文件收集器和文件存储三个组件。其中，采集代理将数据源的数据发送给文件收集器；文件收集器将多个采集代理的数据汇总后，加载到平台的文件存储系统中。Flume 是实现文件数据采集的常用工具，实际上该工具同样能够对结构化数据进行采集，具有很强的通用性。采集后的非结构化数据被存储在分布式存储系统以及非关系型数据库中，文件数据采集示意图如图 8-5 所示。

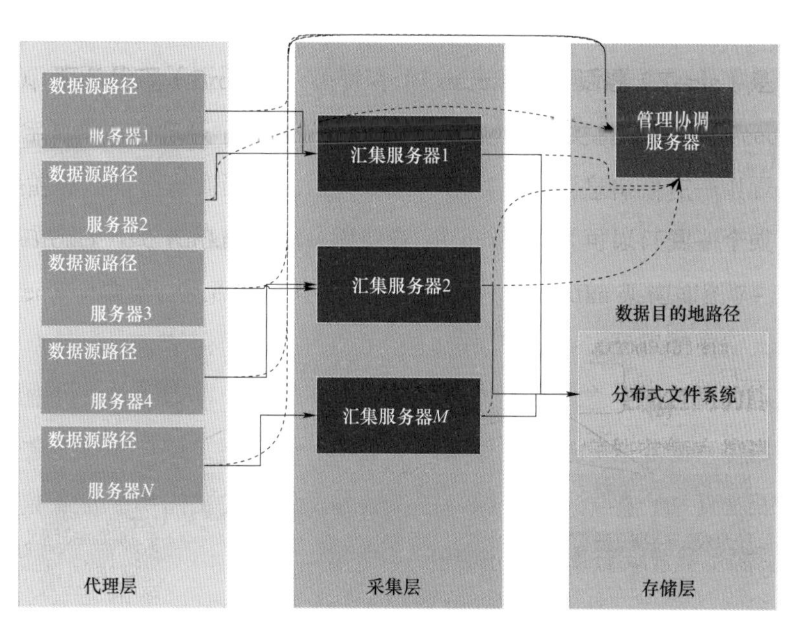

图 8-5　文件数据采集示意图

8.3　数据存储

经过多源数据整合，大数据平台汇集了多种数据，这些数据通常具有很强的异构性。数据中既有结构化的关系型数据，也有非结构化的文档、图像和视频等文件数据。

对于这些异构大数据，需要根据其各自的特点选择合适的数据存储方式，以保证大数据平台能有足够的存储容量和高效的查询索引性能。通过构建分布式存储系统、非关系型数据库、关系型数据库，实现各类数据的集中存储与统一管理，满足多样化大量数据的低成本性能存储需求。

8.3.1　分布式存储系统

在大数据出现之前，人们进行的数据读写操作都是针对单个硬盘。大数据出现后，单个硬盘的容量和读写速度完全无法满足大数据应用的需求，而且对于单个硬盘存储模式，如果硬盘损坏，数据将完全丢失，数据的完全性无法得到保障。在这种情况下，人们需要全新的存储技术来应对大数据的存储问题，分布式存储技术应运而生。

分布式存储顾名思义就是将大量的普通服务器，通过网络互联，对外作为一个整体提供存储服务，具有可扩展性、可用性、可靠性、高性能、易维护、低成本等特性。常见的分布式存储系统有分布式文件系统和分布式数据库。

1. 分布式文件系统

将固定于某个地点的某个文件系统，扩展到任意多个地点的多个文件系统，众多的节点组成一个文件系统网络。每个节点可以分布在不同的地点，通过网络进行节点间的通信和数据传输。人们在使用分布式文件系统时，无须关心数据存储在哪个节点上，或者是从哪个节点从获取的，只需要像使用本地文件系统一样管理和存储文件系统中的数据。在大数据平台中采用统一的底层分布式文件系统，数据汇聚存储在该文件系统之上，同时支持纠删码功能以及文件加密存储，并能够通过参数调整分布式文件系统的副本数量以及文件块大小等存储设置，分布式文件系统如图 8-6 所示。

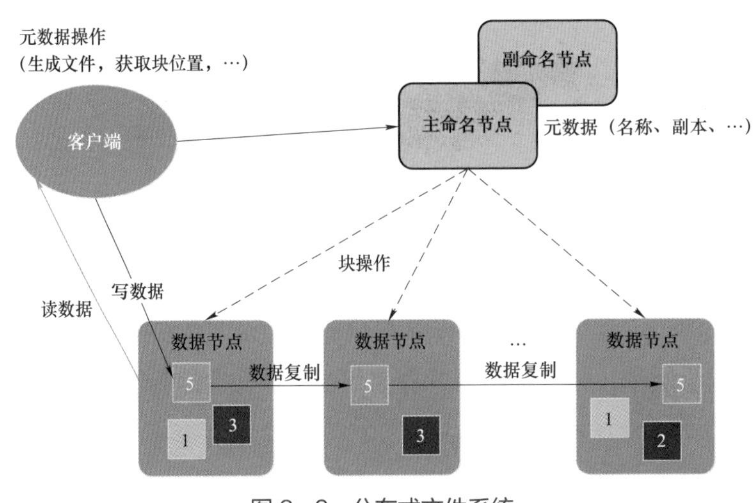

图 8-6　分布式文件系统

注：1，2，3，5 代表数据块。

（1）命名节点。管理元数据，包括文件目录树，文件→块映射，块→数据服务器映射表等，为保证分布式文件存储服务的高可靠性，防止命名节点单点故障，采用命名节点高可用（HA）方案，始终有一个热备的命名节点存在。

（2）数据节点。负责存储数据，以及响应数据读写请求。

（3）客户端。与命名节点交互进行文件创建/删除/寻址等操作，之后直接与数据节点交互进行文件 I/O。

常见的分布式文件系统有 Hadoop 的 HDFS 系统，该系统即符合图 8-6 所示的结构，结构化数据经过采集后可以以二维表的形式存储在 HDFS 的数据节点中，非结构化数据可以以文件形式存储在 HDFS 的数据节点中。

2. 分布式数据库

分布式数据库是指利用高速计算机网络将物理上分散的多个数据存储单元连接起来组成一个逻辑上统一的数据库。分布式数据库的基本思想是将原来集中式数据库中的数据分散存储到多个通过网络连接的数据存储节点上，以获取更大的存储容量和更高的并发访问量。通常分布式数据库由管理服务器与多个数据服务器组成，分布式数据库如图 8-7 所示。

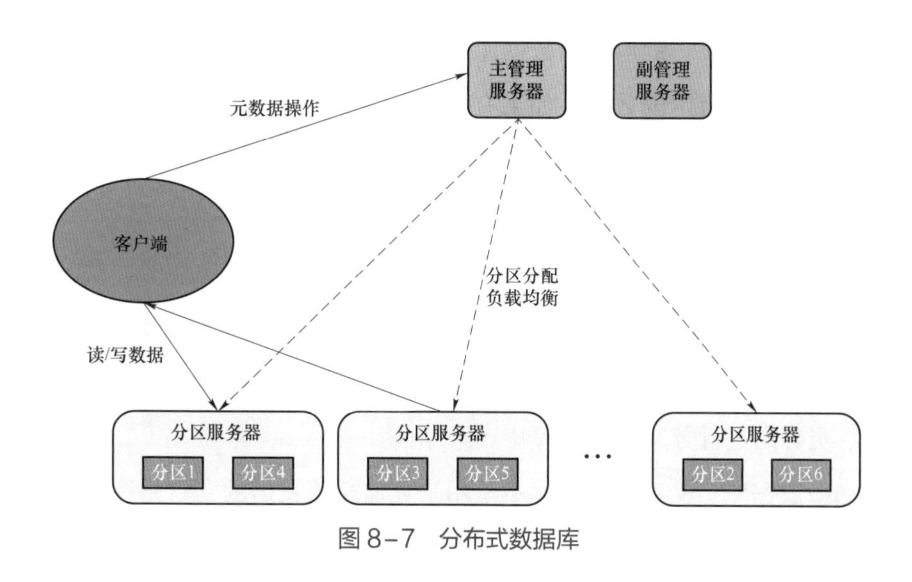

图 8-7　分布式数据库

（1）管理服务器。负责表的创建、删除和维护以及数据分区的分配和负载平衡。

（2）数据服务器。负责管理维护数据分区以及响应读写请求。

（3）客户端。与管理服务器进行有关表元数据的操作，之后直接读/写数据服务器。

HBase 是一个典型的分布式数据库，基于列而不是基于行的模式，它支持非结构化数据的存储。HDFS 为 HBase 提供了高可靠性的底层存储支持，Sqoop 还为 HBase 提供了方便的关系型数据库导入功能，使得传统数据库数据向 HBase 中迁移变得非常方便。

8.3.2 非关系型数据库

关系型数据库中的表都是存储一些格式化的数据结构，每个元组字段的组成都一样，即使不是每个元组都需要所有字段，但数据库会为每个元组分配所有的字段。关系型数据库的这种结构便于表与表之间进行连接等操作，但从另一个角度来说它也是关系型数据库性能瓶颈的一个因素。在数据量激增的环境下，关系型数据库暴露了扩展困难、读写慢、成本高和容量有限的问题。在大数据的操作中，关系型数据库已经无法满足海量异构数据存储、读写和查询需求，为了解决上述困境，非关系型数据库被人们越来越广泛地应用。

与传统的关系型数据库相比，非关系型数据库具有易扩展、数据量大、性能高和数据模型灵活等特点。按照数据模型分类，非关系型数据库可以分为键值存储数据库、列式存储数据库、文档型数据库和图形数据库四种类型。

（1）键值存储数据库。键值存储数据库主要会使用到一个哈希表，这个表中有一个特定的键和一个指针指向特定的数据。如果有一个读写请求，那么计算该请求的键值会得到一个哈希值，并定位到哈希表上，通过该哈希值找到数据的具体存储位置，然后进行数据的读取或写入操作。

（2）列式存储数据库。列式存储数据是相对于行式存储数据而言的，列式存储示意图如图 8–8 所示，从图 8–8 可以很清楚地看到，行式存储下一张表的数据都是放在一起的，但列式存储下都被分开保存了。列式存储数据库相比行式存储的数据库具有查找速度快、可扩展性强、更容易进行分布式扩展等特点。

（3）文档型数据库。文档型数据库不是用来存储文档数据的，它是为了优化结构化数据存储而研发的一种数据库。文档型数据库同键值存储数据库类似，其数据模型是版本化的文档，比如 JSON。与关系型数据库相比，文档型数据库具有数据结构要求不严格、表结构可变、不需要像关系型数据库预先定义表结构等优点。关系型数据库与文档型数据库存储形式对比图如图 8–9 所示，图 8–9 中的左图展示的是传统的关系型数据库二维表结构，右图展示的是文档型数据库的存储形式。

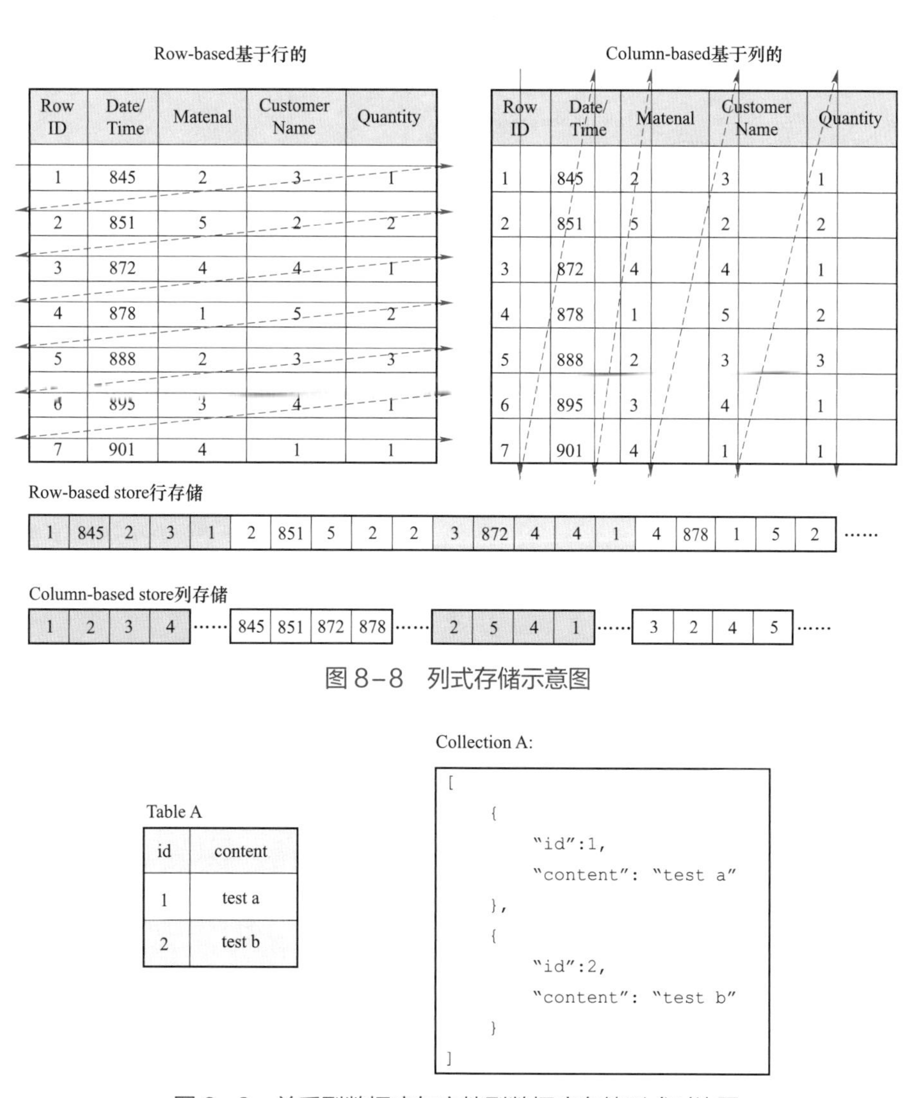

图 8-8　列式存储示意图

图 8-9　关系型数据库与文档型数据库存储形式对比图

（4）图形数据库。图形数据库就是以“图数据结构”来存储并查询数据。图形数据库源于图理论，将数据以属性方式存储在节点或边中，以边来表示节点之间的关系，并用特定查询语言进行数据检索。图形数据库善于处理大量复杂、互连接、低结构化的数据，这些数据变化迅速，需要频繁的查询。在关系型数据库中，由于这些查询会导致大量的表连接，从而导致性能问题，而且在设计使用上也不方便。图形数据库存储形式示意图如图 8-10 所示。

综上所述，非关系型数据库比较适用于数据模型比较简单、需要灵活性更强的 IT 系统、对数据库性能要求较高、不需要高度的数据一致性，以及对于给定 key 比较容易映射复杂

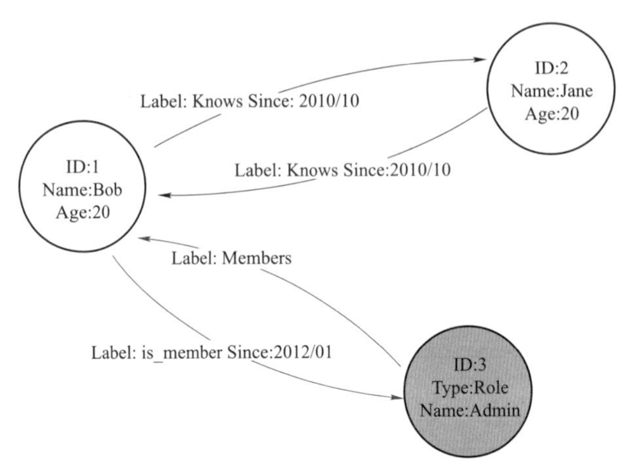

图 8-10 图形数据库存储形式示意图

值环境的情况。

8.3.3 关系型数据库

关系型数据库是建立在关系模型基础上的数据库，借助集合代数等数学概念和方法来处理数据库中的数据。简单说，关系型数据库是由多张能互相连接的二维行列表格组成的数据库。对于结构化数据，关系型数据库是很好的存储方式，其具有保持数据的一致性、数据更新代价低、可进行复杂查询等优势。经过关系型数据库导入和复制的结构化数据可以以二维表的形式存入大数据平台中的目标关系型数据库中。

9 大数据平台应用架构

大数据平台应用架构描述了单个大数据应用部署、多个大数据应用之间的交互、应用与核心公用组件之间的关系。统一应用架构为大数据平台建设提供安全、稳定、合理、高效、易于整合、易于交换的层次化开发技术框架，以及大数据平台建设中所需的公共中间件和基础软件，提高了大数据平台分析、设计、运行、维护各个环节的效率。大数据平台应用架构承上启下，一方面承接业务架构的落地，另一方面影响技术选型。大数据平台应用架构如图 9–1 所示。

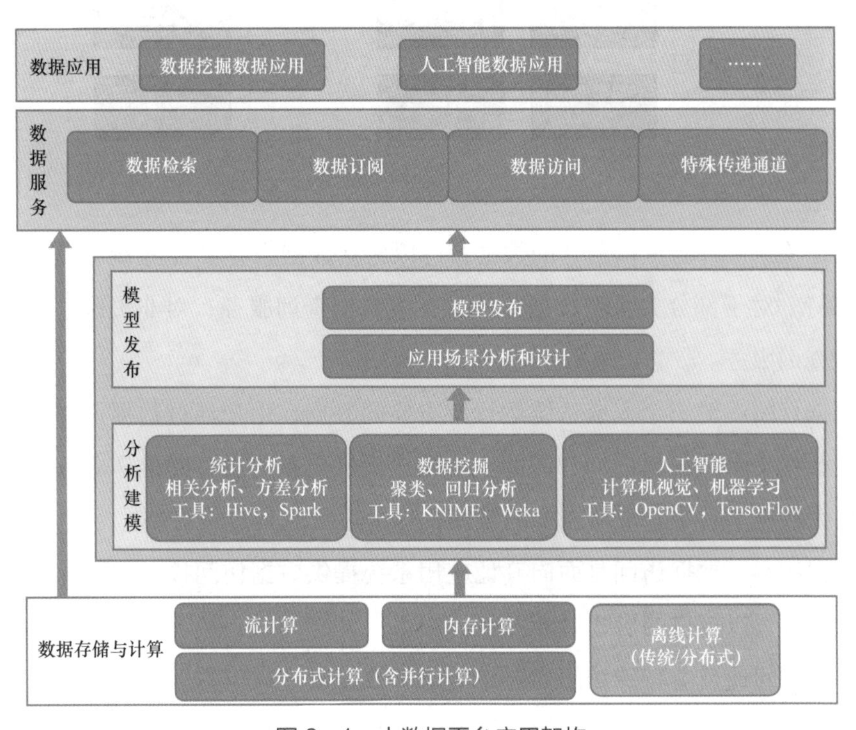

图 9–1　大数据平台应用架构

9.1 数据服务

9.1.1 应用特点

数据服务是指在大数据存储、计算或者建模分析基础上提供数据的过程。数据服务能针对大数据“5V”特点进行应用，数据服务适用于直接需要数据的应用，可以使用数据检索、数据订阅、数据访问、特殊访问通道的方式获取数据服务。数据服务方式如图 9-2 所示。

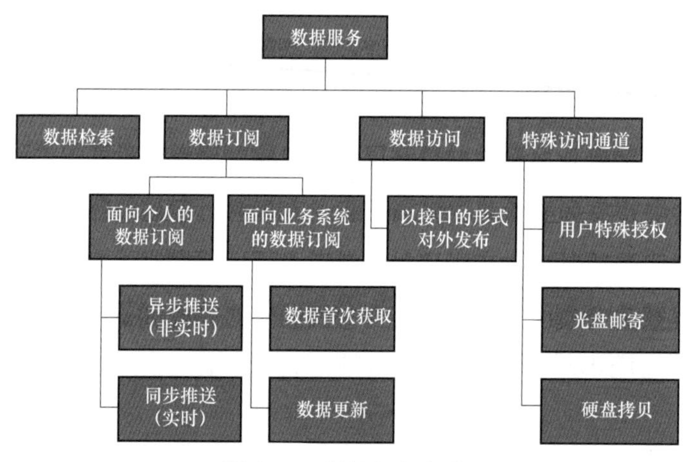

图 9-2　数据服务方式

（1）数据检索。针对可以公开的数据，可以建立数据服务平台/系统，提供基于数据资源的发现支持。对于部分关系型数据库提供在线数据查询服务，对非关系型数据库提供基于元数据的查询服务。

（2）数据订阅。对于个人或系统运行所需要的数据，用户通过数据订阅服务将这个需求反馈到大数据平台，平台面向订阅的注册用户提供更新信息订阅推送服务，用户按照一定的规则从大数据平台中获取所需要的数据，这个过程就是数据订阅。

（3）数据访问。数据访问是面向其他应用系统提供数据访问接口的服务，根据数据访问要求进行封装，以接口的形式对外发布。

（4）特殊访问通道。特殊访问通道是对由于数据量过大、数据保密、数据所有者特殊要求等原因不宜在网上直接公开的数据集提供数据传递服务。

特殊访问通道的形式包括用户特殊授权、光盘邮寄、硬盘拷贝等，具体分发方式需根据资源的特点、类型、共享模式等确定。

9.1.2 技术框架

针对上述四种提供大数据服务的方式，大数据平台可以使用以下技术给应用直接提供数据。

1. API 技术

数据服务可以通过 API 实现数据内外部的调用，实现大数据平台多元化、多层次应用。API 有以下特点：

（1）隐藏实现细节。创建 API 就是为了隐藏所有实现细节，防止对客户造成影响，具体包括对于变量、方法与类的隐藏。对于变量的返回，不应破坏封装。

（2）最小完备性。完备的 API 是指包含期望的所有功能。最小完备则是在实现所有功能前提下提供最少的公共接口。

（3）易用性。优秀的 API 应该简单易用，一目了然。

2. RSS 技术

简易信息聚合（RSS）是一种消息来源格式规范，用以聚合经常发布更新数据的网站，例如博客文章、新闻、音频或视频的网摘。RSS 文件包含了全文或是节录的文字，以及发布者所订阅的网摘数据和授权的元数据。RSS 有以下特点：

（1）来源多样的个性化“聚合”。

（2）信息发布的时效快、成本低。

（3）无“垃圾”信息。

（4）本地内容管理便利。

3. Cloudera Search 技术

Cloudera Search 是一个整合了 Lily、solr（Solrcloud）、HBase、Hadoop、Flume 等，以及使用 Cloudera Manager 来进行管理的全文索引解决方案，是企业级的开源搜索。

Cloudera Search 提供近实时（near-real-time）数据访问服务，允许非技术人员通过简单的全文搜索接口，实现快速查询，以及浏览存储在 Hadoop 和 HBase 上的数据，不需要掌握 SQL 和编程技能。Cloudera Search 有以下特点：

（1）易用性。支持全文搜索，支持实时数据搜索，多用户友好。

（2）灵活性。支持批量索引与近实时索引，支持多数据类型与格式，原生集成 Hadoop 计算框架，丰富的 API 与成熟的社区。

（3）开源。搜索引擎工业级标准，具有成熟的代码基础与活跃的社区。

9.1.3 大数据服务产品

典型的大数据服务产品有关系网络分析产品等。关系网络分析是基于大数据时空关系网络的可视化分析产品，产品围绕“大数据多源融合、计算应用、可视分析、业务智能”设计实现。

关系网络分析产品采用组件化、服务化设计理念，分为存储计算层、数据服务层、业务应用层、分析展现层的多层次体系架构。数据存储计算建立在云平台上，支持 PB/EB 级别的数据规模，具有强大的数据整合、处理、分析、计算能力。关系网络分析技术架构如图 9-3 所示。

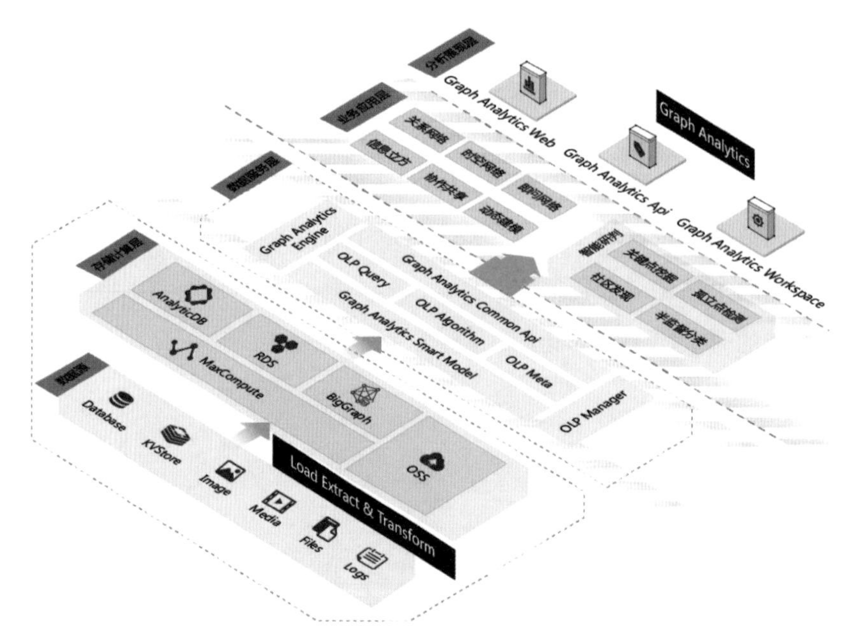

图 9-3　关系网络分析技术架构

关系网络分析结合关系网络、时空数据，揭示对象间的关联和对象时空相关的模式及规律。关系网络分析能提供关联网络（分析）、时空网络（地图）、搜索网络、动态建模等功能，以可视分析的方式有效融合机器的计算能力和人的认知能力，获得对于海量数据的洞察力，帮助用户更直观、高效地获取信息和知识。

9.2 数据挖掘

9.2.1 应用特点

数据挖掘是指从大量数据中揭示出隐含的、先前未知的并有潜在价值的信息的服务。

数据挖掘针对高维、海量、历史统计（非实时）、真实以及有价值的大数据，主要用于搜索隐藏其中的信息和知识，实现大数据的价值。一般来说，数据挖掘主要侧重解决分类、聚类、关联、预测四类问题。

（1）分类问题。分类问题属于预测性的问题，主要是对个体在某个问题上进行分类，与普通预测问题的区别是其预测结果是类别而非数值。

（2）聚类问题。聚类问题不属于预测性的问题，主要解决的是把一群对象划分成若干个组的问题，划分的依据是聚类问题的核心。

（3）关联问题。关联问题实质上就是从数据背后发现事物之间可能存在的关联或者联系，例如用户购买了一些产品之后，哪些产品被同时购买的概率比较高。

（4）预测问题。预测问题主要指预测变量的取值为连续数值型的情况。例如天气预报预测明天的气温，预测下一年度全国或省的 GDP 增长率，电信运营商预测下一年的收入、用户数等。解决预测问题更多采用的是统计学的技术，例如回归分析和时间序列分析等。

9.2.2 技术框架

为解决上述四种问题，将数据挖掘更快且更便捷地应用于新的问题中，可以使用以下开源数据挖掘工具。

（1）Weka。由怀卡托大学（The University of Waikato）开发，基于 Java 环境，支持几种经典的数据挖掘任务，实现数据预处理、集群、分类、回归、虚拟化以及功能选择。其技术基于以一种单个文件或关联的文件的假设数据，每个数据点都被许多属性标注。Weka

使用 Java 的数据库链接能力可以访问 SQL 数据库，并可以处理一个数据库的查询结果。Weka 主要的用户接口是 Explorer，也同样支持相同功能的命令行，或是一种基于组件的知识流接口。

（2）Rapid Miner。用 Java 编程语言编写，基于 Weka 来构建，它可以调用 Weka 中的各种分析组件，特点是具有丰富的图形用户界面互动原型。它提供的实验由大量的算子组成，而这些算子由详细的 XML 文件记录，并被 RapidMiner 图形化的用户接口表现出来。Rapid Miner 为主要的机器学习过程提供了超过 500 算子，是结合了学习方案和 Weka 学习环境的属性评估器。它可以作为一个独立的工具做数据分析，也可以作为一个数据挖掘引擎集成到产品中。

（3）KNIME。KNIME 是一个用户友好、智能的并由丰富的开源数据集成、处理、分析和勘探的平台，支持迅速部署、扩展和熟悉数据。它让用户有能力以可视化的方式创建数据流或数据通道，可选择性地运行一些或全部的分析步骤，并形成后面的研究结果、模型及可交互的视图。KNIME 由 Java 写成，基于 Eclipse 并通过插件的方式来提供更多的功能。通过以插件形式的文件，用户可以为文件、图片和时间序列加入处理模块，并可以集成到其他各种各样的开源项目中，比如 R 语言、Weka、Chemistry Development Kit 和 LibSVM。

（4）Orange。Orange 是一个基于组件的数据挖掘和机泄漏器学习软件套装，功能既友好又强大，具有快速又多功能的可视化编程前端，便于浏览数据分析和可视化，底层基于 C++，并且提供了 Python 接口，提供了 GUI，可以使用预先定义好的多种模块组成工作流来完成复杂的数据挖掘工作。

（5）R-Programming。R-Programming 是用于统计分析、绘图的语言和操作环境，其核心计算模块是用 C、C++和 Fortran 编写的。为了便于使用，它提供了一种脚本语言，即 R 语言，集统计分析与图形显示于一体，可以运行于 UNIX、Windows 和 Macintosh 的操作系统上，相比于其他统计分析软件，有很强的互动性和强大的社区支持。

9.2.3 大数据挖掘产品

今日头条有限公司通过两个方面来实现个性化推荐，一个是用户画像，一个是文章分类，其通过用户在 App 内搜索、点击视频、文章、浏览、收藏等一系列操作，不断对用户画像进行完善，生成用户对文章分类的喜好，通过喜好推荐相似的视频、文章。

个性化推荐系统主体分为文章分类、用户画像、用户喜好三部分，这三部分均是通过用户在 App 内的行为，通过数据分析师对数据分析、构建的策略算法，算法工程师构建的模型、推荐引擎以及特征工程等一系列的算法，最终构成一个个性化推荐系统，今日头条有限公司个性化推荐的技术架构如图 9–4 所示。

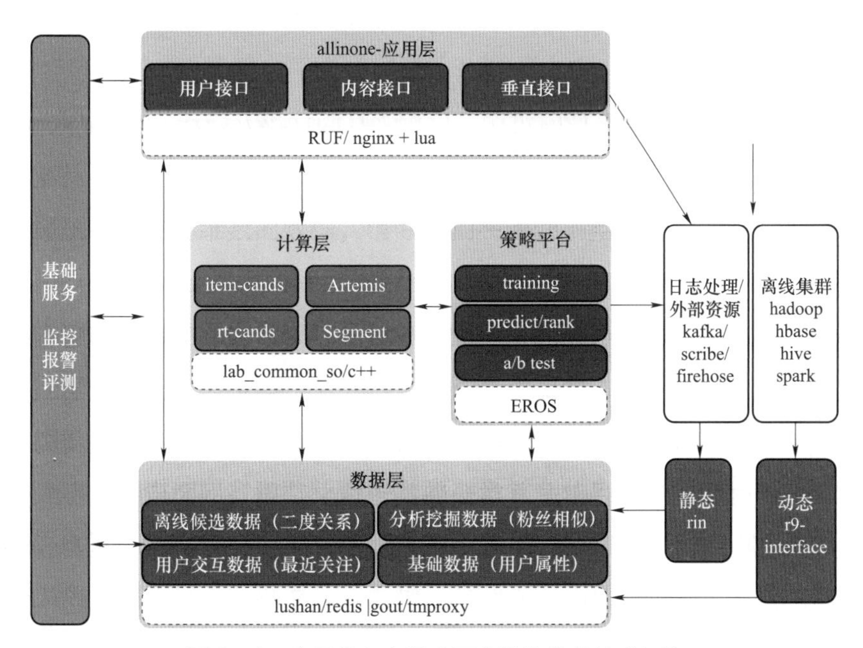

图 9–4　今日头条有限公司个性化推荐技术架构

个性化推荐系统可以方便用户快速找到想要了解的信息，加快用户对知识的了解以及获取速度，方便用户关注领域前沿信息、领域发展脉络、领域大牛以及领域经典文章等，消除信息壁垒，增加信息价值。

9.3 人工智能

人工智能（AI）是研究、开发用于模拟、延伸和扩展人的智能的理论、方法、技术及应用系统的一门新的技术科学。人工智能在解决实时性和非结构化数据问题中展现出非凡的“智能”，其能够解决大数据高维空间的推理和学习问题，适用于解决如图像分类等的数据非结构化、模糊、不确定性的问题，以及如自动驾驶等的自主决策、推断、学习、实时性的问题。

人工智能是一个非常广泛的领域，将其归纳为以下六个主要方向。

（1）计算机视觉，包括模式识别、图像处理等。

（2）自然语言理解与交流，包括语音识别、人机对话等。

（3）认知与推理，包括各种物理和社会常识的认知和推理。

（4）机器人学，包括机械、控制、设计、运动规划、任务规划等。

（5）博弈与伦理，包括多代理人的交互、对抗与合作和机器人与社会融合等。

（6）机器学习，包括各种统计的建模、分析工具和计算方法。

9.3.1 技术框架

要将人工智能更快、更便捷地应用于处理新的问题中，选择一些开源的框架作为工具是必不可少的步骤，可选择的开源框架包括 TensorFlow、Caffe、CNTK、Keras、OpenCV 等。

（1）TensorFlow。TensorFlow 是谷歌研发的第二代人工智能学习系统，拥有强大的社区、企业支持，适用于从个人到企业、从初创公司到大公司等不同群体。特点是支持自动求导，使用 C++编写核心代码，线上部署的复杂度低，可提供多种语言接口，数据流式图支持自由的算法表达，可实现深度学习以外的机器学习算法，可写内层循环代码控制计算图分支的计算，可将相关的分支转化为子图并执行迭代计算，拥有 TensorBoard 可视化工具，可有效展示 TensorFlow 在运行过程中的计算图、各种指标随着时间的变化趋势以及训练中使用到的数据信息。可进行并行设计，充分利用硬件资源，具有灵活的移植性，编译速度较快。

（2）PyTorch。PyTorch 是 Facebook 的 AI 研究团队发布的一个 Python 工具包，专门针对 GPU 加速的深度神经网络（DNN）编程。Torch 是一个经典的对多维矩阵数据进行操作的张量（tensor）库，在机器学习和其他数学密集型应用有广泛应用。作为经典机器学习库 Torch 的端口，PyTorch 为 Python 语言使用者提供了舒适的写代码环境，其特点是采用了动态计算图，为改进现有的神经网络提供了更快速的方法，不需要重新构建整个网络。

（3）Caffe。Caffe 是一个以表达式、速度和模块化为核心的深度学习框架，由伯克利视觉和学习中心（Berkeley Vision and Learning Center，BLVC）和社区贡献者开发。Caffe 具有上手快、速度快、模块化、开放性、社区好，GPU 和 CPU 无缝切换等特点。

（4）CNTK。CNTK 是 Microsoft Research 开发的深度学习框架，现在称为 Microsoft

Cognitive Toolkit，其最大的特点是高效率。

（5）Keras。Keras 是一个高层神经网络 API，基于 TensorFlow、Theano 以及 CNTK 后端由纯 Python 编写而成。Keras 为支持快速实验而生，能够把想法迅速转换为结果，特点是 API 简单、易用、扩展性好，适用人群分布广，但是在性能和内存管理方面缺乏效率。

（6）OpenCV。OpenCV 是一个基于 BSD 许可（开源）发行的跨平台计算机视觉库，如今由 Willow Garage 提供支持，可以运行在 Linux、Windows、Android 和 Mac OS 操作系统上。它由一系列 C 函数和少量 C++类构成，轻量级而且高效，同时提供了 Python、Ruby、MATLAD、C#、Ch、GO 等语言的接口，实现了图像处理和计算机视觉方面的很多通用算法。

9.3.2 人工智能产品

2011 年，IBM 的 Watson 在美国危险边缘（Jeopardy）真人秀中，以 77147 分的成绩战胜两位人类选手赢得 100 万美金头奖而一举成名。下面以 Watson 为例来介绍相关的人工智能产品。

1. Waston 的组成

Waston 的技术架构如图 9–5 所示，主要由以下三个模块组成。

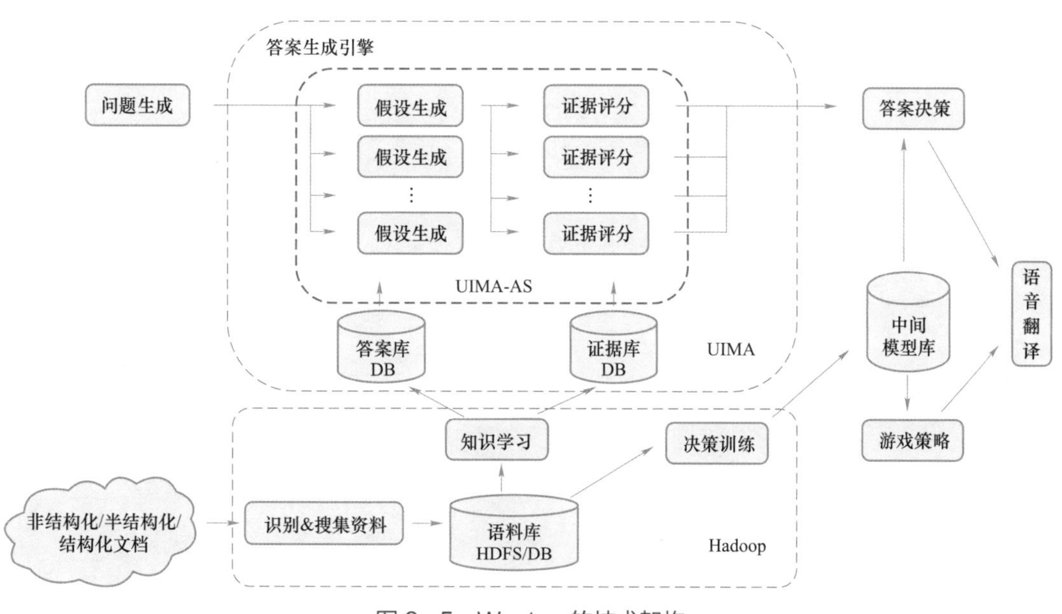

图 9–5　Waston 的技术架构

（1）问题生成模块。首先分析问题，对问题的类型、回答方式等进行分类，再把问题分解成一系列假设可能的子问题。

（2）答案生成引擎。对于输入的假设，在答案源进行搜索，过滤掉评分过低的备选答案，根据备选答案搜索证据，最终把备选答案和证据合并汇总到统一的数据模型中。

（3）答案决策模块。将对备选答案生成的成千上万的成绩保存在配置文件（CAS）数据结构中，汇总得到最终成绩和自信度。

2. Waston 的突破

Waston 在不联网的情况下，处在人类日常的环境当中，其可以通过理解、抢答并且最终赢得比赛。Waston 主要在人工智能领域实现了以下突破：

（1）理解自然语言的能力。使用文本作为输入方式，需要准确地解读人类措辞中含糊的提问。

（2）非结构化数据的处理和机器学习能力。Watson 要从百科全书般浩瀚的文档中学习储备知识。

（3）快速运算。Waston 在比赛中从知识库中找到备选项，通过复杂的判断逻辑从备选项中选择正确度最高的答案。要达到超过人脑的推理运算速度，快速准确地用人类语音给出最终答案。

10 云计算平台关键技术

云计算是随着信息技术和互联网通信技术在数据计算、数据存储和数据传输能力方面增强应运而生的，是基于之前互联网应用服务和整合运算技术发展而来的新一代应用服务和数据处理技术。

云计算作为 IT 领域的重要变革，更多的是被从技术和应用角度进行定义和解释。IT 应用消耗的资源存在着间歇性、波动性和不可预测性，尤其是在突发紧急事件下，会有十倍、百倍甚至更高的、不可预测的峰值。同时，不同的信息系统，其表现的周期也可能不同。云计算平台最大的特征就是敏捷性，能够自动适应 IT 应用在不同周期、状态下的资源利用，真正做到可定义、自适应。

10.1 总体架构

云计算平台架构主要由基础设施层、资源池层、云服务层和展现层组成，用于对各个物理数据中心资源进行整合。采用统一的云计算平台作为数据中心管理软件，对云计算平台各个组件提供统一管理。根据服务供给方式不同，其交付方式可分为基础设施即服务（IaaS）、平台即服务（PaaS）和软件即服务（SaaS）三种，以满足应用及未来的发展要求，云计算平台架构如图 10－1 所示。

10.2 基础设施即服务（IaaS）

基础设施即服务（infrastructure-as-a-service，IaaS）作为云计算最简单的交付模式，利用虚拟化技术，能够将物理计算资源、存储资源和网络资源进行虚拟化，然后形成相应

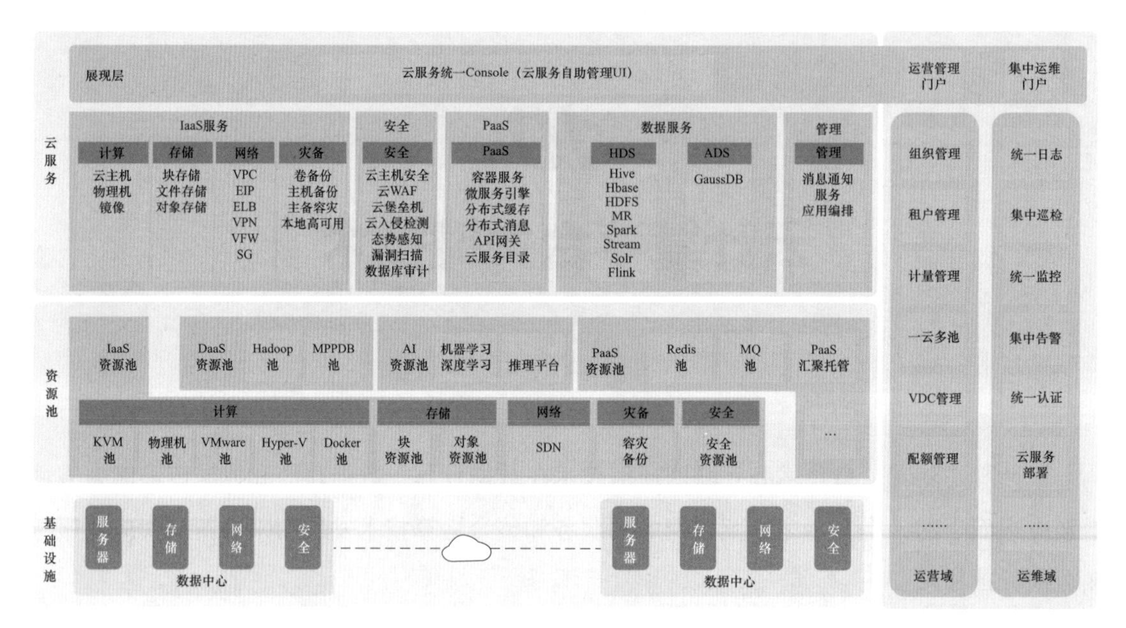

图 10-1　云计算平台架构

的交付资源。IaaS 能提供虚拟主机、虚拟存储和虚拟网络等能力，实现存储资源和计算资源的弹性伸缩与按需提供。

IaaS 提供给使用者的资源是可调配的处理器、存储、网络以及其他可用于运行任意软件的基础计算资源，包括操作系统和应用程序。使用者并不管理或控制底层云计算基础架构，但可以控制操作系统以及用于存储和部署的应用程序，可能还被允许有限制地控制网络组件。IaaS 关键技术主要包括虚拟化计算、虚拟化存储、虚拟化网络。

1. 虚拟化计算

虚拟化计算主要为各类平台和应用场景提供计算资源，主要包括虚拟机服务（ECS）、裸金属服务器（BMS）、镜像服务（IMS）、弹性伸缩（AS）等通用计算资源服务，可实现计算资源的弹性伸缩；同时提供高性能计算集群、GPU 服务器、FPGA 服务器等服务，以实现对高性能计算、人工智能等场景的支持。

（1）虚拟机服务（ECS）。虚拟机服务（elastic cloud server，ECS）即弹性云服务器，它是由 CPU、内存、镜像和云硬盘组成的一种可随时获取、弹性可扩展的计算服务器。虚拟机服务结合虚拟私有云、虚拟防火墙和云服务器备份等云服务，为用户打造一个高效、可靠和安全的计算环境，以确保应用服务持久稳定运行。ECS 可以使用户在几分钟之内迅速获得虚拟机设施，并且这些基础设施是弹性的，可以根据需求进行扩展和收缩。

（2）裸金属服务器（BMS）。裸金属服务器（bare metal server，BMS）为租户提供专属的物理服务器，拥有卓越的计算性能，能够同时满足核心应用场景对高性能及稳定性的需求，并且可以和虚拟私有云等其他云服务灵活地结合使用，综合了传统托管主机的稳定性与云上资源高度弹性的优势。

（3）镜像服务（IMS）。镜像服务（image management service，IMS）是一个包含了软件及必要配置的弹性云服务器模板，至少包含操作系统，还可以包含应用软件（例如数据库软件）和私有软件。镜像分为公共镜像、私有镜像和共享镜像，用户可以灵活便捷地使用公共镜像、私有镜像或共享镜像申请弹性云服务器。同时，用户还能通过弹性云服务器或外部镜像文件创建私有镜像。

（4）弹性伸缩（AS）。弹性伸缩（auto scaling，AS）根据用户的业务需求，通过策略自动调整其业务资源。用户可以根据业务需求自行定义伸缩配置和伸缩策略，降低人为反复调整资源以应对业务变化和高峰压力的工作量，帮助用户节约资源和人力成本。

2. 虚拟化存储

虚拟化存储为各类平台和各类应用场景提供存储资源，主要包括块存储、对象存储、文件存储等服务，实现对集中存储的统一纳管接入。

（1）块存储服务。块存储服务（elastic volume service，EVS）即云硬盘，是一种虚拟块存储服务，主要为 ECS 和 BMS 提供块存储空间。用户可以在线创建云硬盘并挂载给实例，云硬盘的使用方式与传统服务器硬盘完全一致。同时，云硬盘具有更高的数据可靠性，更高的 I/O 吞吐能力和更加简单易用等特点，适用于文件系统、数据库或者其他需要块存储设备的系统软件或应用。

（2）对象存储服务。对象存储服务（object storage service，OBS）是一个基于对象的海量存储服务，为客户提供海量、安全、高可靠、低成本的数据存储能力，包括创建、删除桶，上传、下载、删除对象等。OBS 适合任意类型的文件，适合普通用户、网站、企业和开发者使用。

（3）文件存储服务。文件存储服务（scalable file service，SFS）即弹性文件服务，其能为用户的弹性云服务器（ECS）提供一个完全托管的共享文件存储，符合标准文件协议（NFS 和 CIFS），能够弹性伸缩至 PB 规模，具备可扩展的性能，为海量数据、高带宽型应用提供有力支持。

3. 虚拟化网络

为各类平台和各类应用场景提供网络资源，主要包括虚拟网络、虚拟防火墙、负载均衡、弹性 IP 等服务，以实现软件定义网络。

（1）虚拟私有云（VPC）。虚拟私有云（virtual private cloud，VPC）是一套为实例构建的逻辑隔离、由用户自主配置和管理的虚拟网络环境，旨在提升用户资源的安全性，简化用户的网络部署。用户可以在 VPC 中自由选择 IP 地址范围、创建多个子网、自定义安全组以及配置路由表和网关等，方便地管理和配置网络，进行安全、快捷的网络变更。同时，通过自定义安全组内与组间实例的访问规则以及防火墙等多种安全层，加强对子网中实例的访问控制。

（2）源地址转换（SNAT）。将 VPC 内的一段网段内的 IP 地址映射成为公网 IP 地址，它主要是为内部云服务器提供访问 Internet 的通道。

（3）弹性 IP（EIP）。弹性 IP（elastic IP，EIP）是可以通过 Internet 直接访问的 IP 地址。EIP 是一个静态的公共 IP 地址，可以与弹性云服务器、裸金属服务器、虚拟 IP、弹性负载均衡等资源灵活地绑定及解绑。

（4）弹性负载均衡（ELB）。弹性负载均衡（elastic load balance，ELB）是将访问流量根据转发策略分发到后端多台弹性云服务器的流量分发控制服务。弹性负载均衡可以通过流量分发扩展应用系统对外的服务能力，实现更高水平的应用程序容错性能。弹性负载均衡可以消除单点故障，提高整个系统的可用性。

（5）虚拟防火墙（VFW）。虚拟防火墙（virtual firewall，VFW）是虚拟私有云的安全服务，对子网或 VPC 进行访问控制，支持黑白名单（即允许和拒绝策略），根据与子网或 VPC 关联的入方向/出方向访问控制列表（access control list，ACL）规则，判断数据包是否被允许流入/流出子网或 VPC。

10.3 平台即服务（PaaS）

平台即服务（PaaS）主要提供基于 IaaS 的计算、存储资源服务，为割裂的数据和业务应用提供适配化服务。PaaS 是负责提供应用开发和运行支撑能力的云服务，提供给开发者将创建或使用的应用场景发布到云基础设施上的能力，而这些应用场景的编程语言、库、服务、工具等由云提供，开发者不用管理或控制底层的云基础设施和应用环境，但能够控制部署的应用和可能的应用环境配置设置。

PaaS 是支撑应用场景微服务化、移动应用灵活快速部署和迭代，以及大数据平台的基础。PaaS 的关键技术主要包括三项内容。

（1）中间件服务。提供应用通用运行环境或运行框架，包括云应用中间件、分布式服务总线、分布式事务、消息队列、工作流引擎、规则引擎等服务。

（2）数据库服务。提供各类数据存储服务，包括关系型数据库、分布式关系型数据库、时序数据库、内存数据库、文档数据库、图数据库、列式数据库、缓存等服务。

（3）大数据与人工智能服务。人工智能服务提供人工智能算法训练平台和通用算法库，支撑基于场景的人工智能算法设计、训练、发布和调用管理；提供语音识别、语义分析、图像识别、人脸识别等通用服务。

10.4 软件即服务（SaaS）

软件即服务（SaaS）是一种通过 Internet 提供集中托管应用程序的方式，可为特定业务需求构建相应的基于联机在线处理的应用，因使用服务化的方式可使应用开发并上线的时间缩短，可以更快地响应业务需求。

不同类型的 SaaS 产品，由于要面对不同的用户需求，可能在功能和业务上有所不同，但是都具备以下几个核心组件。

（1）安全组件。在 SaaS 产品中，系统安全永远是第一位考虑的事情，首要的事情是如何保障租户数据的安全，这如同银行首选需要保障储户资金安全一样。安全组件统一对 SaaS 产品进行安全防护，保障系统数据安全。

（2）数据隔离组件。安全组件解决了用户数据安全可靠的问题，但数据往往还需要解决隐私问题，各企业之间的数据必须相互不可见，即相互隔离。

（3）可配置组件。尽管 SaaS 产品在设计之初就考虑了大多数通用的功能，让租户开箱即用，但仍有租户需要定制服务自身业务需求的配置项，如 UI 布局、主题、标识等信息。

（4）可扩展组件。随着 SaaS 产品业务和租户数量的增长，原有的服务器配置将无法继续满足新的需求，系统性能将会与业务量和用户量成反比，因此，SaaS 产品应该具备水平扩展的能力。如通过网络负载均衡和容器技术，在多个服务器上部署多个软件运行示例并提供相同的软件服务，以水平扩展 SaaS 产品的整体服务性能。

（5）零停机时间升级产品。以往的软件在升级或者修复 Bug 时，都需要将运行的程序脱机一段时间，等待升级或修复工作完成后，再重新启动应用程序。而 SaaS 产品则需要全天不间歇保障服务的可用性，这就需要考虑如何实现在不重启原有应用程序的情况下，完成应用程序的升级修复工作。

（6）多租户组件。要将原有产品 SaaS 化，就必须提供多租户组件，多租户组件是衡量一个应用程序是否具备 SaaS 服务能力的重要指标之一。SaaS 产品需要同时容纳多个租户的数据，同时还需要保证各租户之间的数据不会相互干扰，保证租户能够按期望索引到正确的数据。

未来依托云计算平台将可为更多的服务对象提供数据智能服务，形成社会化、产业化的综合大数据应用服务平台。

10.5 云计算架构与传统信息化架构对比

1. 传统信息化架构特点

传统信息化架构采用竖井式架构，资源部署方式是按照应用进行物理的划分，由于信息孤岛、业务孤岛、数据定义不统一，使得业务创新难度越来越大，主要存在以下问题。

（1）业务应用系统相互隔离，资源利用率低。由于应用与资源绑定，每个应用都需要按照其峰值业务量进行资源配置，这导致大部分时间许多资源都处于闲置状态，不仅造成服务器的资源利用率较低，而且给资源的共享、数据的共享造成了天然的障碍。

（2）运维成本高。随着分布式能源接入、新能源电动车普及、能源物联网的推进，IT 支撑系统服务器、网络和存储的设备数量也会出现迅速膨胀，在传统的数据中心建设模式下，会造成占地空间、电力供应、散热制冷和维护成本急剧上升，信息化系统安全稳定运行难以得到保障，使应用效果受到影响。

（3）业务部署缓慢。在传统的模式下，企业内部各部门如果要部署新的业务，在提交变更请求与进行变更之间存在较大延迟，每一次业务部署都要经历硬件选型、采购、上架安装、操作系统和应用程序安装等操作，使得业务的部署极为缓慢。

（4）无法支撑业务数字化转型需求。当前数字化转型对移动应用、物联网、大数据分析等有很高的要求，但传统竖井式架构的信息化系统无法实现数据的共享和平台的统一，整体很难有集中的管控，无法支撑能源行业整体的数字化转型。

2. 云计算架构特点

云计算架构实现了 IT 基础设施共享敏捷化。基于云计算平台的应用架构采用全新的大平台、厚中台、微应用架构设计理念，通过统一的 PaaS，提供高质量、可重用的平台服务，实现面向“互联网+”模式的转型。云计算架构与传统架构关系对比示意图如图 10-2 所示，云计算架构主要具备以下特点。

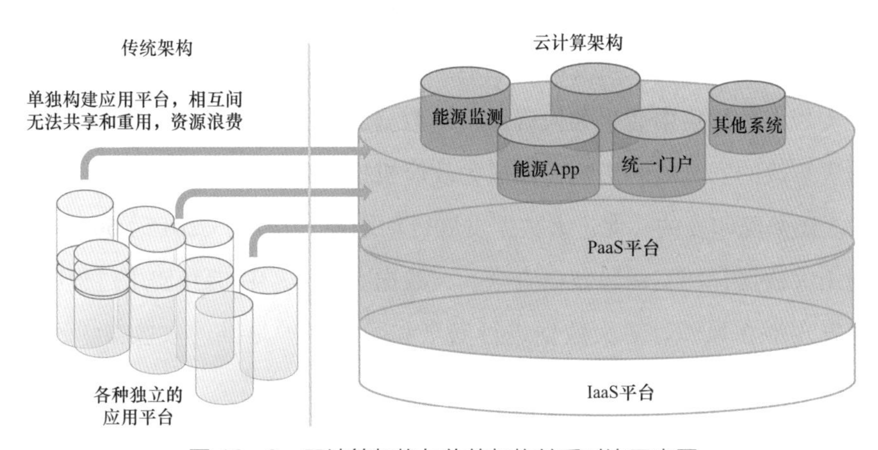

图 10-2　云计算架构与传统架构关系对比示意图

（1）资源整合、服务化封装、动态调拨、集中运维。通过与虚拟化管理平台的集成对接，实现整合云服务管理、虚拟化资源管理、运维管理等功能。

（2）简化服务，加速上线。资源的使用者可通过自助申请服务来简化、加速 IT 资源部署、上线进程，降低系统建设开销。

（3）架构统一、方便管理。云计算平台的微服务架构的多种应用场景将基于统一的平台进行开发和运行，微服务架构的功能模块化、无状态、可重用、灵活快速组合、逻辑独立简单等特点将极大地提高应用场景的灵活性和高效性，并充分利用 DevOps 体系进行微服务的运维开发。

11

大数据平台安全架构

大数据时代来临，各行业数据规模呈 TB 级增长，数据资产价值持续攀升、大数据产业规模不断壮大，互联网大数据应用获得了各行各业的广泛关注，拥有高价值数据源的企业在大数据产业链中占有至关重要的核心地位，加强数据资源安全保护也上升到国家安全的高度。在实现大数据集中后，如何确保网络数据的完整性、可用性和保密性，且不受信息泄漏和非法篡改的安全威胁影响，已成为政府机构、事业单位信息化健康发展所要考虑的核心问题。国务院印发的《促进大数据发展行动纲要》（国发〔2015〕50 号）强调指出，科学规范利用大数据，切实保障数据安全。大数据在收集、存储和使用过程中会面临安全威胁，及时发现潜在风险，对大数据进行安全和隐私保护是推动大数据快速发展的重要基础。

传统的 IT 架构分散化管理是将用户的数据保存在自己的服务器上，保障用户数据的安全很大程度上是靠用户本身的安全意识和技术水平，而大部分用户又缺乏自我保护意识，因而钓鱼、木马、肉鸡横行，用户的安全受到很大威胁。

11.1　大数据安全技术体系

大数据安全技术体系分为大数据平台运行安全、数据安全和隐私安全三个层次，大数据安全技术体系如图 11－1 所示。大数据平台运行安全不仅要保障自身基础组件安全，还要为运行其上的数据和应用提供安全机制保障；数据安全防护技术可为业务应用中的数据流动过程提供安全防护手段；隐私安全保护则是在数据安全基础之上对个人敏感信息的安全防护。

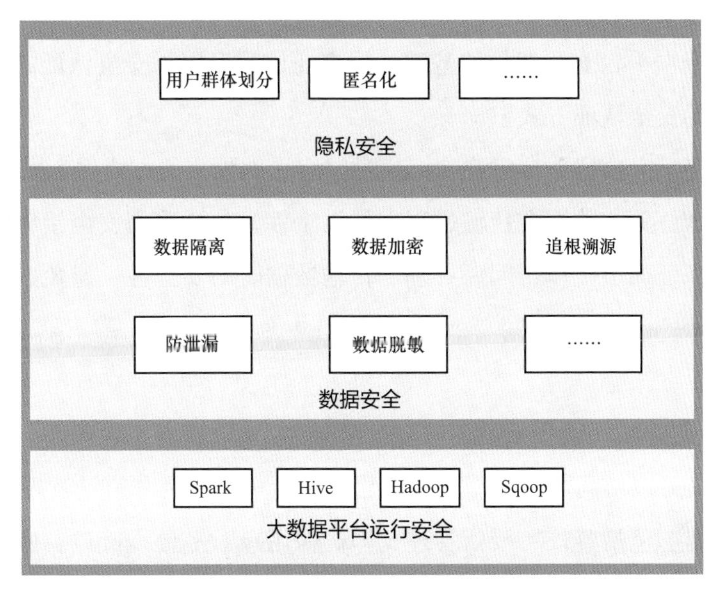

图 11－1　大数据安全技术体系

11.1.1　大数据平台运行安全

大数据平台运行安全是对大数据平台传输、存储、运算等资源和功能的安全保障，用于防止窃取数据、瘫痪系统、系统入侵等危害。从应用的角度来看，大数据平台需要提供边界、访问和透明三项功能，大数据平台运行安全功能如图 11－2 所示。

图 11－2　大数据平台运行安全功能

1. 边界

边界是指限制只有合法用户身份的用户能够访问大数据平台集群，包括用户身份认证、网络隔离和传输安全等关键技术。

（1）用户身份认证。关注于控制外部用户或者第三方服务对集群访问过程中的身份鉴别，这是实施大数据平台安全架构的基础；用户在访问启用了安全认证的集群时，必须能通过服务所需要的安全认证方式。

（2）网络隔离。大数据平台集群支持通过网络平面隔离的方式保证网络安全。

（3）传输安全。关注数据在传输过程中的安全性，包括采用安全接口设计及高安全的数据传输协议，保证通过接口访问、处理、传输数据时的安全性，避免数据被非法访问、窃听或旁路嗅探。

2. 访问

访问是指定义可以访问数据的用户和应用，包括权限控制和审计管理等关键技术。

（1）权限控制。包括鉴权、授信管理，即确保用户对平台、接口、操作、资源、数据等都具有相应的访问权限，避免越权访问；分级管理即根据敏感度对数据进行分级，对不同级别的数据提供差异化的流程、权限、审批要求等管理措施，数据安全等级越高，管理越严格。

（2）审计管理。基于底层提供的审计数据，在权限管理、数据使用、操作行为等多个维度上对大数据平台的运转提供安全审计能力，确保及时发现大数据平台中的隐患点，视不同严重程度采取包括排除隐患、挽回数据、人员追责在内的多种补救措施，同时指导大数据平台后续运行不再重复类似的问题。

3. 透明

透明是指数据从哪里来、如何被使用和销毁，包括数据生命周期管理和日志审计等。

（1）数据生命周期管理。梳理大数据平台中数据的来源，以及数据如何被使用，何人在何地对其进行销毁，对监测大数据系统中是否存在非法数据访问非常关键，这需要通过安全审计来实现。安全审计的目的是捕获系统内完整活动记录，且不可被更改。例如华为的 FusionInsight 审计日志中记录了用户操作信息，可以快速定位系统是否遭受恶意操作和攻击，并避免审计日志中记录用户敏感信息。审计日志可确保每一项用户的破坏性业务操作被记录审计，保证用户业务操作可回溯；为系统提供审计日志的查询、导出功能，可为用户提供安全事件的事后追溯、定位问题原因及划分事故责任的重要手段。总之，大数据平台要能对数据进行全方位安全管控，做到“事前可管、事中可控、事后可查”。

（2）日志审计。日志审计作为数据管理、数据溯源以及攻击检测的重要措施不可或缺，然而 Hadoop 等开源系统只提供基本的日志和审计记录，存储在各个集群节点上。大数据平台应具备日志管理和分析能力。

11.1.2 数据安全

数据安全防护是指大数据平台为支撑数据流动安全所提供的安全功能，包括数据加密、用户隐私数据脱敏、多租户隔离、数据容灾和数据侵权保护等内容。

数据的核心价值在于流动过程中参与分析与运算带来的增值，而非仅仅已有的信息价值。数据的流动不仅仅是物理层的载体传输，更在于数据在不同组织、部门和业务之间的流动带来的风险。在数据流动的各个阶段保证行业重要数据以及用户个人隐私数据等敏感数据不发生外泄，是数据安全的首要需求。海量多源数据在大数据平台汇聚，一个数据资源池同时服务于多个数据提供者和数据使用者，强化数据隔离和访问控制，实现数据“可用不可见”，是大数据环境下数据安全的新需求。

（1）数据加密。提供数据在传输过程及静态存储的加密保护，在敏感数据被越权访问时仍然能够得到有效保护。在数据加解密方面，能通过高效的加解密方案，实现高性能、低延迟的端到端和存储层加解密（非敏感数据可不加密，不影响性能）。同时，加密的有效使用需要安全灵活的密钥管理，这方面开源方案还比较薄弱，需要借助商业化的密钥管理产品。此外，加解密对上层业务透明，上层业务只需指定敏感数据，加解密过程业务完全不感知。

（2）用户隐私数据脱敏。提供数据脱敏和个人信息去标识化功能，提供满足国际密码算法的用户数据加密服务。

（3）多租户隔离。实施多租户访问隔离措施，实施数据安全等级划分，支持基于标签的强制访问控制，提供基于 ACL 的数据访问授权模型，提供全局数据视图和私有数据视图，提供数据视图的访问控制。

（4）数据容灾。为集群内部数据提供实时的异地数据容灾功能，例如 Google 的 spanner 作为 NewSQL 数据库对外提供跨数据中心的容灾机制。

（5）数据侵权保护。当存储数据为一种特殊的数字内容产品时，其权益保护难度远大于传统的大数据，一旦发生侵权问题，举证和追责过程都十分困难，大数据平台底层能利用区块链类似技术实现数据的溯源确权。

11.1.3 隐私安全

隐私安全是建立在数据安全防护基础之上的保障个人隐私权的更深层次的安全要求，需要分析数据中可能包含的用户隐私数据，框架层面需提供手段确保这些用户隐私数据不被泄漏和非法利用。

大数据时代的隐私安全（即隐私保护）不再是狭隘地保护个人隐私权，而是在个人信息收集、使用过程中保障数据主体的个人信息自决权利。实际上，个人信息保护已经成为行业运营、安全防护等在内的系统化、体系化工程，不再是一个单纯的技术问题。

11.2 大数据安全面临的问题

大数据安全威胁渗透数据生产、采集、处理和共享等大数据产业链的各个环节，风险成因复杂交织。既有外部攻击，也有内部泄漏；既有技术漏洞，也有管理缺陷；既有新技术新模式触发的新风险，也有传统安全问题的持续触发。从大数据平台运行安全、数据安全和隐私安全三个方面分析大数据安全面临的问题。

11.2.1 平台运行安全问题

基础设施安全防护能力不足面临引发数据资产失控的危险。一是基础通信网络关键产品缺乏自主可控，成为大数据安全缺口。我国运营企业网络中，国外厂商设备的现网存量很大，国外产品存在原生性后门等隐患，一旦被远程利用，大量数据信息存在被窃取的安全风险。二是我国大数据安全保障体系不健全，防御手段及能力建设处于起步阶段，尚未建立起针对境外网络数据和流量的监测分析机制，对棱镜监听等深层次、复杂、高隐蔽性的安全威胁难以有效防御、发现和处置。

11.2.2 数据安全问题

在原有数据泄漏威胁持续加大的情况下，大数据体量大、种类多等特点使大数据环境下的数据安全出现了有别于传统数据安全的新问题。

1. 数据确权问题

数据确权即在大数据环境下数据属于谁的问题。比如政务数据，政务数据的所有权、使用权、管理权涉及多个部门，特别是政府授权社会资本方搭建的公共服务系统所产生的数据，涉及个人隐私、国家经济命脉，在进行大数据分析中，必须做到权责分明，厘清数据权属关系，防止数据流通过程中的非法使用，保障数据安全流通。但是数据权属仍缺乏法律依据支撑，数据使用尤其跨境流动所产生的安全风险日益凸显。

在电子商务（简称电商）业务中，电商业务开展主要包括电商平台、商家和消费者三方，电商业务产生的数据如何划分其所有权、控制权和使用权，是在电商业务中合理使用数据的前提。当前电商业务的大数据应用中，通常利用电商平台对数据进行分析，也存在商家或商家授权独立软件提供商使用商家数据进行分析的情况，在权利归属不明确的情况下，责任的归属也难以界定，相关数据安全难以保障。

2. 大数据聚合分析风险

当大数据聚集起来进行数据分析的时候，会产生用户隐私方面的风险。比如电商业务的大数据应用涉及对消费者相关的数据分析，虽然可以通过隐私保护政策、用户授权协议的形式获取相关数据的使用合法授权，而且在对电商业务分析的过程中也会采用匿名化处理的方式，保证用户的个人信息安全。在对大数据加工计算的过程中，如何保障不会因为大数据的聚合分析而实现“去匿名化”，是亟待解决的难题。

3. 数据跨境安全

数据在跨越不同国家或地区的时候不可避免地产生数据跨境的安全风险。目前国家大力支持跨境电商业务，而跨境电商业务必然涉及数据的跨境问题。不同国家和地区的数据保护法规对数据跨境流动的要求存在差异性，比如俄罗斯明确提出俄罗斯公民的数据应在俄罗斯境内更新后方可传到海外进行处理；欧盟则扩大了数据保护法律适用的管辖范围。这些法规将给跨境电商企业带来高昂的合规成本，制约了跨境电商的发展。如何处理数据跨境安全合规与跨境电商战略发展的矛盾是亟待解决的难题。

11.2.3 隐私安全问题

随着大数据挖掘分析技术的不断发展，解决个人隐私保护和数据安全问题非常紧迫。一是大数据环境下人们对个人信息的控制权明显下降，导致个人数据能够被广泛、翔实地收集和分析。二是大数据被应用于攻击手段，黑客可最大限度地收集更多有用信息，为发起攻击做准备，大数据分析让黑客的攻击更精准。三是随着大数据技术发展，更多信息可以用于个人身份识别，个人身份识别信息的范围界定困难，隐私保护的数据范围变得模糊。四是以往建立在“目的明确、事先同意、使用限制”等原则之上的个人信息保护制度，在大数据场景下变得越来越难以操作。

11.3 大数据安全技术发展情况

我国在数据安全保护方面已经出台或正在研究制定多项法律规章标准。

2016 年 1 月，贵州省人民代表大会通过了《贵州省大数据发展应用促进条例》，标志着我国首个大数据领域地方性法规出台。该条例提出了数据安全方面的基本安全管理框架，大数据采集、存储、清洗、开发、应用、交易、服务单位，应当建立数据安全防护管理制度，制定数据安全应急预案，并定期开展安全评测、风险评估和应急演练；发生重大数据安全事故时，应当立即启动应急预案，及时采取补救措施，告知可能受到影响的用户，并按照规定向有关主管部门报告。

2017 年以来，国家质量监督检验检疫总局和标准化委员会、国家市场监督管理总局和国家标准化委员会和全国信息安全标准化技术委员会陆续发布了一系列与个人信息和数据保护相关的国家标准和指南。其内容涵盖云计算服务、移动智能终端个人信息保护、大数据服务、大数据安全管理、公民网络电子身份标识、数据交易服务、数据分类分级等多个领域的信息安全技术要求，为大数据安全提供具体的指导标准。

2017 年 6 月 1 日实施的《网络安全法》，提出了网络运营者“维护网络数据的完整性、保密性和可用性”“防止网络数据泄漏或者被窃取、篡改”等责任义务，以及个人信息和重要数据出境安全评估、网络信息安全保护等方面要求。

2017 年 12 月，GB/T 35273《信息安全技术个人信息安全规范》获批发布，明确了个人信息保护中诸多技术细节和实操层面的要求。尽管这是一部推荐性国家标准，不具有强制力，但对收集使用个人信息的企业、机构等具有很强的指引作用。

2017 年 7 月，中央网信办等四部门组织评审京东商城、航旅纵横、滴滴出行、携程网、淘宝网、高德地图、新浪微博、支付宝、腾讯微信、百度地图等十款常用网络产品和服务的隐私条款，有力推动了企业加强对用户个人信息的保护。

2020 年 7 月 2 日，《中华人民共和国数据安全法（草案）》在中国人大网全文发布，并公开征求意见。该草案共 7 章 51 条，提出建立数据分级分类管理以及风险评估、检测预警和应急处置等数据安全管理各项基本制度；明确开展数据活动的组织、个人的数据安全保护义务，落实数据安全保护责任；坚持安全与发展并重，锁定支持促进数据安全与发展的措施；建立保障政务数据安全和推动政务数据开放的制度措施，为进一步形成责任明晰、安全可靠、能力完备、合作共享的数据安全保障机制提供了法律支撑。

2020 年 12 月 7 日，中共中央印发《法治社会建设实施纲要（2020—2025 年）》，旨在加快推进法治社会建设。在完善网络法律制度方面，通过立改废释并举等方式，推动现有法律法规延伸适用到网络空间。完善网络安全法配套规定和标准体系，建立健全关键信息基础设施安全保护、数据安全管理和网络安全审查等网络安全管理制度，加强对大数据、云计算和人工智能等新技术研发应用的规范引导。

2020 年 12 月 23 日，国家发展改革委、中央网信办、工业和信息化部、国家能源局联合发布《关于加快构建全国一体化大数据中心协同创新体系的指导意见》（发改高技〔2020〕1922 号）。该文件要求，强化大数据安全保障，加快构建贯穿基础网络、数据中心、云平台、数据、应用等一体协同安全保障体系，提高大数据安全可靠水平。基础网络、数据中心、云服务平台等严格落实网络安全法律法规和政策标准要求，开展通信网络安全防护工作，同步规划、同步建设和同步运行网络安全设施，提升应对高级威胁攻击能力。加快研究完善海量数据汇聚融合的风险识别与防护技术、数据脱敏技术、数据安全合规性评估认证、数据加密保护机制及相关技术监测手段等。各行业加强上云应用的安全防护，保障业务在线安全运行。

下面从大数据平台运行安全、数据安全、隐私安全三个方面阐述大数据安全技术的发展现状。

11.3.1 大数据平台运行安全技术

大数据平台提供接入安全、存储安全和容器技术等数据安全控制手段，增强业务系统数据在平台和应用中的安全性。

1. 接入安全

数据采集终端、数据源系统、业务应用系统接入时需保证接入方合法访问，接入端身份可认证。

（1）终端安全。

1）依据操作系统厂商或专业安全组织提供的加固列表对操作系统进行安全加固，实现系统层面安全。

2）制定安全策略实现账号及权限申请、审批、变更、撤销流程，定义用户口令管理策略以限定用户口令的长度、复杂度、生存周期等规则，实现用户接入终端安全。

3）对系统资源启用访问控制功能，依据安全策略严格限定用户对敏感资源的访问。

（2）接入控制。

1）对服务器、桌面终端等进行接入控制，采用 802.1X 等网络准入控制手段实现网络接入安全认证控制。

2）采用 IP 与 MAC 地址绑定等手段以防止网络地址欺骗。

3）本地或远程进行设备配置管理，以用户名/口令等方式进行身份认证，制定登录错误锁定、会话超时退出等安全策略，实现接入安全控制。

2. 存储安全

多个业务领域的数据接入后，需在存储层面确保数据不可非法复制、读取、修改，控制数据、文件的访问权限。

（1）数据加密。采用对称加密及非对称加密算法，利用完全同态加密原理，实现密文环境下数据计算功能。

（2）数据完整性。采用 PDP 协议或 POR 协议验证数据的完整性，并且实现在部分数据出现损坏的情况下恢复数据。

3. 容器技术

传统的基础设施隔离方法是静态分区，即为每个工作负载分配一个单独的固定资源块（无论是物理服务器还是虚拟机）。静态分区可以更容易排除故障，但是实质性未充分利用的硬件成本很高。例如，Web 服务器平均只使用了可用总计算量的 10%。

容器技术的巨大好处是它能够创造一种新的隔离方式，能够与 Ansible、Puppet 或 Chef 等技术具有很强的互补性。同一个容器可以在本地数据中心的裸机硬件上或公共云中的虚拟机上运行，无须进行任何更改，能够实现真正的工作负载移动性。

大数据平台如果能采用容器方式发布，与 Spark、Hadoop、Cassandra 等相关技术进行集成与对接，则可降低整个系统的搭建难度，缩短交付和安装周期，减少安装失败风险。容器化后各类大数据平台组件可以轻松实现迁移的目的，也能实现多复本控制和高可用性。

4. 虚拟化安全

针对虚拟环境存在的问题，通过虚拟防火墙软件对病毒防护、访问控制、入侵检测/入侵防护、虚拟补丁、主机完整性监控、日志审计等功能实现虚拟主机和虚拟系统的全面防护，并满足信息系统合规性审计要求。

5. 业务安全

（1）用户身份鉴别。在用户身份鉴别上，应支持用户标识和用户鉴别。对注册用户身份鉴别时，采用用户名和用户标识符标识用户身份，并确保在系统整个生存周期用户标识的唯一性。对于高权限用户登录系统时，采用受安全管理中心和统一身份认证系统控制的口令、令牌、数字证书以及其他具有相应安全强度的两种或两种以上的组合机制进行用户身份鉴别，并对鉴别数据进行保密性和完整性保护。

（2）自主访问控制。自主访问控制应在安全策略控制范围内，使用户对其创建客体具有相应的访问操作权限，并能将这些权限的部分或全部授予其他用户。自主访问控制主体的粒度为用户级，客体的粒度为文件或数据库表级和（或）记录或字段级。自访问操作包括对客体的创建、读、写、修改和删除等。

（3）标记和强制访问控制。在标记和强制访问控制上，在对安全管理员进行身份鉴别和权限控制的基础上，应由安全管理员通过特定操作界面对主体、客体进行安全标记；应按安全标记和强制访问控制规则，对确定主体访问客体的操作进行控制。强制访问控制主体的粒度为用户级，客体的粒度为文件或数据库表级。应确保安全计算环境内的所有主体、客体具有一致的标记信息，并实施相同的强制访问控制规则。

（4）系统安全审计。在系统安全审计上，应记录系统的相关安全事件。审计记录包括安全事件的主体、客体、时间、类型和结果等内容。系统安全审计具有提供审计记录查询、分类、分析和存储保护，能对特定安全事件进行报警，确保审计记录不被破坏或非授权访问等功能。应为安全管理中心提供接口；对不能由系统独立处理的安全事件，提供由授权主体调用的接口。

6. 信息加密

利用加密技术对电子信息在传输过程中和存储体内进行保护以防止泄漏。例如，使用我国自主研发的国密算法（见表 11－1），在数据传输过程中 PC 终端应用与内网服务端之间传输的登录数据使用 SM2 算法加密，应用数据使用 SM4 算法加密。此外，可采用 HTTPS 提供初始化验证和加密通信通道，内网 HTTPS 使用的数字证书为国网 CA 签发，使用 TLS1.3 版本协议。

表 11－1　　我国自主研发的国密算法版本

密码算法	类型	密钥长度	用途	使用场景
国密 SM2	非对称算法（椭圆曲线公钥密码算法）	128 位	身份鉴别（包括系统参数、密钥对生成、数字签名算法、密钥交换协议和加解密算法等）	用于身份鉴别与认证，交换对称算法加密密钥
国密 SM4	对称算法	128 位	数据加密	用于加密传输数据和存储数据

11.3.2 数据安全技术

数据是信息系统的核心资产，是大数据安全的最终保护对象。除大数据平台提供的数据安全保障机制之外，目前所采用的数据安全技术，一般是在整体数据视图的基础上，设置分级分类的动态防护策略，在降低已知风险的同时减少对业务数据流动的干扰与伤害。

1. 身份验证

原始数据及分析结果在使用时必须有用户权限控制，用户只能使用得到授权的数据，同时对非法访问进行安全审计。

（1）身份认证。采用用户名/口令、挑战应答、动态口令、物理设备、生物识别技术和数字证书等身份认证技术的任意组合，通过对同一用户采用两种或两种以上组合的认证技术，实现用户身份认证功能。

（2）访问控制。对于权限的赋予、变更、撤销制定严格的审核、批准、操作流程，权限变动经相关人员审核批准后方可执行或生效。依据权限最小化原则对用户赋予适当的权限，执行角色分离，禁止多人共用账号，并定期进行权限复核，实现访问控制功能。

（3）安全审计。对每个用户及应用系统相关的安全事件进行日志记录，并提供对日志进程及日志记录的保护，避免进程被意外停止、日志记录被意外删除、修改或覆盖等。此外，安全运维人员及时对日志记录进行审计分析，并将应用日志定期归档保存，实现安全审计的功能。审计记录的内容应至少包括事件的时间、日期、发起者相关信息、访问类型、访问描述和访问结果。

2. 多租户技术

采用多租户架构，不同租户之间的数据和作业完全隔离；能够有效防止恶意程序对系统和其他租户的影响，保障单位内部重点部门的数据安全，使得对敏感数据的操作能够在一个安全可控的环境内完成。

3. 数据脱敏技术

数据脱敏技术是当前数据安全的关键技术。数据脱敏是指对某些敏感信息通过脱敏规则进行数据的变形，实现对个人数据的隐私保护，包括敏感数据挖掘与发现、敏感数据处理与脱敏、数据用户身份管理、数据授权访问控制和数据访问审计等模块。

（1）敏感数据挖掘与发现。敏感数据挖掘与发现模块是整个脱敏技术的基础，需要根据业务数据的自身特点，将人工调研与机器自动主动探测相结合，对数据进行详细的敏感度分类与梳理，以确定不同数据的敏感程度，其中人工调研是敏感数据分级分类的重要组成部分，能够同时利用固定规则、正则表达式、数据标识符特征和机器学习等自动化发现发掘技术，可显著提升敏感数据发现与发掘的效率。

（2）敏感数据处理与脱敏。敏感数据处理与脱敏引擎是数据脱敏技术的核心，需根据不同的数据敏感程度、不同的应用场景、不同的使用者等具体情况，制定细粒度的数据脱敏处理算法、策略和方案，使得脱敏系统可在不影响数据使用的前提下，最大限度保护敏感数据。

（3）数据用户身份管理、数据授权访问控制和数据访问审计。数据脱敏系统作为一套较为复杂的信息系统，其安全性要求较高，需要具备数据用户身份管理、数据授权访问控制和数据访问审计等安全机制，其中对数据访问进行身份认证，可在事前拒绝认证失败请求；对数据使用进行访问控制，可在事中及时阻断越权或非法访问；对大数据平台事件进行细粒度审计记录，可在事后进行追溯追责。

11.3.3 隐私安全技术

大数据环境下，数据安全技术提供了机密性、完整性和可用性的防护基础，隐私安全就是在此基础上，保证个人隐私信息不发生泄漏或不被外界知悉。

1. 数据发布防泄漏

使用 k-anonymity 规则来处理数据发布中的隐私泄漏问题，通常采用泛化和压缩技术对原始数据进行匿名处理，以得到满足 k-anonymity 规则的匿名数据，从而使得攻击者不能根据发布的匿名数据准确识别目标个体的对应记录。

2. 隐私统计分析

在分析用户行为数据时，采用保护隐私的统计分析技术，有效避免用户数据泄漏。

3. 用户群体划分

构建相似度量模型，对用户群体实施聚类操作，实现群体划分功能。也可以在用户群体划分时，采用推荐算法中的物品相似度算法，通过对用户用电行为建模，构建用户 – 产品的二部图结构，按照用户的相似度信息计算相似度函数来实现用户群体划分。

4. 匿名化算法

数据匿名化算法可以实现根据具体情况有条件地发布部分数据或者数据的部分属性内容，包括差分隐私、K 匿名、L 多样性、T 接近等。匿名化算法要解决的问题包括隐私性和可用性间的平衡问题、执行效率问题、度量和评价标准问题、动态重发布数据的匿名化问题、多维约束匿名问题等。

11.4 安全技术未来发展趋势

基于前述大数据安全问题与大数据安全技术发展现状，分别从技术层面和管理层面对未来大数据的安全技术发展进行展望。

11.4.1 技术层面

从技术层面上考虑物理设施安全、终端安全和网络安全等方面。

1. 物理设施安全

物理设施安全包括硬件安全、组件安全和存储安全。

（1）硬件安全。包括主机安全漏洞扫描、系统版本补丁更新、防病毒处理等。具体内容如下：

1）加强主机口令、操作管理，减少非法登录。

2）定期备份系统和文件数据，能够快速修复主机的系统问题。

3）建设大数据系统的网关/防火墙，外部攻击首先需要冲破代理的保护才能进一步攻击大数据平台，增加恶意用户的攻击难度。

（2）组件安全。

1）组件安全针对大数据的主流平台 HDFS、Hive、HBase、Storm、Spark 等进行安全基线扫描，分别提出身份、认证、授权、审计等配置方面检查方法，并形成可操作的手册和可执行脚本，并整合入 SMP 系统管理。

2）增加对大数据平台漏洞信息的管理及处理。

（3）存储安全。存储安全包括数据的加密存储、访问控制、数据封装、数据备份与恢复以及残余数据的销毁。具体内容如下：

1）敏感数据脱敏保存，禁止明文存储。

2）加强数据文件的校验，保持分布式文件的一致性。

3）根据安全要求，授权访问数据。

4）定期备份数据，一旦发生数据丢失或损坏，可以利用备份来恢复数据，从而保证在故障发生后数据不丢失。

2. 终端安全

终端安全采用智能终端加固，由于智能终端存储了海量的数据信息，因此对智能终端进行加固是提高网络安全、保障互联网管理有序的内在要求和合理措施。智能终端加固对大数据的处理技术要求比较高，不再是简单被动的补漏洞，而是采取积极态度去预防病毒的肆意入侵，防止黑客的蓄意攻击。通过大数据安全技术研发、云计算方式的更新、软件工具的整合等措施，针对攻击力非常强的病毒、恶意代码进行彻底的清除，并及时挖掘潜在的大数据安全隐患，确保智能终端在安全的网络环境下运行。

3. 网络安全

网络安全包括内外网物理隔离，数据采集、共享、传输安全防护，流量异常监控和数据容灾。

（1）内外网物理隔离。大数据平台部署在企业内网，与外网物理隔离，以杜绝安全隐患。对网络通信进行监控，如果发现来自网络内部或外部的黑客入侵或可疑的访问行为，可做到及时报警与阻断，通过网络平面隔离的方式来保证网络安全。

（2）数据采集安全防护。对内外系统数据采集网络入口部署防火墙、安全网关，建立数据隔离区，完成大数据平台内外部系统数据交互，保障数据安全。

（3）数据共享安全防护。实施多租户访问隔离措施，实施数据安全等级划分，支持基于标签的强制访问控制，提供数据访问授权模型，提供全局数据视图和私有数据视图，提供数据视图的访问控制。通过数据隔离区，实现大数据平台数据对企业内外部数据共享，在网络出口处部署数据防泄漏设备，实现敏感数据保护。

（4）数据传输安全防护。用户隐私数据脱敏，提供数据脱敏和个人信息去标识化功能，提供满足国际密码算法的用户数据加密服务。各类用户可通过数据共享发布平台访问大数据平台，提交访问数据请求，访问代理层收到用户访问请求后，根据用户权限分析所要访问的数据，与脱敏及访问策略映射库进行比对，对需要脱敏的数据进行脱敏然后加密传输展示给用户。

（5）流量异常监控。搭建数据流量异常监控平台，能够实时监控平台出现的各种网络问题。对网络中所有传输的数据进行检测、分析、诊断，排除网络事故，规避安全风险，有效提高网络性能。

（6）数据容灾。为集群内部数据提供实时的异地数据备份容灾功能，数据库对外提供跨数据中心的容灾机制。

11.4.2 管理层面

在大数据的采集、存储、计算和应用等各个处理环节，需要对涉及的人员和数据进行有效管理，对各个处理流程应进行严格把控，建立大数据安全管理体系。主要从以下四个方面，加强大数据的安全管理。

1. 规范数据操作人员管理

在具体工作实践中要注意两个规范，一是岗位规范，为了便于授权管理和统计，应对用户账号的使用、角色等组合方式进行权限分配，如创建工作组，权限的赋予或取消都针对该组成员进行；二是专人要求，这就要求用户身份必须具备唯一性，也即账号的设置和使用只针对唯一的使用人，并且该使用人承担该账号使用的相应责任。

2. 规范数据操作流程

对于传统企业来说，一般都有比较完善的业务操作流程，而对于大数据业务，由于产生比较晚、发展速度相对较快，很多企业还没有健全的业务操作流程标准，致使在实际业务开展中，操作人员无操作规范流程约束，操作方法不熟练，存在信息安全隐患。企业应根据自身特点，借鉴传统业务健全的体系，建立和规范适合自身发展和安全的操作流程标准。如数据授权流程，用户应经过申请、审批、开通、变更等相关操作。

3. 规范相关责任制度

落实网络安全责任制，明确大数据管理者和运营者的法律责任与义务，加强监督管理和风险评估，提升数据保护能力。建立和规范大数据安全管理的内部安全管理、数据分类分级管理、应急响应机制、资产设施保护和认证授权管理等保障制度。

4. 规范信息安全培训体系

对于大多数操作者和使用者而言，信息安全是一个十分复杂的概念，而作为大数据业务中参与数量最多的主体，其安全意识的高低直接影响到大数据应用中心运行的整体安全水平。因此，完善的信息安全培训体系是提高大数据平台及应用信息安全的重要保障。

Ⅳ 应用篇

12

能源经济大数据应用

随着信息通信技术对能源行业的影响越来越深入，信息通信与能源生产、输运、消费及运营管理逐步深度融合。能源行业面临着新的发展模式，为实现“碳达峰、碳中和”目标，实现绿色可持续性发展，未来物联网将贯穿能源生产、输运、消费及管理等多环节，涉及能源基础设施的互联、能源形式的互换、能源技术数据与信息技术数据的互用、能源分配方式的互济、能源生产与消费商业模式的互利等，快速发展的数字化技术正在推动能源互联网应用新发展格局的构建。

12.1 能源经济大数据应用概况

能源是人类社会赖以生存和发展的重要物质基础，与人们的日常生活和社会的经济发展息息相关。在能源的开发利用过程中，存在着预测、资源配置、供求关系、市场、价格、监管、税收、贸易等许多经济现象。能源经济就是一个研究能源供应和使用相关主题的广泛的学科领域，与许多学科都有着紧密的联系，且具有共同的科学问题和研究方法，如环境经济学、投入产出学、能源工程学、地质学、政治学等，其主要关注问题和研究内容包括气候变化和气候政策、能源市场供需弹性、能源和电力市场、能源和经济增长、能源弹性、能源预测、能源政策等。

12.1.1 能源经济研究领域

能源经济与许多学科领域都有交叉，面对共同的科学问题，可共享研究方法和工具，因此能源经济研究范围并没有统一的标准。能源经济研究主要关注能源与经济增长关系、能源与环境污染关系、能源资源的优化配置、节能与循环经济等问题。

1. 能源与经济增长关系

研究在不同的经济发展阶段能源投入对经济增长的影响，具体包括能源资源的配置、能源效率的提高、能源资源的协调发展、能源价格的变动对经济增长率、通货膨胀率、劳动力供给的影响。如通过工业用电量新增、铁路货运量新增和银行中长期贷款新增三个指标结合判断经济运行情况。对于发展中国家，能源投入与经济增长存在着明显的正相关性。随着经济的持续发展，传统粗放的高耗能经济增长方式会导致能源短缺，反过来会制约经济的进一步增长。正确处理能源与经济增长之间的关系，对于经济的可持续发展非常重要。

2. 能源与环境污染关系

能源的开发利用带来的大气污染、水污染等问题是环境污染的主要来源。环境污染日益严重已成为全球性的问题，需要所有国家共同面对。因此需要进一步量化研究能源开发利用对环境的影响，在环境保护约束下研究提高能源利用效率的方式，充分挖掘能源促进经济增长的潜力，推动建立资源节约型、环境友好型的经济增长模式。

3. 能源资源的优化配置

能源作为重要的资源，其开发利用的目的在于促进国民经济发展和提高人民生活水平，能源资源开发和配置必须要与国民经济发展相适应。借助价格和税收两个手段，在宏观层面，要保证能源的供应和需求总体平衡；在微观层面，要实现更大范围的能源生产消费成本的最小化和消费收益的最大化。

4. 节能与循环经济

煤炭、石油、天然气等传统化石能源具有不可再生的属性，在当前能源生产和消费结构中占比均较大，给可持续发展带来巨大挑战。风能、太阳能、地热能等可再生能源的开发利用给解决环境污染和资源枯竭问题带来了新发展路径。通过制定合理的政策，正确处理可再生能源发展与传统化石能源之间的关系，科学引导可再生能源的发展，借助可再生能源的力量实现经济发展的节能与可循环。

12.1.2 能源经济大数据应用现状

1. 能源经济大数据的应用

能源经济大数据不仅涵盖传统的能源生产、消费统计数据，而且还包括能源相关的数据，如天气、金融、国际政治等。特别是随着传感器的大量使用，以及能源数据的逐步透明化，能源经济数据已呈现出数据规模大、数据流转快、数据类型多和数据价值高的大数据主要特征，因此在获取、存储、管理和分析方面大大超出了传统数据库软件工具能力范围，需要采用新的分析技术才能具有更强的决策力、洞察发现力和流程优化能力。

（1）构建大数据平台。政府相关部门以及能源企业在能源经济领域，根据自身业务特点已经开始建立起大数据平台，如国家统计局统计数据平台、中国电力企业联合会电力技术研究院大数据平台、国网能源研究院电力供需研究实验室大数据平台等。能源政策的制订需要全面、可比较、时效性强的能源数据作为支撑，全面且易获取的能源数据不仅可以提高系统透明度和追踪能力，还可以帮助企业做出正确的投资决策和创新。

（2）能源行业生产和预测。大数据技术在能源行业生产和预测中已经广泛使用。通过对卫星图像和遥感数据的分析，大数据技术能够优化油田产量并准确估算储量。由于高比例可再生能源的接入，可再生能源的随机性、间歇性、波动性等特点给电力系统运行带来诸多挑战。大数据和机器学习等技术正被用于解决可再生能源的并网问题，以促进电网接纳更多的可再生能源。利用风力发电机和光伏面板上安装的传感器采集风速和辐照强度等数据，并与来自气象站、雷达和卫星的海量数据融合，利用大数据分析技术实现对可再生能源发电出力的准确预测。

（3）能源管理。大数据技术在能源管理中也发挥越来越重要的作用。“如果你无法衡量它，你就无法管理它。”这条著名的管理格言揭示了数据分析在能源管理中的必要性。为了提高能源效率，减少温室气体的排放，能源管理人员可以借助大数据技术，对智能仪表监测数据、成本数据、生产数据、运营数据、天气数据甚至政策进行数据集成，并跟踪分析这些数据，实现能源消耗的监测及预测。大数据分析还能够为能源管理人员提供一种主动分析手段，帮助他们识别能源消耗的关键环节，挖掘能源效率提升的可能性。

（4）能源市场供求平衡。大数据技术在能源市场供求平衡中体现出发展优势。根据花旗银行研究，将大数据技术与廉价能源解决方案结合能够在某些时段挖掘到免费能源。通过对市场供应和需求的精准匹配，电力公司能够提供成本更低的电力。具有储能装置的用户能够在用电低谷阶段储存电能，在用电高峰阶段将储存电能出售给电网，这使得用户获得免费能源供应成为可能。虽然免费能源在短期内还不能成为现实，但是大数据技术能够驱动电力消费成本降低已经成为事实。

（5）商业领域。大数据分析技术在商业领域的应用较为成功。一些大型电商利用大数据分析技术为消费者打造个性化的实时服务，例如通过消费者在购物网站的网络点击流，对消费者的行为和偏好进行持续追踪，并实时模拟消费者的后续消费行为。基于大数据的实时精准营销，不仅能够追踪和预测消费者的购买行为，同时也能针对消费者个性需求的商品推荐，提高客户的购买比例。

2. 能源经济大数据应用面临的问题

大数据技术在能源经济领域的应用虽然取得了一些成就，但仍面临诸多问题。

（1）仅关注信息化项目建设及系统维护，缺乏对数据资源管理的认知。尚未建立明确的数据认责体系，相关职责不明确。

（2）尚未建立明确的数据质量管理的事前防范、事中监控及事后改进的管控流程，以及数据生命周期的管理及评估流程，缺乏数据风险管理以及数据安全管理流程。

（3）缺乏企业级的主数据和元数据管理系统，以及统一的数据质量管理系统，缺乏安全管理平台异地及同城灾备系统。

（4）各业务系统规划、建设相对独立，以业务需求为主导，信息部门提供技术支持，这种需求导向的开发模式导致缺乏统一规划。

12.2 能源经济大数据平台技术

12.2.1 能源经济大数据平台应用领域

能源经济大数据平台建设，能够推动能源、信息、大数据等领域新技术深度融合，从提供社会服务、用能行为分析，以及供需平衡、需求响应与市场运营等方面为能源服务与交易提供坚实基础。

1. 提供社会服务

（1）支撑政府宏观经济分析。通过收集大量用能企业电力数据，应用大数据聚类、分类、神经网络等算法，开展企业用能特点分析。通过汇聚大量用能企业及居民用户的用能数据，可以支撑政府开展区域宏观经济分析，如通过对用电量、电费、电量波动情况、电量在各行业的占比波动、电量的使用时段占比等进行分析，可以帮助政府机构了解相关区域的经济状况，对区域经济发展趋势进行预判，辅助制定相关能源电力政策。

（2）辅助政府能源管理决策。实时采集企业的能耗使用数据，应用大数据模型对企业的能耗数据进行挖掘分析，找出企业能耗存在的问题。可以帮助政府机构及企业更好地掌握企业的用能情况，明确区域能耗的实际水平，并通过大数据相关的仿真分析模型，对企业能效管理的政策、技术标准等进行调整，从而预测区域能耗水平的变化趋势，支撑政府机构制定更合理的政策法规。

2. 用能行为分析

（1）用户能效管理。通过能源系统的集中监测和控制，实现能源数据采集—过程控制—能源介质消耗分析—能源管理等全过程自动、高效、科学化管理，使能源管理与能源生产运输消费全过程有机结合起来，提升能源利用的管理水平。基于能源生产信息数据、制造执行系统的综合生产信息数据、企业资源计划销售成本和能源业务日常管理等信息数据，运用数据处理与分析技术，实现能源系统的生产分析和高效管理。

（2）客户热点关注分析。基于大数据的客户关注热点分析，为客户服务改善、业务事件监控、工作调度提供帮助，它可以让现场管理人员迅速了解客户的关注热点。通过客户热点关注分析，可以及时掌握服务动态，有针对性地调整应对策略，优化调度服务资源，从客户最关注的方面进行服务和管理提升。

（3）缴费渠道分析。客户在缴费渠道上除原有的能源企业自有营业厅、金融机构代收网点、非金融机构代收网点外，出现了手机应用、微信支付、支付宝支付等多种线上缴费方式。基于大数据分析技术，建立缴费渠道与费用回收时间、金额、客户类型之间的关联关系模型，可优化缴费渠道布局和管理水平。

3. 供需平衡、需求响应与市场运营

（1）供需平衡优化。对用户的能源消耗量、不同地域与时段的能源价格、天气预报及用户的用能特性等多种数据进行综合分析，确定最优运行方式和负荷控制计划，并通过合理的电价、气价结构引导用户转移负荷，平滑电、热、气负荷曲线，可优化电力等能源企业生产运行方式，提升可再生能源消纳水平，达到节约能源和保护环境的目的。

（2）能源需求响应。整合各种能源生产、运输、销售、管理的数据，对区域性能源需求的构成比例进行解析，梳理出需求侧响应影响因素，找出开展需求侧响应的最佳对象，确定最佳的需求侧响应策略，可以指导企业参与需求侧响应。

（3）市场运营。能源互联网的市场具有主体多元化、商品标准化、物流智能化、交易自由多边化的特点。通过庞大的能源生产与消费数据，进行用户用能行为分析和用户市场细分，使能源企业能有针对性地优化营销组织，改善服务运营模式。同时，通过与外界数据的交换，挖掘用户能耗与能源价格、天气、交通等因素所隐藏的关联关系，为决策者提供多维、直观、全面、深入的预测数据，主动把握市场动态。

12.2.2 能源经济大数据平台架构

能源经济大数据平台的数据来源不仅包含能源相关企业生产、运营数据，还涵盖社会发展的宏观经济数据，数据内容丰富、结构多样。能源经济大数据平台一般包含数据采集层、企业能源流数据层、行业能源流数据层、能源分析服务层。数据采集层包括各类数据计量采集分析系统，如 DCS、AMI、ERP 等。通过数据采集系统与能源经济大数据平台的对接，将采集数据上传到服务平台形成企业能源流数据层。经过数据管理和分析，并采取数据采集脱敏处理机制及数据分享协议，将数据形成行业能源流数据层，包括产品生产能效、行业能效指标、节能减排数据、宏观经济数据等。能源经济大数据平台顶层为能源分析服务层，利用行业能源流数据层提供的数据，进行能源利用优化分析、节能降耗服务、宏观经济分析及结果展示。

12.3 国内外应用情况

12.3.1 国外应用情况

1. 美国能源信息管理局（EIA）数据平台

美国能源部（Department of Energy）的使命是通过革命性的科学和技术方案解决美国的能源、环境和核能利用问题。美国能源部网站有独立的能源经济（Energy Economy）板块，该板块下含小型企业资源（Resources for Small Businesses）、能源经济数据（Energy Economy Data）、劳动力培训（Workforce Training）几个主模块，还有价格和趋势（Prices & Trends）、资金和融资（Funding & Financing）、州和地方政府（State & Local Government）、先进制造业（Advanced Manufacturing）几个子模块。价格和趋势（Prices & Trends）平台提供了翔实的数据信息，汽油、煤炭、可再生能源和其他燃料的价格是关键数据，价格数据变化很快，如果行业人员和消费者拥有及时的价格信息，就有能力做出相关最佳决策。

美国能源信息管理局（U.S. Energy Information Administration，EIA）是美国能源部的子机构，EIA 每天收集和发布能源数据，以便人们能获得他们所需的信息，EIA 数据平台首页如图 12－1 所示。EIA 的数据发布平台分为能源和使用（Sources & Uses）、主题（Topics）、地理（Geography）、工具（Tools）、了解能源（Learn About Energy）、新闻（News）几个部分。其中能源和使用模块按照能源类型和使用划分类别并发布，包括石油及其他液态能源、煤炭、天然气、可再生能源及替代燃料、电力、核能及铀、消费及效率、全部能源共八个模块，EIA 数据平台能源和使用模块如图 12－2 所示。主题（Topics）部分包括分析及预测、环境、市场与财政三个模块，EIA 数据平台主题模块如图 12－3 所示。

在 EIA 数据平台的工具（Tools）部分，EIA 提供了多种数据工具。EIA 致力于通过应用程序编程接口（API）和开放数据工具来提高数据的价值，以提供更好的服务。API 中的数据获取途径包括批量文件、Excel 中的插件、Google 表格中的插件以及嵌入 EIA 网站上的交互式数据小部件 vizualization。EIA 数据平台的 API 是作为免费的公共服务提供的，用户注册并遵守 API 服务条款协议即可使用。

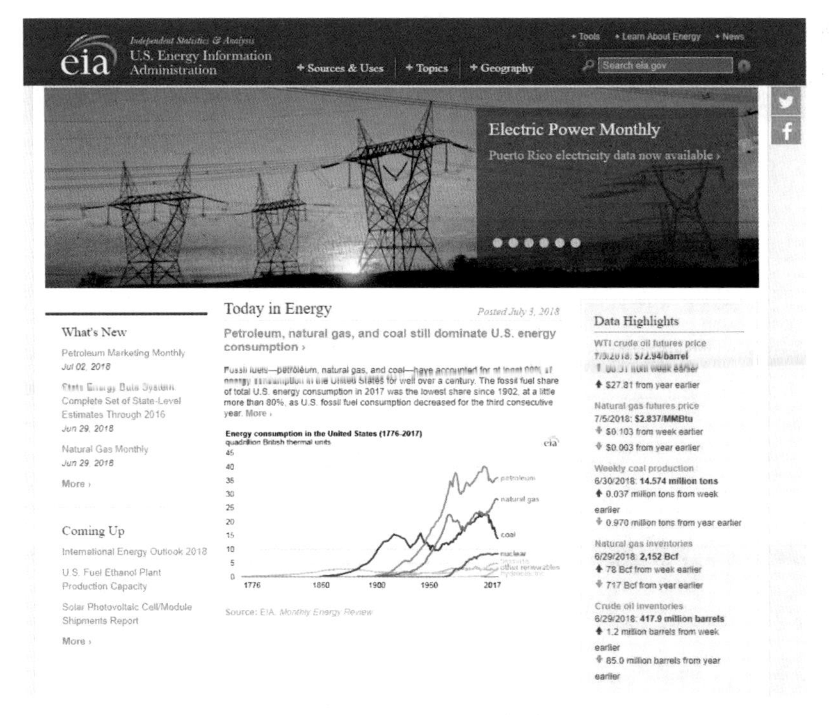

图 12－1　EIA 数据平台首页

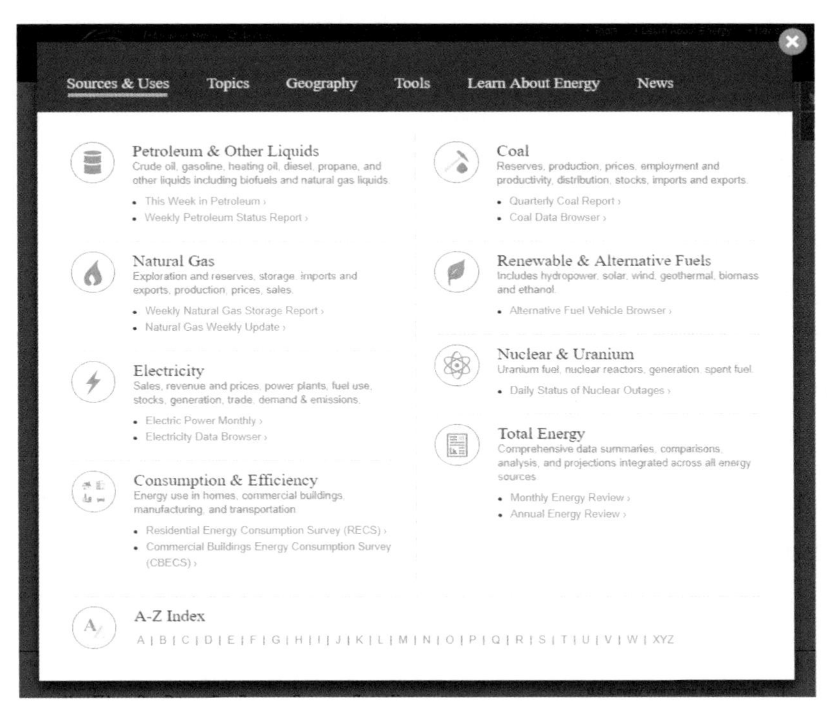

图 12－2　EIA 数据平台能源和使用模块

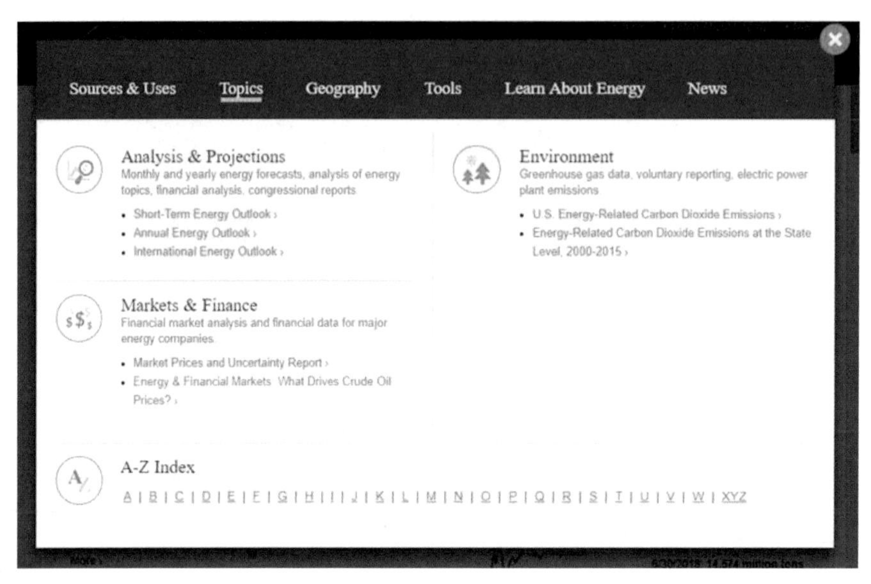

图 12-3　EIA 数据平台主题模块

EIA 数据平台的 API 主要包含以下数据集：

（1）每小时电力运行数据，包括实际和预测需求、净发电量及潮流数据。

（2）分为 29000 个类别的 408000 个电力数据序列。

（3）分为 600 个类别的 30000 个能源数据系统数据序列。

（4）115052 个石油数据序列及相关类别。

（5）34790 个美国原油进口量数据序列及相关类别。

（6）11989 个天然气数据序列及相关类别。

（7）132331 个煤炭数据序列及相关类别。

（8）3872 个短期能源展望数据序列及相关类别。

（9）368466 个年度能源展望数据序列及相关类别。

（10）92836 个国际能源数据序列。

EIA 数据平台提供的信息可以促进国家和地区层面的更多知情分析和政策决策。EIA 推出了一个美国电力系统运行数据工具，该工具能够提供每小时电力运行数据，该工具包含实时负荷数据以及美国电网所有 66 个电力系统调度部门在全国和地区层面每小时、每天和每周的电力供需分析和可视化结果。

这些信息是 EIA 直接从每个互联电力系统收集的，具体包括：

（1）美国全国和地区按小时计算的电力需求总量。

（2）电力系统之间每小时的电流。

（3）电力系统的日常需求形态和日常需求模式的季节性变化。

（4）电力系统依靠内部和外部供应来满足其需求的程度。

（5）实际需求大大超出预测需求时，电力系统的潜在压力。

（6）加拿大和墨西哥每小时的总电量。

2. C3 IoT 能源管理平台

C3 IoT 公司是全球物联网解决方案领先供应商。C3 IoT 公司以自行研发的 C3 数据集成器（C3 Data Integrator）为基础，整合来自公用事业公司内部和其他第三方的超过 22 种数据，包括公用事业公司拥有的仪表数据、能耗数据，第三方或用户的建筑物特性、企业运营情况、地理信息数据等，形成自己的分析引擎——C3 能源分析引擎（C3 Energy Analytics Engine），提供电网实时监测和即时数据分析。

C3 IoT 提供 PaaS，用于快速开发和运营大数据、预测分析、AI 及机器学习以及物联网的 SaaS 应用程序。C3 IoT 还提供一系列可配置和可扩展的 SaaS 产品，这些产品基于 PaaS 开发和运行。

C3 能源分析引擎将大量分散的电力系统数据存储在云平台上，与工业标准、天气预报、楼宇信息和其他外部的数据相结合，并且基于该平台开发了 C3 电网分析（C3 Energy Grid Analytics）、C3 石油天然气分析（C3 Energy Oil & Gas Analytics）和 C3 用户分析（C3 Energy Customer Analytics）3 个分析工具，另外还开发了多个 App。

C3 电网分析主要服务于供应侧，如公用事业公司、调度机构、输配电公司等智能电网拥有者、操作者和使用者，用于降低电网运营成本、预测并应对系统故障、掌握用户耗能情况等分析。C3 电网分析形成了智能仪器控制、资产保护、预测性维护、需求响应分析、负荷预测等 10 余种成熟解决方案。

C3 用户分析是双向的，一方面面向公共事业公司，帮助其了解用户用能情况，合理设计需求响应方案，提供能源投入冗余分析、能耗基准点、电力用户空间视图等服务类应用；另一方面通过公共事业公司授权面向用户，用户可以借此进行能耗管理和需求响应管理，调整自己的能耗使用安排。

C3 IoT 公司的能源管理平台利用 AI、机器学习主动识别节能机会，并自动采取实时行动，帮助大型商业和工业企业客户降低能源成本。C3 IoT 能源管理平台的 AI、机器学习算法能分析多种类型的数据，包括能耗数据、运行数据、传感器数据和天气预报，以提供能源使用和成本、高峰需求、异常活动和降低成本机会的预测。所有解决方案的数据结果均会被 C3 能源分析引擎可视化，供应侧和需求侧的使用者都可以通过 C3 IoT 能源管理平台提供的软件界面直观地看到这些结果，他们也可以通过 C3 IoT 能源管理平台直接进行操作。

3. AutoGrid EDP

AutoGrid EDP 由斯坦福大学成立，其研究团队由专业的软件架构师、电气工程师、计算机工程师、数据科学家和能源专家组成，应用前沿的分析工具和深入的能源数据技术来解决能源问题。AutoGrid 能源大数据平台（Energy Data Platform，EDP）的任务是收集、组织和分析指数级增长的能源数据，AutoGrid EDP 的软件和应用程序能从各种来源收集数据，如智能电能表、传感器和楼宇管理系统，并进行实时分析以提供可操作的解决方案并制定自动化的响应控制策略。AutoGrid EDP 功能框架如图 12－4 所示。

图 12－4　AutoGrid EDP 功能框架

12.3.2 国内应用分析

1. 能源与经济大数据平台

中电联电力发展研究院（技经中心）是中国电力企业联合会的直属单位，聚焦火电、水电、变电和送电工程设计、施工、技术经济管理等领域，主要开展能源产业政策研究、电力工程评审咨询、科研课题及标准研究等业务，为政府、行业和企业提供全方位智库服务。

能源与经济大数据平台是中电联电力发展研究院以“能源智囊、国家智库”为宗旨，倾力打造的提供全面数据参考、技术支持和资源开放互联的大数据平台。通过云计算、大数据、物联网、人工智能与电力行业的加速融合，建立电力产业链与能源生态圈。

“E 数聚”是能源与经济大数据平台的数据发布与运营中心，拥有电力行业火电发电设备、电气设备、智能化设备、电力辅机及仪器仪表和通用设备器材等海量数据源，能实现电力行业全产业链数据与资源信息的贯通。“E 数聚”是集材价信息运营、供应商运营、能源经济运营、信息定制服务、指数指标定制、用户渠道分析、电力形势分析、综合信息展示等于一体的应用服务体系，在加强政府电力建设投资、建立电力建设监测指数指标、规范政府指导计价及市场管理、开展能源与经济、电力发展信息监测等方面均有突破。

能源与经济大数据平台以在线的方式为“G20”和“一带一路”共 80 个国家提供了能源政策动态、能源科研成果及动向、能源企业发展战略及运营绩效、能源行业发展现状及走势等国际能源信息数据。能源与经济大数据平台涵盖了“一带一路”沿线 64 个国家的国家概况、经济发展、能源资源状况、能源行业发展战略、能源行业管理体制以及能源发展等数据，并向国内外输出《全球典型国家电力经济发展报告》，为行业研究提供信息参考，为国际业务拓展提供决策支持。

能源与经济大数据平台提供的主要数据服务包括国际能源数据和价格查询两部分，能源与经济大数据平台网站如图 12－5 所示。国际能源数据又分为能源动态、国际经济、大宗商品、国际煤炭、国际油气、国际电力、能源数据、分析应用八个模块，国际能源数据可视化模块如图 12－6 所示；价格查询分为市场价、信息价、供应商三个模块。

图 12－5 能源与经济大数据平台网站

图 12-6 国际能源数据可视化模块

其中，国际能源数据的国际经济模块包括美国经济、欧元区经济、日本经济、俄罗斯经济、印度经济、巴西经济、南非经济七个部分，国际经济模块如图 12-7 所示。国际经济模块通过图表展示各个地区 PMI 以及失业率的月度变化情况，对 GDP、PMI、工业产出、零售销售、CPI、失业率等指标进行分析。

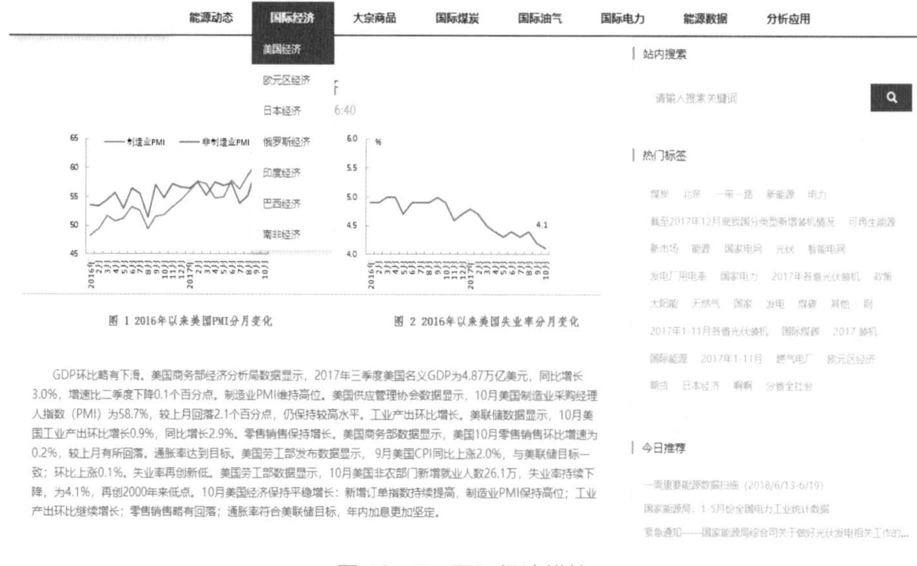

图 12-7 国际经济模块

国际能源数据模块还通过图表展示与文字分析结合的形式，呈现国际大宗商品、原油、天然气、电力价格的变化趋势。利用图表呈现电力行业的装机容量、石油行业的原油探明储量和石油消耗量、天然气行业的天然气探明储量和天然气产量、煤炭行业的煤炭探明储量和煤炭产量、核能行业的核能发电量和核能消耗量、可再生能源行业的风能消耗量等。平台还提供了可视化分析工具以及对比分析工具。

2. 国网能源研究院电力供需研究实验室

国网能源研究院电力供需研究实验室是国家电网有限公司重点实验室，以宏观经济学、实验经济学、计量经济学、分析预测等基本理论为基础，通过运用计算机工程、智能工程等先进技术，对全国及各地区经济发展、电力需求与经济发展关系、电力供需平衡及预警等进行分析研究。电力供需研究实验室提供全国及各省电力公司电力市场分析预测工作平台，运用实验经济学、计量经济学等方法及智能工程先进技术，构建中国宏观经济模型和多种电力需求预测模型，能够提高电力市场分析预测的前瞻性、包容性、权威性。

电力供需研究实验室可以对宏观经济、宏观政策、能源供需、气象与水文、电力与经济关系、电力供应、电力需求、电力供需平衡、电力供需预警、智能模拟试验等 10 个方面进行研究，主要功能包括分析、预测、预警、模拟试验等。

（1）宏观经济分析预测。通过对宏观经济类的 GDP、固定资产投资、社会消费品消费总额、出口总额等指标选用各种方法进行分析或预测，可以把握宏观经济的现状和未来趋势。

利用宏观经济月度模型可以分析世界 GDP、外商直接投资、国际原油价格、汇率、税率、利率、财政赤字率等因素对财政收入、财政支出、CPI、外汇储备、货币供应量、出口、进口、工业增加值、GDP 指数、固定资产投资、居民存款的影响。

利用宏观经济年度模型分析中长期的世界 GDP、汇率、税率、利率、劳动力等因素对政府收支、居民收支、固定资产投资、进出口、物价、GDP、产业增加值、居民存款等的影响。

（2）电力需求分析预测。对全国及各地区的全社会、一产、二产、三产、居民、工业以及其他主要类别用电量选用各种方法进行分析和预测，还可以用人均用电量法、线性回归、弹性系数法、产值单耗法等预测分析模型做中长期的用电量预测。除了这些常规的预测模型，还开发了投入产出模型、部门分析法、LEAP 模型、地区分解模型等多种计量模型预测全国的用电量。

（3）电力供需预警。可以提供（年度）电力供需指数、季度电力供需指数、电力行业景气分析、计划进度预警等。其中（年度）电力供需指数是根据未来若干年的发电量、新增装机容量、预期来水、气候、空调负荷等判断未来的电力供需形势。季度电力供需指数是把电力电量平衡结果——实际备用率和火电设备利用小时数折算成在不同时间上具有可比性的电力平衡指数和电量平衡指数，最后合成为综合的季度电力供需指数。

（4）智能模拟试验。应用智能工程的理论和方法，对宏观政策及外部环境对电力需求的影响进行模拟实验。目前提供了下列三个类型的实验。

1）基于 CGE 的经济运行模拟实验。利用可计算一般均衡方法，构建了模拟国民经济运行（包括 14 个主要行业）的可计算一般均衡模型，可以模拟分析经济变量的变化对经济增长及用电量的影响。目前，电力供需研究实验室可以实现投资、消费、进出口、汇率对经济增长及用电量的影响分析。

2）基于推理机的宏观政策及外部环境对电力需求影响模拟实验。应用智能决策系统开发平台，建立了规则库、知识库、推理机以及实验环境，可将宏观政策及外部环境对电力需求的影响进行模拟。目前，电力供需研究实验室可以实现财政政策、货币政策、电力需求侧管理政策、国际形势、突发事件等对电力需求的影响模拟。

3）基于 Multi-Agent 经济运行对电力的影响仿真实验。分别用 Agent 模拟 15 个行业、市场、政府、消费者的经济行为，可以分析各种宏观经济政策变化对行业增加值的影响，从而得出宏观经济政策对电力需求的影响。

3. 中图环球能源眼

中图环球能源科技有限公司开发的中图环球能源眼，可以提供国内外宏观经济、区域经济、综合能源、煤炭、油气、可再生能源、电力、节能减排、耗能行业、能源价格、能源企业、能源项目等能源产业链相关数据，同时提供相应指标数据统计分析服务。中图环球能源眼旨在通过对全球能源信息及地理信息资源的智能管理、智能分析、共享与应用，面向各类能源业务提供“更智慧”的信息服务。

中图环球能源眼的能源经济分析模块包括 GDP 及增速、各省份行业 GDP 等宏观经济数据，能源消费总量、能源生产总量构成、分类型能源消费量等综合能源数据，分地区发电装机容量、发电量及结构、全社会用电量、各省输入输出电量等电力数据，煤炭相关数据，分地区天然气产量、分地区原油产量等油气数据，非化石能源装机容量、非化石能源发电量等可再生能源数据。中图环球能源眼提供数据的可视化分析，包括全球能流图（能源）、电力输入输出展示、全球煤炭贸易流向、全球石油贸易流向、全球天然气贸易流向等。

4. 其他能源经济大数据平台

（1）城市智慧能源大数据平台。城市智慧能源大数据平台把城市建设与可持续发展、节能减排综合信息化城市管理结合起来，采用先进的信息化监测手段在能源消耗与污染物排放综合治理方面进行全面管理。利用大数据、云计算、物联网、移动互联网、GIS 等信息化技术，构建工业低碳化、污染物减量化、建筑绿色化、服务集约化、交通清洁化、可再生能源利用规模化等六化的节能减排综合支撑系统。以实现统一标准、统一规划管理、节约信息资源为目标，集各领域节能减排项目管理于一体，实现各领域节能减排数据共享、资源集约利用、数据中心集中建设、统一规划与运营管理。

（2）国家统计局数据平台。国家统计数据平台可提供全面详细的统计数据，包括能源和经济运行相关数据，涵盖月度、季度、年度数据以及普查、地区、部门、国际数据；提供多种文件输出、制表、绘图、指标解释、表格转置、可视化图表、数据地理信息系统等多种功能；还提供了可视化分析工具，通过简单的图像或动态界面及互动式统计图更清楚地展示一些统计指标。

（3）中国能源数据公共服务平台。中国能源数据公共服务平台是由北京洛斯达数字遥感技术有限公司负责运行维护的公共服务平台。该平台搜集整理了全国各类能源数据，能够为全国电力、石油、煤炭、天然气、新能源等各行业从业者提供全方位的能源数据服务，能够为政府、企业、公众三种不同的人群提供定制化的数据服务。

12.3.3 大数据服务供应商解决方案

1. 阿里云工业大数据

阿里云创立于 2009 年，是全球领先的云计算及人工智能科技公司，为 200 多个国家和地区的企业、开发者和政府机构提供服务。阿里云工业大数据从经济增长、能源需求，以及机器、设备组、设施和系统网络等实物资产角度，在降低能耗、提升效率、减低成本、提升产值方面为工业客户提供基于人工智能的解决方案。

工业大数据解决方案中，智能能源管理能够为制造业客户提供生产过程的能耗分析与优化、新能源（光伏发电、风电、潮汐能发电）产能预测，降低能耗提升产值；智能行业监管为工业制造监管部门提供企业数据监测、生产废料分析、货运过程监管等服务，提升监管水平，优化环保工艺。电能服务商/节能服务机构基于阿里云工业大数据平台为用能企业提供包括数据采集、监测诊断、用能分析和优化用能服务，同时提供节能项目集中管理及电力需求侧管理（含需求响应）等服务，阿里云节能服务云应用架构如图 12–8 所示。

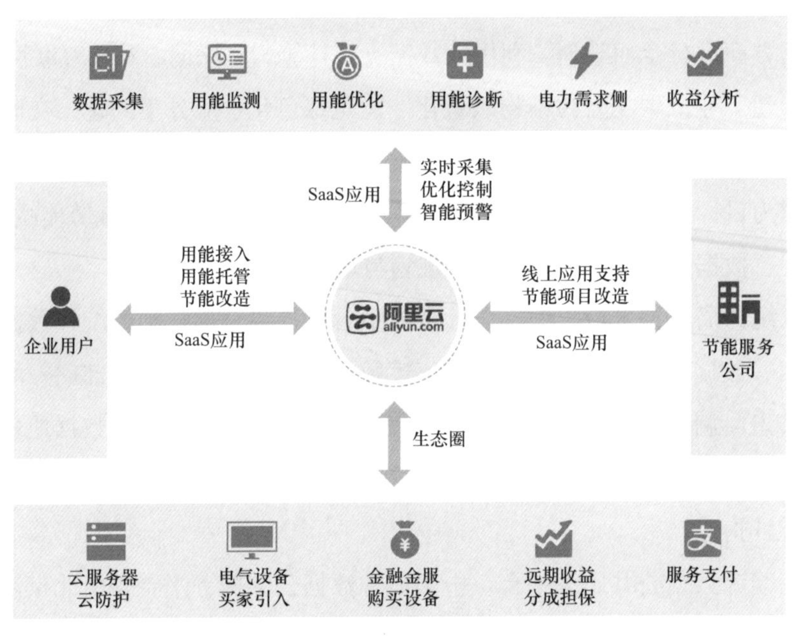

图 12–8　阿里云节能服务云应用架构

2. 华为云能源电力大数据

2017 年华为成立云业务部，致力于为企业提供稳定可靠、安全可信、可持续发展的云服务。华为云综合能源服务为用能企业提供包括数据采集、能效诊断分析和优化用能等服务，以及为政府部门提供能耗监管、用能权交易和节能减排等基础信息化平台。

华为云智能电力解决方案结合大数据、人工智能等技术，帮助电力企业快速搭建平台，应对发电、售电、充电、能效等场景，涵盖发电站选址、设备故障预测、发电用电预测、充电桩管理等应用。

华为云综合能源服务是一种为满足终端客户多元化能源生产与消费的能源服务方式，

涵盖诊断、节能改造、用能监测、清洁能源发电、多能互补以及微能源网建设运营等业务范围，为用户、政府部门提供能耗诊断、节能减排的辅助决策。利用高性能平台支撑千万级实时数据接入，全面、直观地监测关键设备运行情况；利用大数据技术，精准匹配最合适的数据存储、查询、分析架构和方案；利用机器学习、深度学习等技术，借助天气预报数据，实现高分辨率、短时周期的精准预报。

3. 九次方能源经济大数据

九次方大数据信息集团有限公司（JUSFOUN BIG DATA）是中国领先的大数据资产运营商，也是贵阳大数据交易所的创始股东，通过“三轴一中心一平台一生态”战略，构建完整的全球大数据生态链。九次方能源经济大数据提供与能源经济大数据相关的多项业务。

（1）政府融合共享、开放、应用大数据服务。借助大数据技术完成数据集成、融合，打破中央与地方政府之间、政府各下属机构之间、政府部门和垂直行业之间的数据壁垒，实现信息共享、业务协同、智能决策。

（2）经济运行分析及中小企业大数据服务。服务政府方面，提供宏观经济监测预警风险、产业结构分析辅助决策、企业动态监测，助力政府精准扶持；服务企业方面，提供产业发展情报引导企业投资、宏观政策分析助力发展、市场供需分析监测预警。依托九次方3000多万家企业数据的优势，布局社会经济综合信息资源，推出经济运行分析大数据平台。

（3）能源治理大数据服务。通过能源计量管理、能耗在线监测、能耗数据分析、能耗指标管理、预测预警管理等功能，将“三可”标准（可监测、可报告、可核查）提升至“六可”标准（可监测、可报告、可核查、可控制、可服务、可优化），辅助政府加强节能减排力度，提升社会节能减排能力。

（4）工业大数据服务。建立统一的工业大数据平台，整合行业管理和宏观调控等各类信息资源，实现工业领域大数据融合，帮助企业、行业及宏观层面进行转型升级。建成钢贸信用系统大数据平台、钢铁供应链金融大数据平台，并构建生产规划辅助决策、原料采购决策、仓储物流调度优化、设备故障诊断及寿命预测等二十多个应用场景。

（5）数据可视化呈现与交互。基于图形绘制与人机交互技术，为各大数据应用场景提供直观、丰富、操作友好的数据可视化呈现与交互功能，以达到更好的数据信息视觉化吸引、传达能力，如大屏展示、指挥中心、高端定制，使大数据应用场景和模型更易于被用户理解，提高用户的主观能动性。

12.3.4 发展展望

经济、环境和技术进步的共同推动，给能源行业带来了新业务、新业态、新模式。随着能源行业智能计量装置的不断普及，获取、存储和处理的数据量显著增加，低价高性能的数据存储和处理设备驱动着数据技术与能源行业共同发展，这些数据能够以离线或实时的方式用于解决各种运行优化问题，并为中长期战略提供新的见解，切实提高能源生产、利用等方面的管理水平，为决策者提供有价值的建议。

总体而言，我国能源经济领域的大数据技术应用刚刚起步，具有巨大的发展潜力和挖掘价值，前景十分广阔。应高度重视能源经济领域大数据的战略部署和机制设计，大力推进大数据产业与能源行业的快速融合，使能源经济领域的大数据应用更好地服务经济和能源行业发展。

13 煤炭大数据应用

13.1 煤炭大数据应用概况

煤炭是我国的重要能源，2018 年以来，煤炭占一次能源消费总量比重已低于 60%，煤炭产业的健康发展对经济社会发展至关重要。大数据的充分挖掘和利用，能够促进全社会要素资源的网络化共享、集约化整合、协作化开发、高效利用。将大数据与传统煤炭行业深度融合，建设矿用大数据平台，汇聚、挖掘煤矿生产运营过程中产生的各种生产、环境监测、设备监测等数据，规范各种数据标准，提升矿山数据的利用价值，促进煤炭工业转型升级，向安全、高效、绿色、高质量发展，进而提升矿井的安全高效生产水平。大数据与煤炭行业的深度融合对实现煤炭资源持续开采，保障我国能源安全，促进行业转型升级和健康可持续发展具有十分重要的意义。

我国煤炭开采主要以井下开采为主，开采条件十分复杂，产业集中度低，煤矿企业安全生产压力较大。通过政府部门及企业的共同努力，煤炭行业事故率明显降低，但该行业安全生产方面依然存在一些问题。一是生产自动化水平低，生产过于依靠工人经验，随着煤炭进入深部开采，地质情况复杂，经验越来越受限。虽然煤炭行业先进机械及自动化监测设备引进率较高，但是相对于发达国家仍有一定差距。二是煤矿对事故分析依然偏向于“事后分析型”，专业有效的事故分析工具在煤矿中使用较少，煤矿开采难度加大，以往经验不一定能够适用，真正有效的应该是“事前预测型”。三是煤矿生产各系统相对独立、系统集成与数据共享不足。

13.1.1 煤炭大数据应用现状

从行业管理层面，应急管理部试点开展了煤矿安全监管大数据平台建设，国家能源局也委托煤炭协会开展了能源行业大数据平台建设方面的研究。国内一些省（区、市）相继建立了地方煤炭监管大数据平台，山西省建设了煤炭监管信息平台，探索建立覆盖省、市、县和煤炭企业的综合监管信息平台；贵州省重点建设“贵州能源云”数据资源中心和统一集成服务平台；云南省曲靖市建设了煤矿安全生产信息化平台。

从煤炭市场层面，煤炭运销协会建立了聚集煤炭贸易、物流、消费、运输等环节的大数据平台；太原煤炭交易中心大数据平台收集整合了 1 万余家交易商信息、结算和物流数据等。

从煤炭企业层面，各大煤炭集团从不同方向切入大数据应用。神东煤炭集团建设设备数据分析及健康管理平台，接入了数十万个测点数据，实现综采面生产及停机等方面的数据分析；兖矿集团有限公司通过建立大数据模型，实现了对煤化工产品“精准营销”，提升了市场分析精准度和策略运作准确率；开滦（集团）有限责任公司通过建设基于大数据的智能电量管控平台，分析用电数据，改进调整用电方案，节省了用电费用；徐州矿务集团有限公司与华为公司合作建设淮海大数据中心。此外，山东能源集团有限公司、河南能源化工集团有限公司、山西阳煤集团有限责任公司、晋煤集团有限公司等也从不同领域探索大数据应用。

煤炭行业大数据应用尚属于初期探索阶段，缺乏更深入的整理和规范化利用，数据应用主要存在以下问题。

（1）数据量小、数据质量低。由于大数据技术近年来开始兴起，在前期煤矿生产中各个煤矿对自身矿区数据整理收集量不够，尤其是矿难及事故方面信息涉及更少。随着大数据技术的发展，各煤矿企业开始重视数据的采集工作，数据量快速增长，但由于采集范围不全面、采集过程数据缺失、缺少合理的数据分析模型，导致有效数据较少、可用数据质量较差。

（2）能源数据尚无统一标准。传统的数据收集不能与大数据技术统一标准，数据收集依据不统一。

（3）数据主体为统计汇总数据。汇总数据仅具有概况分析能力，无法进行深入细化分析。

（4）专业智能设备在煤矿安全生产中使用不足。煤矿安全生产及事故隐患分析主要依靠安全生产管理者分析，由于专业智能设备在煤矿安全生产中使用不足，难以形成有效数据，难以完成大量数据收集任务。

（5）行业特殊性限制了智能设备的使用。对大量的数据进行实时收集及整理时，客观困难较多，基于煤矿生产行业的特色，井下生产中防爆防火用具要求较高，因此限制了一些高效、实时数据收集智能设备在该行业的使用。

13.1.2 煤炭大数据应用需求及挑战

1. 煤炭大数据应用需求

（1）数据需求。近年来，大型国有煤炭企业都在大力进行矿山数字化、智能化建设，建设了完整高速的主干线传输网络，搭建了大量传感器、执行器终端和服务器设施，为数据采集、传输和存储提供便捷通道。井下各类传感器、控制单元、智能终端的数量及其产生的数据大幅度增长，这些智能化部件生成的生产现场实时数据，包括瓦斯浓度、风速、水仓水位、带式输送机开停、人员位置等参数，以及与生产环节相关的音频视频等多媒体信息，都具有大数据的“5V”特征。这些数据具有多来源对象（如人员、设备、环境的实时感知数据）、多时空尺度（如年度、季度、月度、旬次、日期、班次、分秒，工作面、掘进面、巷道、硐室、泵房等）、多主题类型（如瓦斯主题、通风主题、矿压主题、设备主题、隐患主题等）、多专业领域（如采煤、掘进、机电、运输、地测、爆破等）等不同的属性特点，需要进一步利用大数据技术实现海量数据的存储、建模和分析，以充分挖掘数据价值，为煤炭安全生产、降本增效提供决策支持。

（2）业务需求。大数据技术在煤炭行业有以下 3 方面业务需求。

1）在行业管理领域。从国家和行业管理的角度来看，大数据可以预测煤炭供需及价格走势，为宏观调控和政策制定提供依据，各地方管理部门可以通过大数据平台对各企业及煤矿进行行业监管。大数据将促进煤炭行业技术和管理创新，助力突破煤炭各领域理论和技术难题，改变企业现有生产和组织方式。

2）在煤矿生产领域。大数据是建设智能矿山乃至智慧矿山的重要基础，在对煤矿环境、设备运行和人员活动三方面监测均有很大的应用潜力。在煤矿环境监测方面，通过瓦斯、顶板、温度、湿度、水量等监测数据，以及与煤炭产量、通风、煤层、气候等的数据关系，可为煤矿开采、挖掘、通风等方面设计、管理及灾害预警提供依据。在设备运行监测方面，通过井下各类设备开停时长、湿度、振动、能耗等监测数据，分析设备故障与负载、产量、设计等方面的关系，实现隐患排查、故障预警等。在人员活动监测方面，大数据应用可以在井下人员避险逃生、应急救援、职业安全健康等方面发挥作用。

3）在企业管理领域。通过建立大数据平台应用，可以帮助企业提高决策科学性，有效控制成本，提高安全风险防控水平，提升客户服务满意度等。在辅助决策方面，通过对企业内部数据采集、整理、挖掘和分析，为企业决策和精益管理提供可靠依据；在成本管控方面，通过建立全生产链成本大数据库，形成各生产环节的各类成本指标，优化资金流运转过程，为企业评估成本管理绩效、新项目成本管控、合约采购等成本管理提供指导和参考；在客户服务方面，可以及时准确把握市场动向、调整产品结构、优化交易方案、制定更加科学的价格和服务策略。

2. 煤炭大数据面临的挑战

煤炭大数据发展尚处于探索和基础建设阶段，实现大数据推动煤炭工业变革尚需突破诸多障碍。

（1）认识理念需提升。部分企业对大数据的认识存在误区和偏差，认为建设一套系统或者平台，只需把各类数据采集上来就建成了大数据，实际上采集数据尚未完全实现对海量数据处理和利用。此外，很多平台虽冠以大数据之名，实际仍是传统的数据集成，不能发挥大数据的真正作用。

（2）硬件基础薄弱。多数企业仍不具备支撑构建高可靠性、分布式海量数据采集、聚合和传输系统，不匹配符合大数据特点的存储、分析与可视化展示的能力。此外，由于煤矿的特殊性，地面通用的设备设施无法直接应用于井下，使煤炭行业大数据采集及应用增加了难度。

（3）体制机制尚不健全。对于政府和行业层面建立的大数据应用，数据建设和归集以企业内部建设为主导，仍存在数据采集不畅、数据失真等问题。由于数据共享开放的法律法规标准体系不完善、责任主体不明确，导致企业对数据资源“不敢开”“不想开”，大量数据资源分散在各个企业内部，形成了新的“数据孤岛”，难以形成行业数据共享机制。政府、行业协会、企业、科研机构、高校之间尚未建立起数据共享、知识创新、技术研发和成果转化密切结合的有效机制。

（4）技术及人才缺乏。我国工业大数据的平台框架、重点核心技术、数据库方面与国外发达国家仍存较大差距，工业大数据对复合型人才的能力要求更高、需求更强烈。煤炭工业大数据应用与技术相对完善的制造业差异性较大，煤炭行业内 IT 复合型人才匮乏，煤炭企业大数据解决方案亟须先进大数据技术及复合型人才支持。

13.2 智能矿山平台体系架构

13.2.1 国家能源集团矿山大数据建设现状

国家能源投资集团有限公司（简称国家能源集团）为了进一步提升煤炭板块的安全高效水平，从全局的、战略的高度出发，通过系统总结多年来在煤矿自动化、智能化方面的探索与实践，基于大数据、云平台技术，构建煤炭企业大数据应用分析解决方案，实现了更全面的煤炭生产大数据应用新模式。该大数据应用新模式提升了煤炭生产的管控能力，提高了矿井生产的集约化水平，实现了经营管理科学化以及生产计划、生产安全调度、生产过程控制最优化，率先成为智能矿山工程的践行者。

为了加快信息化建设步伐，国家能源集团成立了专业的信息化建设队伍——神华信息技术有限公司，以承担国家级项目为契机，大力进行集团信息化、智能化建设。国家能源集团先后完成规划设计、业务流程标准化、关键技术研究、一体化平台研发，并成功建成示范矿井。基于智能矿山解决方案自主研发的煤矿综合智能一体化生产控制系统和生产管理系统，打破了长期以来国外软件在中国煤炭行业的垄断地位，关键技术研究及示范项目被行业专家组鉴定为达到“国际领先水平”，为构建现代煤炭生产体系、打造世界一流煤矿奠定了坚实的基础。

13.2.2 平台架构

智能矿山解决方案基于大数据云平台，聚焦煤炭生产企业在生产执行层和控制层的智能矿山建设，实现煤矿信息采集全覆盖、数据资源全共享、统计分析全自动、人机状态全监控、生产过程全记录，打造安全、高效、绿色、智能的现代化矿山。智能矿山平台建设内容包括基础设施建设、生产综合监控系统、生产执行系统、经营管理系统和决策支持系统五部分，智能矿山平台应用架构如图 13-1 所示。

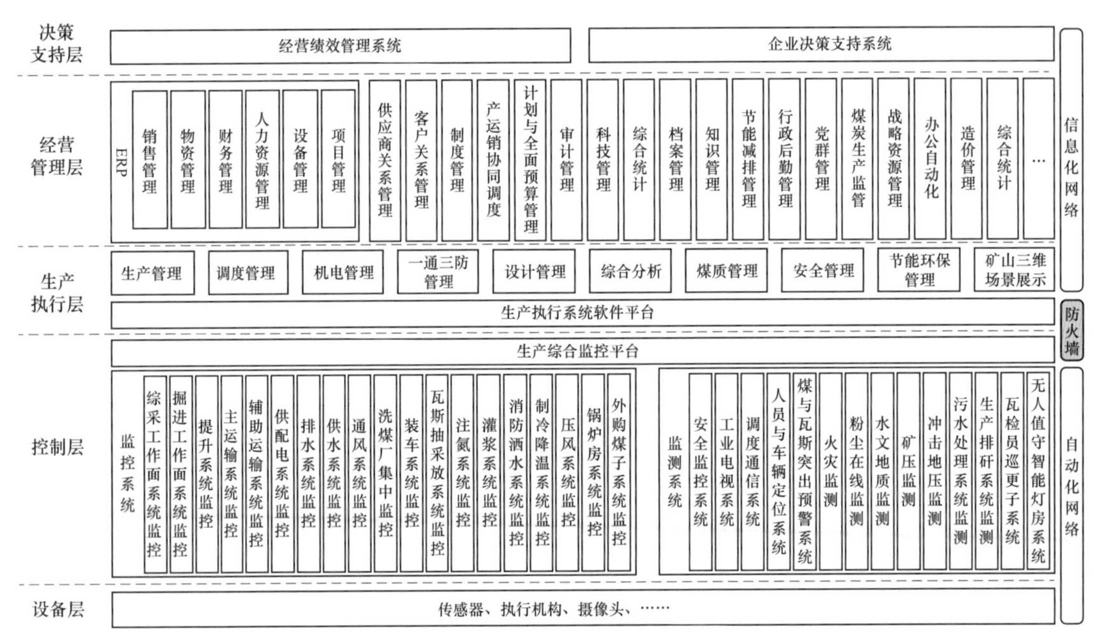

图 13－1　智能矿山平台应用架构

生产综合监控系统和生产执行系统为平台的两大核心系统。生产综合监控系统（L2 控制层）由生产综合监控平台和 19 个监控系统、14 个监测系统构成。生产执行系统（L3 生产执行层）范围涵盖从生产、运输到销售的所有环节，能够为不同生产管理者提供生产、调度、机电、安全、煤质等管理所需的一系列信息展示、流程控制、问题分析、综合报表等应用环境。

1. 生产综合监控系统

从我国煤炭生产行业现状来看，大部分矿井装备自动化、智能化程度较低，各监控、监测系统独立分散，建设标准不统一，系统间难以实现数据共享和联动控制。针对这一普遍性问题，开发一体化生产综合监控平台，在配套井下生产装备的自动化改造基础上，将原来独立、分散的矿井生产各监控、监测子系统整合到一个平台中，通过信息的高度集成和共享，实现矿井的智能一体化集中控制和统一调度指挥。

生产综合监控平台实现了在同一软件平台上各监控、监测子系统的数据共享，实现了矿井主要生产环节（如原煤开采、运输、供电、通风、供排水、压风等）的远程集中监控，实现了安全监测监控、人员定位、工业电视、调度通信、大屏幕显示等系统的集成监测，实现了对生产现场全方位信息的实时采集反馈及联动控制，生产综合监控平台架构如图 13－2 所示。

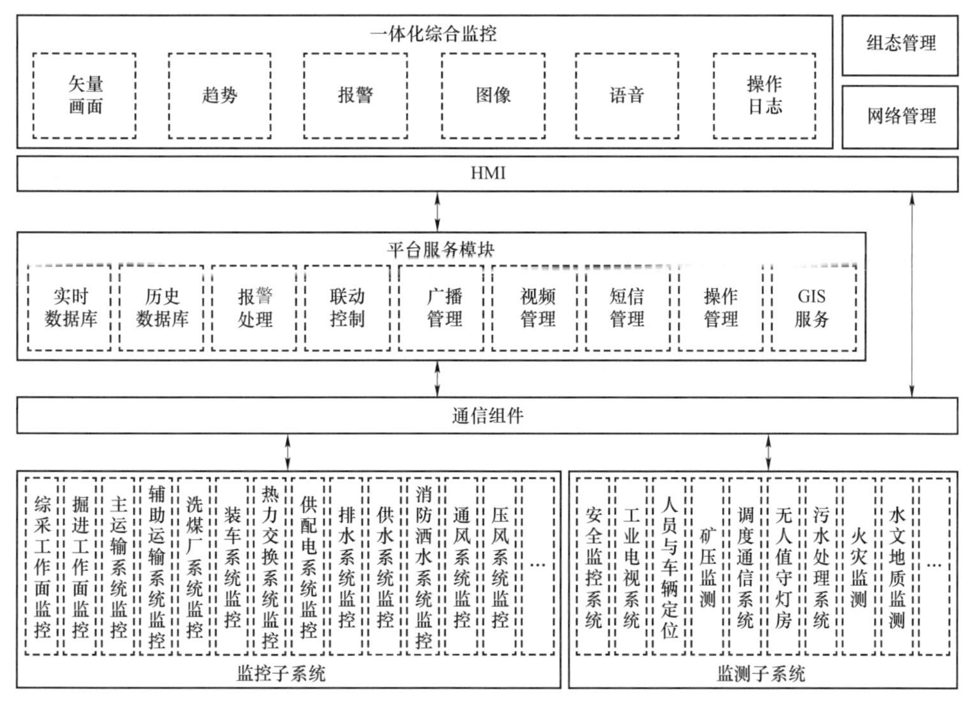

图 13－2 生产综合监控平台架构

生产综合监控系统监控对象众多、类型丰富，完全开放的数据库结构将有利于根据监控对象的特点增加数据库中管理对象的类型、字段和方法。软件采用面向对象设计方法，构建了一个大容量的分布式面向对象实时数据库，通过提供的类编辑器可以方便地添加、删除和修改每个对象的属性、行为和操作命令接口，可以利用面向对象的继承、重载、封装等特性扩展数据库类。

生产综合监控系统具有以下特点：

（1）良好的开放性、拓展性和兼容性。平台提供了多种符合国际主流标准的接口方式，能够集成不同厂家的硬件设备和软件产品，实现各系统间的联动与控制，有效消除信息孤岛。

（2）实现了“一张图”管理。通过 GIS 和组态技术融合，实现采、掘、机、运、通、地质、水文等 11 类图纸的“一张图”管理，提高了数据的智能化和可视化应用价值。

（3）实现了一体化集中控制和调度指挥。平台改变了煤矿传统的“上传下达”单一调度模式，通过煤矿生产指挥中心可以对矿井生产进行远程集中监测和控制，实现主煤流生产线的一键启停和设备间连锁控制，在保证安全生产的同时，能够有效减少井下固定岗位人数，实现减人提效。

2. 生产执行系统

平台的生产执行系统位于经营管理层与控制层之间，起着承上启下的作用，因而在功能设计上要涵盖煤矿生产的主要业务。生产执行系统涵盖了从生产计划制定、生产计划执行到生产计划执行跟踪全过程的闭环管理，包含了生产管理、调度管理、机电管理、安全管理、煤质管理、节能环保管理等子系统，生产执行系统架构如图 13－3 所示。

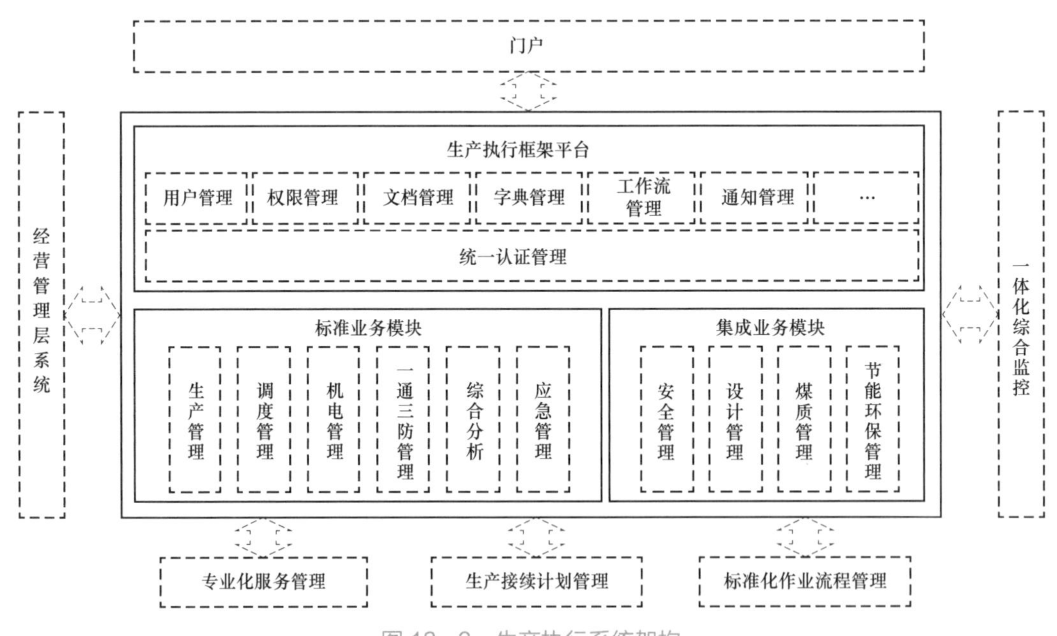

图 13－3　生产执行系统架构

生产执行系统具有以下特点：

（1）建立统一集中的生产管理平台。将煤矿独立分散的业务系统整合到同一平台，并与集团 ERP、计划与全面预算、战略资源、生产接续等经营管理层系统以及煤矿控制层系统进行应用集成，实现数据共享和业务协同运行。

（2）满足煤炭企业多层次的生产管理和决策需求。平台覆盖集团、子分公司、矿厂处、区队多个应用层级，实现从产量计划、接续计划、作业计划到计划执行的全过程闭环管控，生产接续、设备配套、搬家倒面等计划自动排程，为千万吨矿井群均衡组织生产提供有效支撑。通过综合分析模块和管理驾驶舱，对关键生产运营指标和海量监测监控信息进行自动统计、图形展示、趋势分析，为管理决策提供数据支撑。

（3）提升煤矿应急救援管理能力和水平。平台提供应急资源储备管理、应急培训及演练信息管理等功能，在事故发生时，基于二维、三维 GIS 技术，通过流程引导、现场环境模拟、智能灾害分析，为应急响应和指挥提供及时、直观、全面的信息支持。

（4）优化、固化多年的安全高效生产和管理实践经验。生产执行系统在对煤矿业务流程梳理、优化的基础上进行业务的标准化、规范化设计，涵盖煤矿资源获取、规划设计、基本建设、生产运营以及销售等全过程，包括“设计、生产、机电、一通三防、煤质、环保、调度”等七个业务领域的多个四级流程和各种量化指标，通过流程管控，把经验和做法融汇在系统中。

13.2.3 关键技术

1. 数据标准化工作

从智能矿山建设实际情况出发，参考国内外先进实践，大数据管控平台进行智能矿山数据标准规划及架构设计，研究制定智能矿山数据标准管理和数据质量管理规范，以及部分数据资产管理、问题管理、知识管理等标准及规范。形成数据标准的分类层次结构图和数据标准明细表，并以此为基础开展智能矿山数据标准定义及业务分析；研究智能矿山建设、应用、示范等过程中的数据相关业务，编制智能矿山数据分析、数据交换、数据仓库、数据模型、主数据、元数据以及数据服务总线标准及规范。

平台针对操作型和分析型大数据环境，采用基于 JAVA 的个性化开发，为终端用户提供操作界面；采用 Oracle 数据库存储相关的数据标准信息、数据资产信息、质量规则信息、问题信息、知识信息等。大数据管控平台架构如图 13-4 所示。

2. 基于 MPP 架构的数据存储技术

矿山总平台对主要设备使用物联网编码体系进行连接，信息网络中的信源和信宿越来越多，大量的数据需要被监控和记录存储，如井上/井下变电站开关电压、通风机的运行监控值、胶带运输的监控参数等。

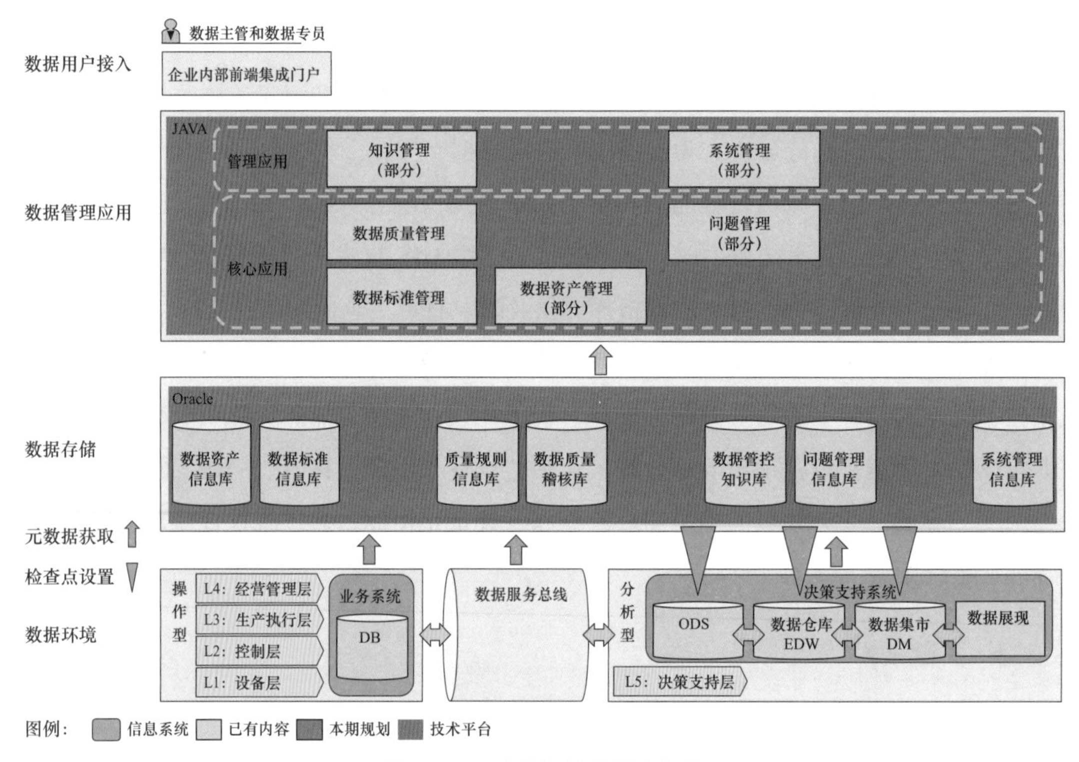

图 13-4　大数据管控平台架构

大规模并行处理架构（massively parallel processing，MPP）提供了一种并行系统扩展的方式，它由多个对称多处理（SMP）服务器通过一定的节点互联网络进行连接和协同工作，完成相同的任务，从用户的角度来看就是一个服务器系统。这种方式具有扩展性好、成本低、在控制网络传输带宽和交互数据量的前提下进行大数据即时分析计算速度较快、性价比高等特点，MPP 架构示意图如图 13-5 所示。

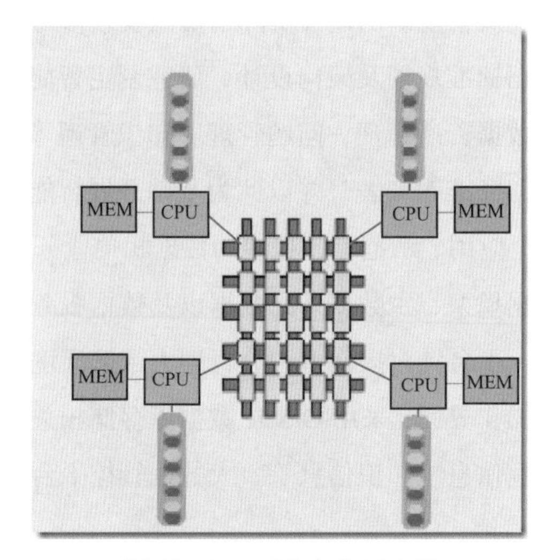

图 13-5　MPP 架构示意图

3. 系统集成和异构数据融合技术

将装备监控、系统监测、业务管理等 45 个系统，统一整合到开放的综合智能一体化管控平台，形成智能矿山一体化管控平台，实现了关系数据、实时数据和空间数据的融合共享。智能矿山一体化管控平台如图 13-6 所示。

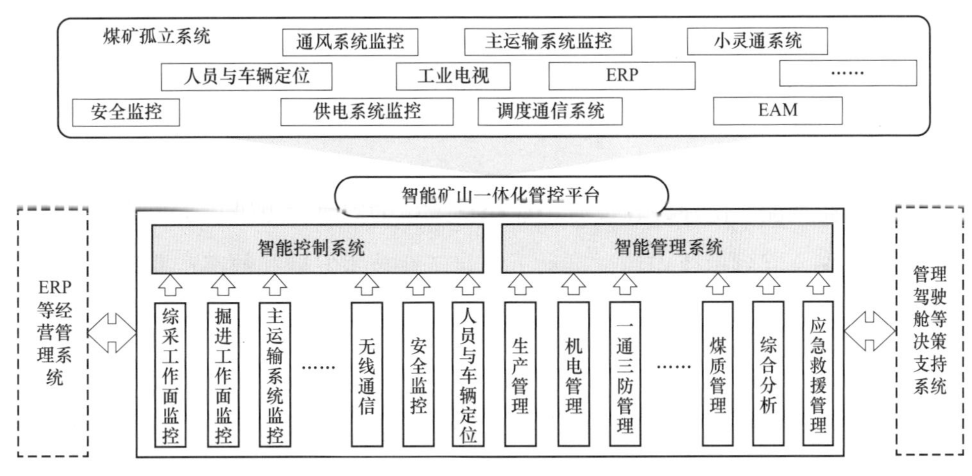

图 13-6　智能矿山一体化管控平台

针对不同数据类型建立相应数据库、中间层和接口层，以完成数据类型判定及存储分发，并提供对外服务接口。在数据进行类型判定时需要运用过程数据存储技术，过程数据存储技术如图 13-7 所示。

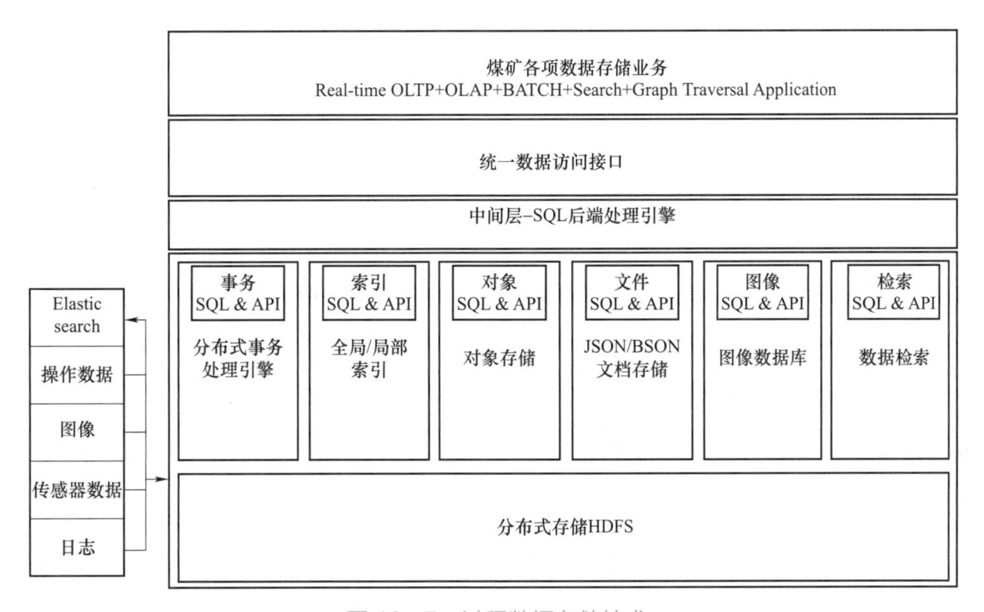

图 13-7　过程数据存储技术

通过多系统的融合，实现数据的集中存储和共享。按照相关事件的处理规则、规定的数据间的联系、触发规则，实现数据的关联分析、触发并完成突发事件的处理或给调度员提出处理建议，为安全生产指挥提供决策依据，提高调度执行的效率和质量。

13.2.4 应用经验

国家能源集团智能矿山建设在提升企业经济效益的同时，也带动了行业的发展，为煤矿推进两化深度融合起到示范作用，推动了煤炭工业技术发展和数字产业发展。具体应用经验如下：

（1）形成智能矿山分类建设的指导标准，促进煤炭行业由劳动密集型向技术密集型转变，为传统产业转型升级、保障国民经济和社会持续稳定协调发展做出积极贡献。

（2）采用先进的技术与装备实现智能化开采和自动化生产，推动煤炭生产组织方式和业务流程的变革，极大地提高自动化、数字化和信息化水平，实现安全、高产、高效。

（3）注重节能与环保，实现生产过程的低消耗和低排放，实现以最小资源获得最大资源收益的目标。

（4）不断探索创新出新的技术、产品、装备、业务模式、理念和产业形态，带动了相关上下游产业链发展，为提升行业整体建设水平起到了示范作用。

13.3 锦界智能矿山应用

神东煤炭集团锦界煤矿（简称锦界煤矿）是一座年产 2000 万 t 的高产高效现代化矿井，矿井开采设备先进，自动化程度较高，具备较好的智能矿山实施条件和基础。锦界煤矿开展了智能矿山示范工程的建设，锦界煤矿智能矿山工程建成生产管理系统和生产控制系统，配套进行了综采、掘进、供电、运输、通风、排水等 9 个自动化子系统改造，以及数据中心、精确人员定位等 7 项 IT 基础设施建设。

综合智能一体化生产监控平台部署在锦界煤矿现场，共完成 21 个监测监控子系统的接入，监测数据点 57000 个；对主运输 10 部胶带机、综采顺槽 4 部皮带、连采 2 部皮带、17 个变电站及 157 台移动变电站、6 个中央水泵房、10 个中转水仓、350 台分散小水泵实现了远程监视和控制功能；实现了智能联动、智能报警、诊断决策等功能，实现了采掘设备、通风、排水、压风、供电、运输等设备的地面远程集中控制、固定岗位无人值守；并将 GIS 软件和工业控制 SCADA 软件进行融合，做到实时信息与地理信息的互通互连，将实时数据与关系型数据库有机结合，实现大容量、多数据源的融合共享，实现智能联动、智能报警、数据分析、远程控制、诊断与辅助决策等七大业务功能。

13.3.1 实现 GIS 和组态技术融合

锦界煤矿综合智能一体化生产监控平台将煤矿必备的采、掘、机、运、通、地质、水文等 11 类图纸以及其他辅助系统，结合采掘工程平面图分层展现，实现多元信息“一张图”管理，大大提高了数据的智能化和可视化应用价值，多元信息“一张图”管理如图 13-8 所示。

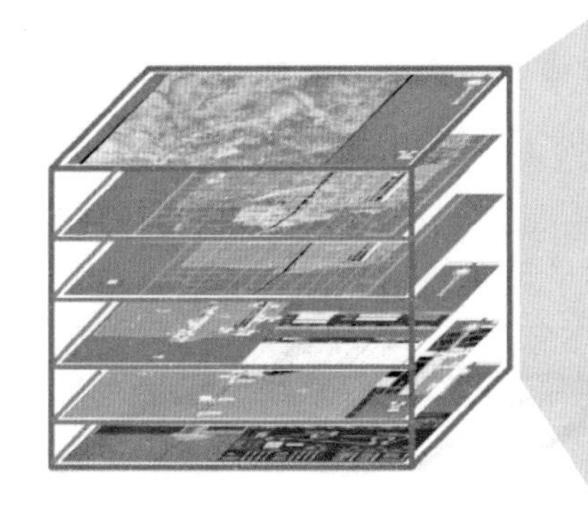

图 13-8 多元信息“一张图”管理

通过多元信息“一张图”管理，可以实现设备位置准确直观展示，位置坐标也被统一到与采掘工程图一致的地理坐标系中，方便查找区域内各种设备所处的位置和属性，方便统一设备管理和安全生产管理。

13.3.2 实现装备智能化

锦界煤矿综合智能一体化生产监控平台通过对事件关联的多维度信息自动采集、统计分析和数据挖掘，在生产计划优化、主要设备远程控制和实时生产指挥集控三个方面实现了智能分析、智能联动和智能报警，为管理决策提供支撑。

1. 优化排程生产接续计划方法

基于数据采集点数据收集及分析，自动生成设备配套计划，对搬家倒面计划、人力资源计划、设备大项修计划、设备报废/购置计划、配件需求计划等统筹优化，使数以万计的参数快速得出选配结果，取代了人工繁重且无法科学编排的工作，保障了锦界煤矿各应用矿区 100 多个工作面的均衡生产。

2. 高速大运量皮带输送机闭环智能调速

皮带输送机是煤矿生产的主要运输工具，是矿山生产中的大宗消耗品，也是成本控制的重要节点。普通的皮带输送机一经启动便恒速运行，常常会造成运煤皮带长时间空转，带来不必要的带面、托辊、滚筒磨损，降低了皮带机使用寿命，增加了停机故障概率，同时也浪费了电能。锦界煤矿综合智能一体化生产监控平台结合大数据技术确定皮带增速、减速模型，形成了皮带输送机运输系统，皮带输送机运输系统可以根据测算皮带实时煤量自动调节皮带速度，实现皮带自动增减速运行，降低了带面、托辊、滚筒磨损，延长了皮带输送机使用寿命，减少了停机故障，实现了节能、降耗。皮带输送机运输系统如图 13－9 所示。

3. 主要设备远程控制

锦界煤矿综合智能一体化生产监控平台实现了共享后数据融合分析，实现了智能联动、智能报警、诊断决策等功能，实现了采掘设备，通风、排水、压风、供电、运输等设备的地面远程集中控制和固定岗位无人值守，固定岗位无人值守如图 13－10 所示。以综采工作面为例，地面能够远程控制采煤机、液压支架、泵站、电气设备、刮板机、转载机、破碎机、顺槽胶带机、超前支架、尾排风机等，达到减少综采工作面的工作人员的目标。在生产过程中，采煤机能够实现记忆加远程遥控割煤；刮板机负载自动控制，可根据刮板机负荷量的监控，自动调整采煤机的牵引速度。

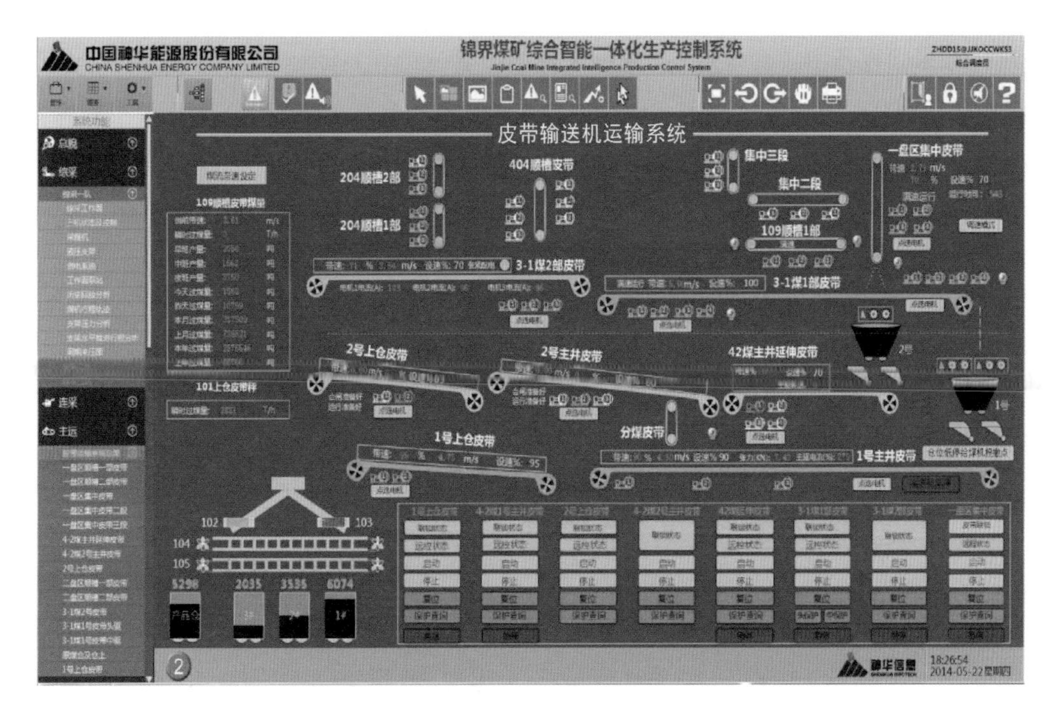

图 13－9　皮带输送机运输系统

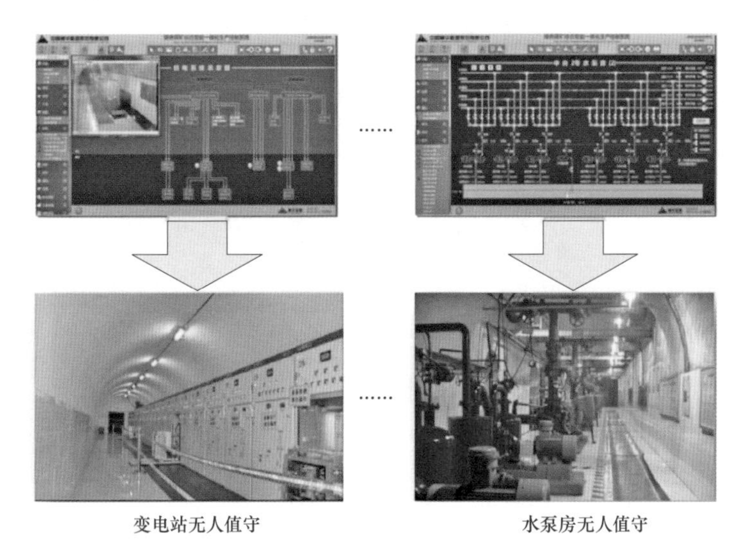

图 13－10　固定岗位无人值守

13.3.3　实施效果

锦界煤矿综合智能一体化生产监控平台建设，实现了智能化开采和自动化生产，有效提高了生产效率和经济效益。矿井实现了全过程的智能化控制，提供了固定岗位无人值守的条件；综采面设备由 3 套生产、1 套配采变为 2 套生产、1 套配采，相当于 2.5 个生产工作面；与传统煤矿的生产组织相比，单产提高 10%，单进提高 12%，井下作业人员减少 6%，全员工效提高 16%，设备利用效能提高 5%，产能增加 8%。

锦界煤矿的示范矿井通过大数据技术应用，以及地面集中监测监控、数据共享、报警联动、精确人员定位等手段使得安全管理更加透明化，井下部分岗位实现了无人值守或少人在岗，减小了井下人员伤亡的可能性，降低了由于矿井灾难所造成的人员损伤。随着安全管理水平的提高，应急救援及灾害预控能力的加强，还可延长矿井的安全周期。

14

油气大数据应用

14.1 油气大数据应用现状

14.1.1 油气大数据应用的问题

油气田的勘探、探井钻采实质上是一个完全基于数据驱动的产业，需要对地震、地质、化验、钻井、工艺、油藏工程、地面等不同专业的数据进行采集、处理和综合分析应用。工程技术作业现场采集智能化水平相对较低，数据采集的时效性和准确性有待提高，同时由于野外作业现场涉及专业较多，各专业数据共享、协同作业、前后方技术指导和支持难度较大。传统的油气生产组织方式主要依靠人工巡井，劳动强度大，生产方式以手工操作为主，依赖于员工的责任心和熟练程度，劳动生产率低，安全风险大。

更好地存储、处理、分析、利用好这些数据，提升油气田生产效率是油气大数据应用体系建设所面临的主要问题。

1. 大数据存储问题

油气行业数字化推广不仅使数据量变大，出现了结构化与非结构化数据，而且数据复杂多样，分散性日益明显，传统单一的结构化数据库已经无法满足日益增长的数据存储。传统型关系数据库主要面向事务处理和数据分析应用领域，擅长解决结构化数据管理问题，在管理非结构化数据方面，尤其在处理海量非结构化信息时需要采用新的存储技术。

2. 数据深度分析问题

油气田企业在生产中需要处理大量繁琐的生产数据和日常工作数据，这些数据组成了不同的台账、报表，处理这些数据时员工不仅面临着录入烦琐、整合费时、存储困难的窘境，而且无法对非结构化数据进行深层次分析，不能有效对数据进行格式化清洗和挖掘。在油气勘探开发领域中，传统的数据分析模式不仅分析维度过于单一，而且分析算法也有一定的局限性。若能将互联网领域逐渐成熟的大数据技术引入油气勘探开发，则可以较好地解决上述问题，并能够进一步挖掘油气勘探领域中大数据价值，实现降本增效，提升业务处理敏捷性。

3. 数据安全保护问题

随着信息技术的快速发展和 IT 技术的广泛应用，产生的大量数据成为企业核心资产的组成部分，也是企业核心竞争力的体现。数据在收集、存储、传输和使用的过程中，需要加强技术安全手段，以使大量敏感信息的安全性得到有效保障。数据防泄漏需要针对数据流动、复制等需求，通过深度内容分析和事务安全关联分析来识别、监视和保护静止的、移动的以及使用中的数据，达到敏感数据利用的事前、事中、事后完整保护，实现数据的合规使用，同时防止主动或被动意外泄漏数据。

14.1.2 传统大数据体系优化

传统的数字化油气田大数据体系框架多是原有传统以 SQL 技术和关系型数据库架构提出的技术方案，而现在大数据背景下需要重点解决数据存储、数据访问和数据分析问题。

当前中石油的应用平台主要以 Web 访问为主，具有以下“大数据”特性：

（1）以网页访问为主（不属于先前的内部数据传送）。

（2）可能涉及多个云环境。

（3）规模空前，数据以几何级数增长。

（4）数据有时“不洁净”，甚至不可用。

（5）数据有很大一部分是非结构化或半结构化。

以上单个特性都可能构成现有数据仓库设置的一种变体，在规划时必须深入每项特性，区别对待。由于生产业务应用通常是基于联机事务处理（OLTP）而建立的关系型数据库，而数据分析通常采用联机分析处理（OLAP）构建数据库系统。在大数据背景下，采用的数据库有 Hadoop、列数据库等，这类数据库在数据存储、数据访问、应用需求上与基于 OLTP 数据库存在较大差异，因此应当在数据业务体系中将数据库分为两部分，一部分为对应专业应用平台基于 OLTP 的关系型数据库，另一部分通过建模、ETL 数据抽取形成数据仓库，可考虑采用列数据库方式。

14.1.3 大数据技术优化

随着用户对数据分析和深挖掘的要求不断增高，数据模型也越来越复杂，计算量呈指数上升趋势。随着数据规模的不断扩大，数据入库、查询都不断呈现性能下降的趋势。

传统关系数据管理模型通过 SQL 向外访问数据，而 SQL 的优势在于封装，这也限制了它的开放性，另外关系数据管理模型追求高度的一致性和正确性，而在扩展性、异构环境支持方面较差，因此不适应于大数据的分析。国际上更多采用易于横向扩展的且性价比较高的集群系统（如 Hadoop）和硬件平台运行分布式文件系统（如 HDFS），对存储的大量数据采用 MapReduce 技术进行并行处理分析。

14.2 油气大数据体系框架

14.2.1 数字油气田典型大数据体系框架

数字油气田是综合性油田公司信息化发展的必然趋势。数字油气田是指以信息技术为手段，全面实现油气田实体和企业的数字化、网络化、智能化和可视化，即数字油气田是一个以数字地球为技术导向、以油气田实体为对象、以地理空间坐标为依据，利用多分辨率海量数据和多种数据融合、可用多媒体、虚拟技术进行多维表达，具有空间化、数字化、网络化、智能化和可视化特征的技术系统。

目前规划的数字油气田大数据体系框架分为四个层次，从下到上依次为数据采集层、数据管理层、数据服务层、辅助决策层，数字油气田大数据体系框架如图 14－1 所示。

数据采集层完成油气田各业务的数据采集，包括实时数据、手工录入数据和部分接口数据；数据管理层由数据服务总线（data service bus，DSB）、专业数据库（包括公共数据、油气藏数据、井筒数据、地面数据、经营数据）构成，实现油气田各专业数据的整合集成和管理，为上层业务应用提供标准一致的数据服务；数据服务层包括企业服务总线（enterprise service bus，ESB）、生产应用平台（包括勘探生产管理、开发生产管理、生产运行管理、科研协同、经营管理）；辅助决策层实现勘探开发辅助决策、经营管理辅助决策。

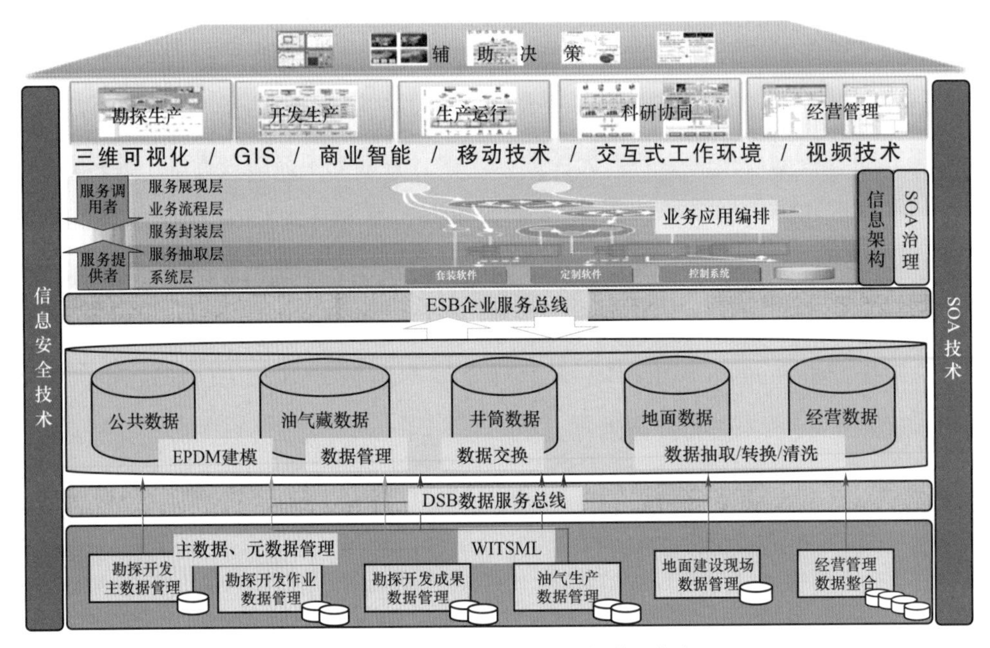

图 14－1　数字油气田大数据体系框架

数字油气田大数据体系的特点是以面向服务架构（service-oriented architecture，SOA）技术作为核心和基础，通过数据服务总线技术整合集成所有数据源，形成覆盖油气田生产、经营、科研所有领域的数据全集。通过企业服务总线技术，开发和集成不同的业务应用，以搭积木的方式组装、编排业务功能，满足业务应用。

1. 数据采集层

建设和完善覆盖油气田各生产业务的数据采集和管理系统，一是建立与应用层分离的专业数据采集层，实现数据的一次采集、统一管理、多业务应用；二是 Web 数据采集，形成内部管理数据以及外部专业数据采集。专业数据采集层架构如图 14－2 所示。

Web 数据采集来源于两部分，一是各应用平台用户访问数据，如日志、搜索记录、查询热点、流量等信息；二是通过访问各专业网站、其他油田网站，通过 Web 挖掘形成可用的专业信息资源库。Web 数据采集框架如图 14－3 所示。

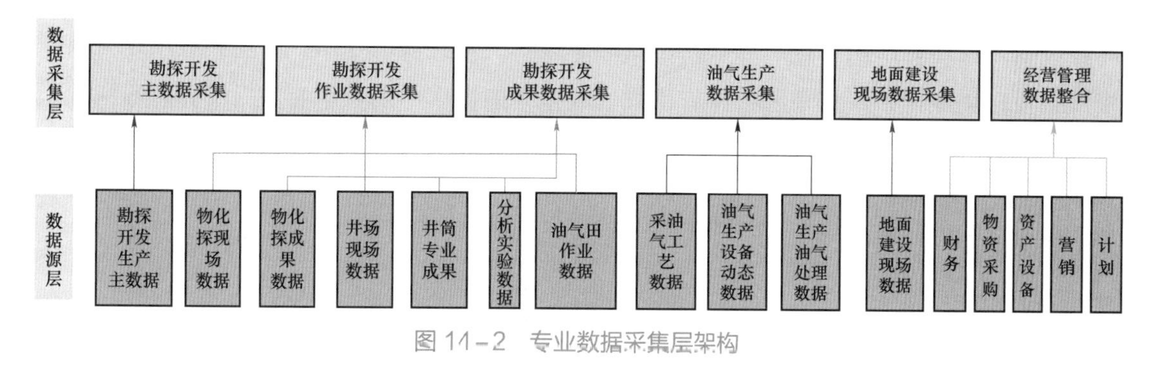

图 14-2 专业数据采集层架构

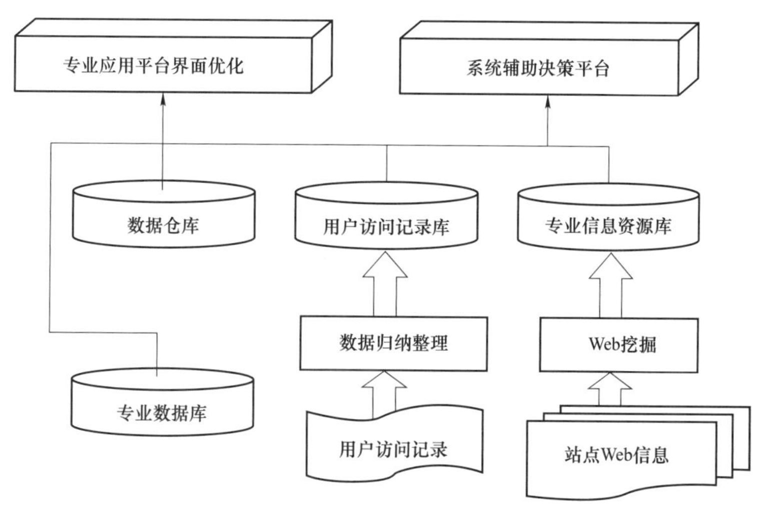

图 14-3 Web 数据采集框架

2. 数据管理层

数据管理是数据业务的核心，首先要确立数据管理的目标，在此基础上完成数据管理体系的规划、实施步骤和实施方法制定。数据管理层由 DSB 数据总线、专业数据库、数据仓库（含 Web 专业信息资源库等辅助库）构成。

（1）DSB 数据总线。数据服务总线又称为企业数据服务总线，它由企业数据总线和企业服务总线构成，是一套面向企业数据资源整合的解决方案。DSB 数据总线的作用是对采集系统过来的数据及 Web 数据、用户访问数据进行数据整合，把数据汇集成覆盖油气田所有业务的数据全集，其核心是采用统一的数据标准、提供共享式数据资源汇总服务。

数据服务总线是借用计算机总线（BUS）概念，当企业内部数据资源海量增长，数据库种类繁多之后，采用这种企业数据总线概念模式，可有效地存储、管理和应用这些数据资源，可以集成几乎所有来源、所有格式的数据并能提供应用。企业数据服务总线构成示意图如图 14－4 所示。

企业服务总线(ESB)
企业服务调用
服务
服务
…
服务
企业数据访问
数据服务总线(DSB)
…
服务数据
服务数据
服务数据
企业数据

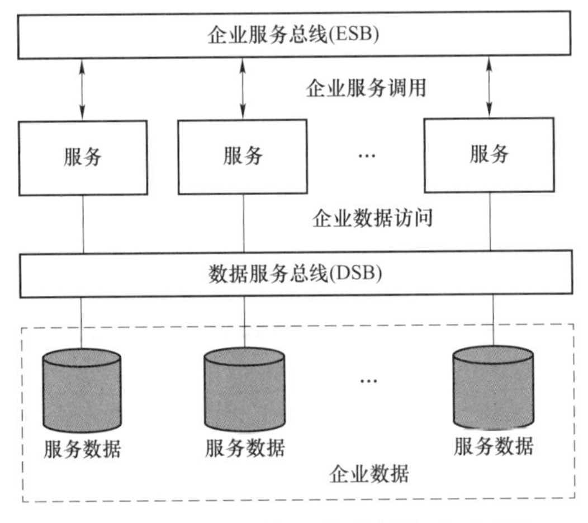

图 14－4　企业数据服务总线构成示意图

企业通常采用 XML 格式进行数据提取和交换，从而便于数据存取也便于数据发布等。现今比较热门的 SOA 设计技术是按照面向服务的分解原则，以业务流程为基础，以企业业务/功能为基本模型，结合虚拟化技术，解决企业数据整合问题。随着计算机技术的发展，已有专门的公司提供相关的服务及整合数据资源的产品（例如 OpenSpirit），此类产品包含的功能通常有各个数据源之间的数据交换、数据汇总和数据发布等。

（2）数据库。采集系统的数据通过 DSB 数据总线，经过数据整合、抽取形成一个大的专业数据库系统，该系统可考虑采用分布式数据库或者完全由虚拟数据库构成。专业数据库由公共数据、油气藏数据、井筒数据、地面数据、经营数据构成，通过上层的企业服务总线，提供数据服务，主要对应于生产应用平台，采用传统的事务处理关系型数据库体系。专业数据库构成如图 14－5 所示。

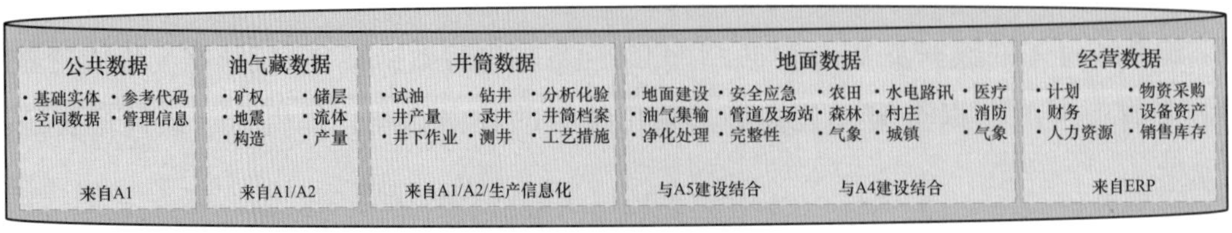

公共数据
·基础实体 ·参考代码
·空间数据 ·管理信息
来自A1
油气藏数据
·矿权 ·储层
·地震 ·流体
·构造 ·产量
来自A1/A2
井筒数据
·试油 ·钻井 ·分析化验
·井产量 ·录井 ·井筒档案
·井下作业 ·测井 ·工艺措施
来自A1/A2/生产信息化
地面数据
·地面建设 ·安全应急 ·农田 ·水电路讯 ·医疗
·油气集输 ·管道及场站 ·森林 ·村庄 ·消防
·净化处理 ·完整性 ·气象 ·城镇 ·气象
与A5建设结合
与A4建设结合
经营数据
·计划 ·物资采购
·财务 ·设备资产
·人力资源 ·销售库存
来自ERP

图 14－5　专业数据库构成

（3）数据仓库。数据仓库主要用于数据挖掘、数据分析，采用列数据库等形式，具有更高的压缩比，可提高数据 I/O 速度、数据访问速度、数据查询速度。数据仓库采用 Hadoop 体系，便于对非结构化或半结构化的文本类、图像、视频类数据进行数据分析，以提供不同的主题服务，数据仓库架构如图 14－6 所示。

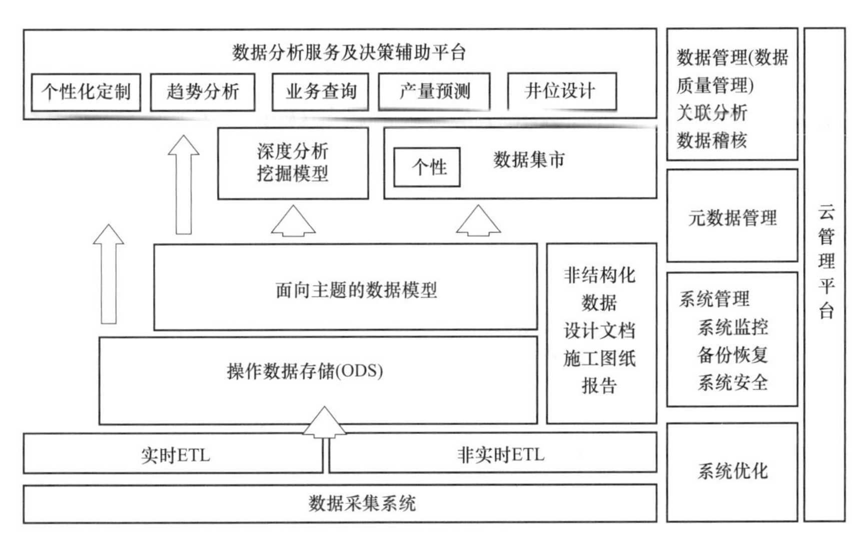

图 14－6 数据仓库架构

3. 数据服务层

数据服务层由企业服务总线（ESB）、专业应用平台、辅助决策平台构成，依托勘探与生产技术数据管理系统、油气水井生产数据管理系统、数字盆地系统等开展勘探与生产数据资源综合应用及科研项目支撑环境的建设和完善，全面支撑科研、管理工作，逐步开展生产智能管理与决策支持应用。数据服务层架构如图 14－7 所示。

企业服务总线是传统中间件技术与 XML、Web 服务等技术结合的产物。ESB 提供了网络中最基本的连接中枢，是构筑企业神经系统的必要元素。ESB 是一种可以提供可靠的、有保证的消息技术的最新方法，其通过抽取专业数据库和数据仓库的数据，向不同的业务应用自动推送或分发数据，形成高效率的、优化的数据流。

14.2.2 数据业务体系架构

基于传统数字油气田大数据体系框架，结合大数据应用思路，将数据业务体系分为数据建设、数据管理、数据服务三层数据业务体系，数据业务体系架构如图 14-8 所示。

数据业务体系架构的核心思想是基于大数据的设计思想指导，加强数据挖掘与数据分析，健全数据采集、数据集成、数据应用、辅助决策的数据业务体系；通过强化数据业务的组织机构、职能和制度建设，建立和完善组织管理、数据标准、信息安全、系统运维四大保障体系。

将数据库系统分为两部分，一部分为应对各专业应用平台日常事务处理的专业数据库系统，另一部分为用于数据分析的数据仓库（也可采用 Hadoop 技术的 NoSQL 数据库等）。在数据源上新增了 Web 数据或网络数据，这部分数据主要用于数据分析和形成专业信息资源库，它将有助于辅助决策，优化用户体验等。

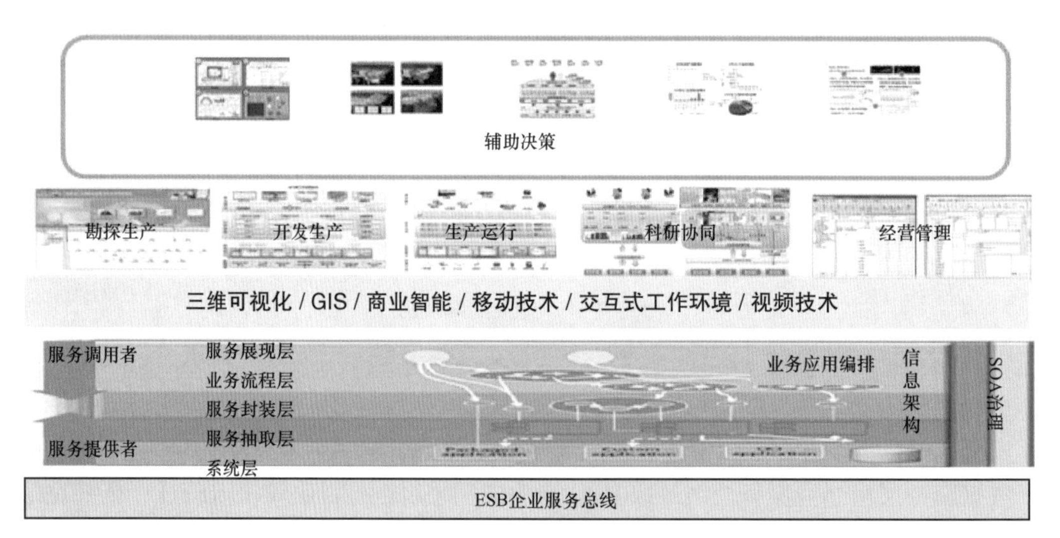

图 14-7　数据服务层架构

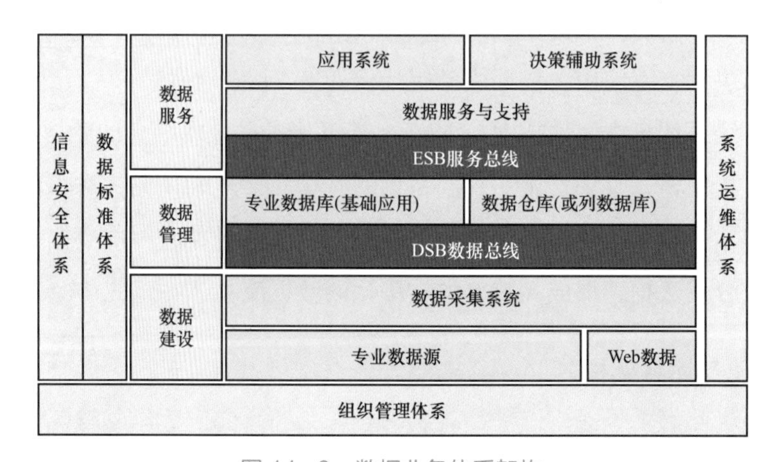

图 14-8　数据业务体系架构

14.2.3 数据平台化管理

数据平台化管理是增强企业竞争优势的重要因素，针对业务和应用服务，在实践中逐步完善和加强数据的管理能力，其贯穿从数据源的采集到转换获取再到存储处理展现的全过程。

由于以往油气田各业务系统之间各自分离，因此可通过平台建立统一标准的数据仓库，从而把数据按照一定的主题域进行组织。主题域是与传统数据库的面向应用相对应的，是一个抽象概念，是在较高层次上将企业信息系统中的数据综合、归类并进行分析利用。每一个主题域对应一个宏观的分析领域，可形成专题分析。数据仓库还可以方便排除对决策无用的数据，提供特定主题的简明视图，方便业务分析和使用。数据平台架构如图 14－9 所示。

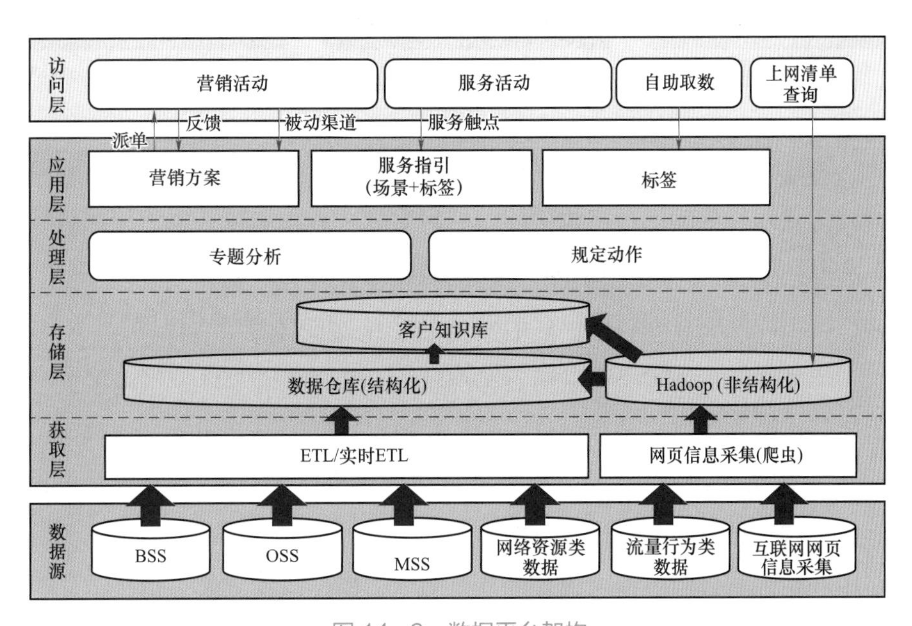

图 14－9 数据平台架构

14.3 西南油气数字气田应用

2018 年，西南油气田龙王庙组气藏勘探获得突破，与工程建设同步开展了数字化气田建设示范工程项目，西南油气田龙王庙组气藏数字气田建设示范工程如图 14－10 所示。该项目应用多源数据集成、专业可视化分析等技术，搭建“数字化井筒”“数字化气藏”“数字化地面”三个全生命周期资产可视化管理子系统，为勘探开发生产管理提供生产智能分析平台。数字化气田建设示范工程实现了以物联网为基础的大数据应用集成，对油气生产和石油工程技术业务的发展、管理模式的提升、劳动生产率的提高有显著效果。

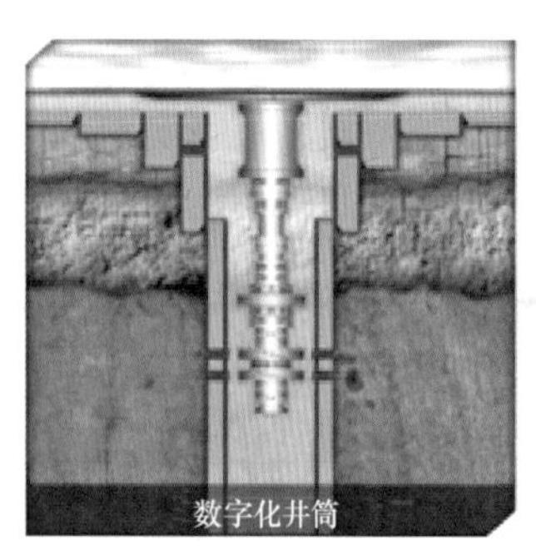

图 14－10　西南油气田龙王庙组气藏数字气田建设示范工程

（1）油气生产领域。通过智能管理、电子巡井等功能，实现生产过程实时监控、软件量油、工况分析等，将现场生产由传统的经验型管理、人工巡检转变为智能管理、电子巡井，节约了人力，降低了劳动强度，提高了工作效率。通过管理模式优化和生产方式转变，油气田现场实现了由分散管理向集中管控的模式转变，由劳动密集型向知识密集型的转变，有效减少了一线生产人员，降本增效作用显著。

（2）工程技术服务领域。系统促进了现场作业过程中装备、系统、人员的全方位“融合”，实现了作业现场的各种仪器设备数据的自动采集和实时传输，为作业全过程搭建了及时、准确、协同的数据收集、整理、分析的业务平台。将数据资源和专家资源后移，并实现跨专业集中利用，有效促进业务模式的三个转变，即促进现场施工由传统作业方式向实时作业方式转变、促进技术支持由专家频繁奔赴现场向专家普遍远程监控和有重点去现场相结合转变、促进施工作业由以个人经验为主向专家会诊与技术知识库支撑相结合的方式转变。

（3）油气运营管理领域。通过对油田生产实时监测、自动计量、过程监控、智能预警等系统功能应用，减少员工在高温、高压、有毒有害环境下的现场操作时间，降低安全生产风险，保障安全生产；通过生产可视、数据自动采集等功能，有效降低生产能耗，并可及时发现生产异常情况，避免因异常发现较晚而造成对设备的损坏；通过对油气生产、处理和输送过程进行实时监测，实现防盗防泄漏，有效地避免因油气泄漏造成的环境污染；通过建立基于大数据的预警预测分析算法，实现预测、预警等功能，在故障发生前即可及时告知生产人员，提前消除生产隐患，降低生产运行风险，有效提高生产效率。

15 可再生能源大数据应用

气候变化对全球自然生态系统产生显著影响，温度升高、海平面上升、极端气候事件频发给人类生存和发展带来了严峻挑战。工业革命以来的人类活动，特别是发达国家大量消费化石能源所产生的二氧化碳累积排放，导致大气中温室气体浓度显著增加，加剧了全球气候变暖。2016 年 11 月正式生效的《巴黎协定》，要求世界各国共同行动使全球温升控制在 2℃左右并努力达到 1.5℃。

新能源是能源转型的重要力量，未来将在我国能源发展中占主导地位。自《可再生能源法》颁布实施以来，新能源发展取得显著成绩，2019 年年底我国新能源发电装机超过 4 亿 kW，占电源总装机比重超过 20%，连续七年位居世界第一。党的十九大报告指出，壮大清洁能源产业，推进能源生产和消费革命，构建清洁低碳、安全高效的能源体系。由于可再生能源具有清洁、环保的特点并且取之不尽、用之不竭，因此可再生能源将在我国推动能源生产和消费革命中扮演重要角色，未来将逐步从辅助能源向主力能源转变。

15.1 可再生能源行业大数据应用现状

当前，可再生能源行业迅速发展，其多源、多态及异构数据的数量呈指数级增长，需要相应的广域采集、高效存储和快速处理技术予以支撑，基于大数据的可再生能源应用也应运而生。

15.1.1 国内外可再生能源行业大数据应用概况

“大数据+可再生能源”是大数据技术在可再生能源领域的深入应用，同时可再生能源生产、输送、消费等过程与大数据技术的深度交叉，将加速推进能源产业发展及商业模式创新。

1. 国外应用概况

在国外，可再生能源行业大数据应用部分以与智能电网相结合的方式存在。美国得克萨斯州奥斯丁市实施的以电力为核心的智慧城市项目，以电力为中心构建能源数据综合服务平台，以智能电网设备为基础，在发电端采集光伏发电、风电等可再生能源发电数据，在负荷端采集智能家电、电动汽车、燃气、供水等数据，形成一个能源数据的综合服务平台，通过大数据分析，在节能环保、新技术推广、研发测试以及用户端等方面发挥了重要平台服务支撑作用。德国联邦经济和技术部开展的未来能源系统（E-Energy）的技术促进计划，计划在 6 个示范项目中普遍利用大数据技术，分别从促进可再生能源发展、开发商业模式、能源服务、能源交易等角度给出解决方案。加拿大新不伦瑞克实施了 PowerShift Atlantic 项目，通过控制热水器、空调、通风机、制冷系统等来持续跟踪风力发电的变动，以保证负荷侧与可再生能源发电侧的动态实时平衡。

2. 国内应用概况

（1）新能源数字经济平台。随着新能源规模越来越大，消纳要求越来越高，规划建设、并网服务、技术支撑、市场交易等方面的矛盾与不足也愈发突显。国家电网有限公司以建设具有中国特色国际领先的能源互联网企业战略目标为指引，创新提出建设新能源数字经济平台（国网新能源云），通过新一代信息技术与新能源业务深度融合，解决新能源高质量发展在并网服务、运行消纳、补贴管理、信息咨询等方面存在的难点和痛点问题，打造新能源生态圈，促进新能源产业链上下游共同发展。新能源数字经济平台遵循全面质量管理（plan do check act，PDCA）管理步骤，建设了环境承载、资源分布、规划计划、厂商用户、电源企业、电网服务、用电客户、电价补贴、供需预测、储能服务、消纳计算、技术咨询、法规政策、辅助决策、大数据服务（支撑服务碳中和）等 15 个功能子平台，构建了完备的新能源数字经济平台系统架构，旨在建立“横向协同，纵向贯通”和“全环节、全贯通、全覆盖、全生态、全场景”的新能源开放服务体系。新能源数字经济平台可实现如下功能：

1）实现新能源规划、前期、建设、并网、运行、交易、补贴等各个环节的全流程贯通和业务统筹。对外提供“一站式”业务线上办理服务，将之前新能源并网全过程的 34 个环节压缩到 19 个，接网业务办理环节简化了 26%。

2）建成海量新能源电站运行监测系统。累计接入新能源场站 170 万余座，总装机容量 3.7 亿 kW，可以动态监测接入平台的每一座风电场、光伏电站的逐小时发电功率、发电量、弃电量等运行指标，日运行数据量超过 1T。

3）开发新能源消纳能力计算、评估、预警、发布功能。可以动态评估各地区新能源消纳状况，滚动计算分区域、分省、地市县分层分级新能源消纳能力，实时预测月度、季度、年度及中长期的弃电量、利用率、可接纳新增装机裕量等指标，引导新能源科学开发和布局。

4）配合政府开展新能源补贴目录管理。落实国家关于要求电网企业开展可再生能源补贴项目管理的工作部署，开发了补贴项目线上填报、审核、发布功能，为电源用户及能源主管部门提供线上一站式补贴项目清单申报审核服务，并动态监测分析可再生能源发电成本、上网及补贴电价、电费补贴结算情况，服务新能源投资分析，辅助政府决策及行业监管。2020 年共发布十批可再生能源补贴，完成公示程序后纳入可再生能源发电项目补贴清单项目数量 15845 个，项目总容量 8799 万 kW。

5）打造国内最大的政策和技术交流平台，向社会各界提供最新的政策法规解读和最前沿的国内外技术资讯。各类用户均可在线开展技术、政策检索及互动交流，及时获取有关专家解读。

（2）青海能源大数据中心。针对青海资源禀赋，为满足新能源发展需要，青海能源大数据中心以支撑能源电力清洁低碳转型为目标，实现对接入可再生能源电站的集中智能监控、生产运行管理、业务智能分析及设备故障预警等功能。提供新能源电站集中监控、功率预测、设备健康管理、电站运营托管、金融服务及共享储能等 15 类业务应用，有效推动了发电侧数字化进程，提升了新能源场站的运维水平，让运营更加人性化。2020 年 11 月，青海能源大数据中心已接入新能源电站 217 座，发电容量达 700 万 kW，7 家新能源企业 48 座电站实现了“无人值班、少人值守”，降低电站运维成本超过 40%。青海能源大数据中心充分应用智能化、网络化、数字化手段，推动能源技术与工业互联网深度融合，创新推出系列数据增值服务，为能源全产业链发展提供有力支撑，形成了覆盖“源网荷储”的能源产业链生态圈，让产业链各方充分享受到大数据带来的价值红利，实现共生共赢。

（3）可再生能源企业应用。可再生能源企业也对大数据技术应用进行了积极探索。

风电行业的金风科技等公司通过分析实时采集数据，对数量巨大的风电设备进行在线监测，帮助或代替风电运维人员实现远程监控，实现对设备的高效管理，同时利用积累的历史数据等对风资源进行评估，为风电场的合理选址奠定数据基础。

光伏行业的阳光电源公司建立了智慧光伏云平台，以云平台大数据为基础，包括利用现代化通信手段及智能软/硬件技术，实现跨平台集成化应用的大规模光伏电站运维管理集成解决方案，以帮助建立完整的管理平台，规范电站管理体系，利用平台打造与培养规范化运维团队，提升电站的运维效率、降低度电成本，并促使电站资产管理透明化，对电站状态进行实时掌控，对电站运行数据深度挖掘，支撑辅助决策，支撑电站运营金融化、证券化。

智慧低碳园区方面，林洋能源公司采用“$1+N+T$”模式，即打造1个平台，接入N个子系统，支撑T个灵活的能源交易，通过搭建虚拟微网，构建清洁分布式能源的柔性生产和消纳体系，实现对光伏、冷热电联产、地源热泵等多能互补的分布式能源系统，以及工厂、商业区、学校、村镇等终端用能负载进行综合能源管理，使园区达到最低的碳排放量、最合理的能源分配、最节能的能源成本。

15.1.2 可再生能源发展面临的挑战

近年来可再生能源发展迅速，随着其发展规模越来越大，规划建设、并网服务、技术支撑、市场交易、消纳等方面的矛盾与不足愈发突显，可再生能源行业发展主要面临四个方面的问题。

1. 源网协调运行问题

以光伏发电、风电为代表的可再生能源发电，主要依赖于实际环境中的太阳辐照、风速情况，具有随机性、间歇性、波动性和不可控性等特点，发电出力准确预测有较大的难度。电力系统运行调度主要根据发电预测制定发电计划，若电力系统的灵活性不足，将无法实现全额消纳可再生能源发电。为了实现源网协调运行，既需要优化电力系统运行调度方式，亦需要提高可再生能源发电侧预测的准确度。基于前者，调度方式应以经济性最优为目标逐步向绿色调度过渡，在保证电网安全、可靠运行的前提下，尽可能地消纳和支撑可再生能源发电；基于后者，急需在发电侧设备层面和技术层面实现技术创新，如采用大数据技术，根据可再生能源电站智能设备的历史数据，通过大数据分析和挖掘提高可再生能源预测准确度度，为准确调度提供源侧支撑。

2. 标准体系尚不完善

以风电、光伏发电为代表的可再生能源发电的发展时间较短，实际运行积累数据有限，可再生能源发电技术仍在不断更新，标准体系也在逐步完善，但仍存在部分标准体系缺失或部分标准体系滞后于技术发展等问题，在实际工程应用时无相关标准支撑。

在部分标准体系缺失方面，如风电场和大型地面光伏电站的能量管理系统相关标准空白，包括自动电压控制（auto voltage control，AVC）/自动发电量控制（automatic generation control，AGC）的技术指标；风电机组和光伏发电单元的试验技术标准、在线监测技术标准、故障诊断分析评估等相关标准空白，不足以支持精益化的维护。

在标准体系滞后方面，以光伏组件、逆变器的容配比为例，早期光伏系统的容配比一般设计为 1:1，随着光伏电站范围的逐步扩大，部分电站的逆变器长期不能满载运行，出现以超配比方式降低系统度电成本，提高光资源利用率的现象。光资源强度不同、组件安装角度不同、电网对电站的运行要求不同，均会影响组件、逆变器间的最优容配比选择。2020 年 10 月，国家能源局颁布《光伏发电效率规范》，容配比正式放开，不再受 1:1 的限制。但相关配套标准仍多基于容配比 1:1，无法适应和服务于新规范的应用。从技术规范或是长久的规模化发展，均急需积累、分析更多的实际电站运行大数据，以帮助标准建立。通过确立行业标准、国家标准、国际标准等多层次的产业技术标准体系的方式，可提升技术发展层次，提高管理效率。

3. 分布式发电高渗透问题

2017 年以来，分布式光伏发电发展迅猛，成为可再生能源发电的重要组成部分。当中低压配电网中的分布式电源容量达到较高比例时，将改变配电网的网络结构，给电网暂态、稳态稳定运行带来影响；由于分布式发电的容量相对较小，相对于大电网来讲是一个不可控源，难以调度，给电网系统运行管理带来困难。未来，微电网技术和需求侧管理将可为解决大规模分布式发电接入提供有效方法。微电网将电源、负荷、储能和控制等有机组合形成微型电力系统，利用多种分布式发电为本地负荷供电，可减少高渗透分布式发电对电网的冲击，为用户提供优质电力，协调电网与分布式发电之间的矛盾。需求侧管理通过合理配置负荷侧资源，使得负荷侧主动适应源侧，采用的方式包括峰谷分时电价等，改变用户用电习惯和用电方式，使得源荷平衡呈现正向分布，从而提高分布式电源利用率，降低用户的用电成本。

4. 智能运维提效问题

随着越来越多的可再生能源电站投入运行，设备运行维护成为不可避免的问题之一。不同于传统能源，可再生能源设备数目相对更多，设备类型也复杂得多，且设备分布较为分散，若采用传统的人工运维方式，将大大增加运维成本和运维难度。以光伏电站的故障定位为例，一个容量为 0.1 万 kW 的组串式电站可能包含数千块组件、数十个汇流箱和逆变器等其他类型设备，若采用传统方式在数千块组件中定位出故障组件，需要消耗大量时间，而且还有可能出现定位不准的情况。在此背景下大数据和人工智能等新型技术则十分必要，其可结合设备自身的信息流传递，利用数据化、智能化运维提升故障探测能力和预防性维护效率，提升电站的发电能力。

15.1.3 可再生能源行业大数据特点及应用前景

1. 可再生能源行业大数据特点

可再生能源领域大数据应用亦属于大数据范畴，更具有可再生能源自身行业特点。

（1）数据数量大。从设备数量上来看，和以往一个传统电站只包含几台机组不同，一个新能源场站通常包含大量不同层级的设备。截至 2020 年年底，全国并网风电 2.8 亿 kW，并网太阳能发电 2.5 亿 kW，这样的装机容量背景下，各不同层级的设备数量相当庞大，先进的传感器技术和通信技术使得可再生能源海量运营数据等信息更易被获取。从时间尺度上来看，由于可再生能源发电惯性小的特点，在秒级时间级别能量数据和信息数据可能就已经发生改变，在快速利用数据判别的应用场景中，需要时间间隔更短、密度更大的数据。

（2）数据类型多。从可再生能源设备全生命周期的角度来看，采集的数据呈现多源多态特性，主要可以分为结构化数据、非结构化数据和半结构化数据三类。结构化数据包括支路电压、电流、直流功率等设备运行状态参数和环境参数等，可以用二维表结构来表征，用关系型数据库来处理。非结构化数据包括如地面电站本地监控视频信息、图片信息等不能用一定规则直接刻画的数据集。半结构化数据是介于两者之间的数据，如设备的维护保养记录、绩效类数据等。

（3）处理速度快。可再生能源产生的电力、传输、配送及消费均为瞬间同步进行，实时性要求较高。从可再生能源特点来看，其等效转动惯量较小，受外界随机环境影响大，可再生能源设备的运行参数变化相对较快，若要实时跟踪其运行状态，则数据的处理速度也要相应地提高。从实时运维的角度来看，在故障发生后更换损坏部件或者是过早地更换完好的部件，均不是最佳维护方案，合理的维护方案应是及时维护，即在设备即将失效时及时安排更换、维修，因此就需要实时数据分析处理速度达到一定的速度。

（4）商业价值高。依托大数据技术，通过对数据进行抽取、清洗、转换、加载（extract-transform-load，ETL）等处理，能够从可再生能源系统的海量数据中剔除无价值数据项或干扰数据项，基于数据挖掘技术将原本隐性的问题或知识显性化，将单纯的数据转化为价值，提炼出来的知识可以反馈给产品研发和生产部门，用于产品质量和可靠性提升，亦可将显示知识进行固化，帮助电站运维人员开展自动化管理和运维。

2. 可再生能源行业大数据技术难点

为了满足可再生能源领域的多场景应用，实现其高价值性，技术上需要在以下几个方面持续提升。

（1）海量数据采集和存储技术方面。利用传感器等各类终端设备从源头上采集准确、有效、可靠及合理精度的海量数据，采用多态异构数据的高效、可靠、低成本存储模式。

（2）不同类型数据之间的兼容性问题。针对不同类型数据之间的兼容性问题，实现以结构化数据为主，并和非结构化数据、半结构化数据有效融合，避免各类数据信息间的隔绝。

（3）指数级增长的海量数据处理速度提升和大数据挖掘分析技术方面。结合行业专家知识，以具体目标问题为导向，利用ETL处理技术对海量数据进行预处理，利用聚类、回归、时间序列等技术进行数据驱动分析，利用神经网络、机器学习和人工智能等技术发现知识。

3. 可再生能源行业大数据应用前景

虽然可再生能源行业大数据应用在技术方面仍有难点，但是应用前景十分广阔，发展最核心驱动力即为大数据技术带来的价值。随着技术的进步，可再生能源领域设备端产生的数据也在不断增长，但这些数据所蕴含的价值、信息和知识远远没有被充分挖掘，其知识提炼有很大提升空间。随着传感器技术和通信技术的发展，实时获取数据的成本会降到可接受范围之内。同时，嵌入式系统、低能耗半导体、云计算等技术的逐渐成熟也会大大提高可再生能源设备的运算处理能力，使得实时处理大数据成为可能。

从发展前景来看，可再生能源系统规模逐步增大，市场运行和交易规则不断变化，单纯地完全依赖人的经验和知识去分析和决策，无法实现精细化管理、智能管理和协同管理，需要依托大数据技术作为技术提升和管理模式优化的“催化剂”，支撑智慧能源体系建设，助推国家能源清洁转型和新能源装备制造业高质量发展，服务碳中和目标实现。

15.2　风电大数据应用

15.2.1　应用需求

随着风电装机规模快速扩大，风电行业对大数据的需求和迫切性将大大超越其他基础能源行业。首先，风电开发对风资源等自然资源条件评估的准确度有较高的要求，但是测风不确定性、风场气象数据处理误差、气象年际波动以及流场软件评估误差等诸多不确定性风险使得投资决策面临着一定的风险。其次，风电场大多处于偏远地区、检修维护需要高空作业，与火电等传统发电设备相比风力发电设备单机容量小、发电机组数量多、分布分散，传统的电力设备管理思维及管理方式使得风力发电的成本居高不下，这些特点给风电高效运营管理带来了不少困难。在电力生产环节，风电装机的大量接入，打破了传统相对“静态”的电力生产，电能的不可储存性以及风电出力的不可计划性给电力安全稳定运行带来了不少困难。随着政府补贴资金的逐步退坡，如何创新技术，将清洁风能高效转化成电力是风电行业追求的目标。随着信息技术、互联网技术、大数据技术的迅速发展，这些碎片化的发电设备的各种特性能够被传感器所感知，并通过互联网传输，以数据的形式集中融合，为降低能源成本带来可能。

风力发电具有数量大、种类多、设备分散等特点，在企业经营过程和设备全寿命周期产生了海量数据，这些数据蕴含着企业运营、设备运行维护、气象环境、电网运行、物资物料等大量信息。要从大数据中获取真正的商业价值，需要基于系统支持建立更广泛的数据连接，对广泛来源数据进行有洞察力的建模和集成分析。通过对风电相关数据的挖掘，分析其中的规律，将宏观与微观选址、风功率预测、故障预警与故障诊断、故障处理、后评估、经济寿命评价、物资采购与定额等诸多问题纳入到全周期分析中，分析结论将更准确、更经济，可为企业在投资回报、运营优化、资源配置、管理提升和企业战略等多层面提供有效的数据支撑。

1. 风资源评估及站址选择

风资源评估及站址选择是风电开发投资中至关重要的环节，风资源评估的准确性决定着风电场全寿命期的输入及产出。风电行业风资源评估是由开发商收集气象数据与地形数据，通过计算流体动力学（computation fluid dynamics，CFD）软件计算模拟得到，这种计算需要大量的地形数据、风资源数据以及计算资源，风资源选址模拟图如图 15－1 所示。

图 15－1　风资源选址模拟图

我国风电发展早期，采用以丹麦国家实验室开发的风能资源分析处理软件（WASP）为代表的线性简化求解器，在 PC 机上快速获得风资源评估结果，WASP 很快成为风电场设计的标准软件之一。由于线性模型理论上不能反映较大坡度地形的风况规律，为了提升复杂山地风场风资源评估精度，以及满足风机安全复核的需求，将求解雷诺平均 Navier-stokes 方程的 CFD 技术应用到了风电行业。随着计算机技术的发展，风电行业开始使用台式工作站上的 CFD 软件。这类软件在台式工作站（32～48 核）上仿真一个常规 5 万 kW 风电场 12 个扇区需要约 1 天的时间。随着高性能计算、云平台和 CFD 技术的快速发展，新一代风电场风流 CFD 仿真软件随之应运而出，这类仿真软件应用大数据技术，支持高性能并行计算。CFD 仿真应用中最重要的就是网格生成，网格粗，离散误差大；网格细，需要计算资源庞大，耗费计算时间多。一般认为 10m 左右的水平网格能够精细地反映地形特征对风机的影响，垂直网格分辨率应在紧贴地面的 100m 内布置 10～20 层网格。精细模拟一个常规风电场（12km×12km 左右）的网格量为 1000 万～4000 万，大型风电场（30km×30km）的网格量在 8000 万以上。此外，对于复杂地形风电场，稍许变化的来流方向会导致风电场风加速因子关系发生显著变化。丹麦 Risø 国家实验室专家建议复杂地形至少采用 36 个扇区的模拟，在最好的单机工作站上 CFD 仿真计算至少需要一周时间。

很多风电开发企业拥有自己的风资源分析软件，但数据获取困难、硬件计算能力不足，实际项目大多数有多方案、多参数，当前计算单个项目、单方案的 CFD 模拟计算就需要一天半时间，全部进行计算则需要一周时间或更长，效率极低。设计数据与风场运行后数据分别在不同的系统中，数据获取、对比和分析缺乏工具和手段，风场设计后评估开展困难。复杂地形风电场部分风机的发电量与预期相差较大，缺乏风电场设计后评估和优化前期设计的有效方法和手段，项目前期资料、风场设计资料无管理工具，共享、查阅不便。

由于大数据技术的应用，计算资源更充足更灵活。在风电场规划选址阶段，可基于高性能并行计算，利用 CFD 仿真软件处理上亿的网格量，利用上千的 CPU 并行计算，将每个项目 CFD 仿真时间从数天降至小时级别，采用多种优化算法以总发电功率最大为目标，生成优化的风机布局。在风电场投运后，可通过大数据技术将公共天气数据、风电场设计数据、风电场实时流体模型数据、风电场设备运行数据、风电场生产检修数据、风机设计数据、风机模拟数据等全寿命周期的风电企业数据整合成一体，基于公共信息模型把现实存在广泛关联的数据建立起系统化数据链接，支持强大的数据管理、数据质量和数据治理模型，并利用 Hadoop 等大数据技术平台管理上 PB 级对象数据、采样数据、风资源和地理数据等，提供结构化数据和非结构化数据访问，以不同方式有效管理不同的数据集。对风电场进行多角度综合后评估并提供知识反馈，优化前期设计过程，建立风电设计端与运维端之间的知识双向传递和闭环机制。

2. 发电功率预测

随着风电装机规模的逐渐增大，风电发电的间歇性、随机性、波动性以及逆调峰性对电网运行影响愈发明显。电网调度需要对风电的发电功率有更加准确的预测，合理安排发电计划，减少系统的旋转备用容量，增加不同能源间的协同和互补，提高电网运行的经济性，提高电网接纳风电的能力。

风电功率预测按时间尺度可以分为长期（数年）、中期（一周）、短期（0～72h）、超短期（0～4h）；按预测范围可以分为单台风机与风力机群；按照预测原理分为基于历史数据预测、物理模型预测以及组合预测。风电功率预测模型构建需要以历史大气数据、历史风速、历史功率、地理条件、历史风电场机组情况为基础，输入参数包括实时大气数据、天气预报结果、风电场机组情况（预测时间段风电机组实际运行数量与最大功率），输出风电场预测功率。对于某一给定风电场，地理条件与风电场机组情况基本长期不变，预测工作主要在于构建风速预测模型、构建功率和风速函数。风电功率预测主要有以下两种方法。

（1）基于准确天气预报运用基本预测方法。国际上较为通用的做法是基于准确天气预报运用基本预测方法，该方法得到的预测结果准确程度取决于天气预报的准确性。这种方法对数据来源要求较高，包括从天气预报系统得到的天气数据（风速、风向、气压等），风电场周围的地理信息（等高线、粗糙度、障碍物等）以及风电机组的技术参数（功率曲线、轮毂高度、穿透系数等）。将天气预报系统的天气预测结果与风电场周围的地理信息结合，计算得到风电机组轮毂高度处的风速、风向等信息，根据风机功率曲线、风场分布计算风电场的输出功率。风电场包含了诸多不确定的系统，不仅无法准确预测如台风、冰雹、大部件故障以及社会异常事件等不可抗力因素，而且风电场选择地点的不同因素诸如东部沿海海洋性气候、西北内地大陆性气候、东北地区山地影响、南方地区丘陵地貌都会对风电场的功率特性产生影响。

（2）基于历史功率数据的预测模型。另一种预测方法是基于历史功率数据的预测模型，需要应用诸如事件序列、灰色模型、神经网络等算法，需要大量的历史数据和计算资源。依托大数据技术强大的计算能力、存储能力可以有效整合全球多家权威气象机构的领先气象预报模式和数据，能够高效地实现多维度、复杂气象要素，以及极端气象事件的全球范围高精度、高分辨率集合数值天气预报，进一步降低气象预报误差。随着能源物联网的兴起，大量的风、光等新能源资产接入互联网，将遍布全球的每一个风机点位都打造成为一个气象监测站，通过构建起全球气象监测网络形成巨大的新能源资产运行数据库，能够帮助预测系统有效地将气象预报误差降低，持续提升预测精度。除了通过大数据技术降低气象误差，大数据可以基于风机物理模型，并采用先进机器学习算法分析每台风机，掌握从风的感知到能量生产和传输的整体脉络，找到每个风机个体的发电特性并针对性地进行功率预报，降低风电功率预测误差。

3. 高效运行管理

伴随风电开发规模的不断增大，风电场运维管理面临项目位置分散、人员需求增长过快、风机运行管理工作量日益增大，风电场产能评估、风机性能后评估和远程风机运维服务技术相对落后等问题。同时，电网安全运行对风电场运维管理以及对于异常信号、设备缺陷处理的准确性和及时性提出了更高的要求，需要有与之匹配的技术手段、管理机制和系统组织方案予以支持。

针对此问题，风电运营企业利用先进的云计算、大数据、物联网技术搭建集风电场集中监控、风电场智慧运维、风机效能评估、风机健康管理、风场后评估等功能的数字化开放平台，可通过该平台对风电场进行统一设备监控和管理，从而降低风电场人工运维成本、提高安全运行经济效益。

建立统一的风电大数据云平台和大数据应用，可服务于科学选型、优化设计、优化设备运行性能、规范生产、优化运维策略、科学运营分析等方面，其主要功能如下。

（1）提高风电场设计精度，提升风电场投资价值。利用风电大数据云平台高性能的计算资源，为微观选址提供更精细的气象数据和 CFD 仿真，优化风电场规划设计，提升风电场投资价值。

（2）实现设备部件科学选型，持续优化产品设计。依托大数据挖掘分析手段，基于设备运行数据，尤其是各种部件故障和备件使用的数据，对设备可靠性和经济性进行评价，为后续设备部件、配件采购科学选型及后续产品设计优化提供依据。

（3）实现运维效率效益提升。基于电站及设备多维度数据（静态数据、实时运行数据、气象数据、运维数据等），实现对多个电站、单个电站和所有设备的绩效分析，提供科学运维方案制定，将运维从传统周期性巡检转变成预测性维护，指导服务人员对电站及设备进行针对性维护，大幅降低运维成本，提高设备运行效率，降低设备故障率和停机时间，增加设备发电量。

（4）提升企业生产管理经营水平。在实时掌控所有设备运行状态的基础上，建立生产运维标准化、专业化体系，实现业务流程闭环管理。基于生产运行数据分析、优化备件、服务人员等资源配置，实现精益管控，降低生产成本，提升企业生产效率和管理水平。基于实时数据和生产业务数据，实现数字化运营分析、关键绩效指标（key performance indicator，KPI）对标和全面绩效考核，辅助企业经营决策。

（5）培育新业务、新模式、新业态。基于风电大数据云平台和大数据应用，组建远程技术支持、大数据分析/挖掘、大数据平台运维等团队，形成故障快速响应、处理组织体系，提升设备运行水平，提升技术管控能力，积累形成企业数据资产和数据模型资产，为企业可持续发展提供有力支撑和保障。

15.2.2 风电大数据平台架构

1. 整体架构

风电大数据平台基于物联网、大数据、互联网软件开发技术，构建包括多种终端显示的电子化监控和管理系统，以服务风电站监控和运维。

风电大数据平台采用实时数据库系统和Hadoop集群作为风电数据业务处理平台，实现数据采集接入、清洗、实时存储、分析建模、故障告警、运维管理、数据交互、数据可视化等方面的能力，风电大数据平台系统提供了相关基础大数据平台组件，如HDFS、Spark、HBase、Storm、Kafka、Hive、Sqoop等组件。从风电场场站实时和离线接入风电机组主控系统、SCADA系统、状态监测系统、功率调度系统、风功率预测系统等业务数据，将设备、人员以及流程以数字化形式集中汇集于系统中，并对数据分析处理，以达到对设备、人员以及执行流程的全部管控。风电大数据平台总体业务体系如图15－2所示。

风电大数据平台整体架构如图15－3所示，风电大数据平台主要由资产管理系统、风电大数据平台和智慧运维系统三部分组成。资产管理系统提供所有电站资产的设备档案管理、运行检修管理、备品备件管理、供应商管理、客户管理和故障知识库管理等功能。风电大数据平台提供了数据采集、传输、数据预处理、存储、计算、数据分析、故障诊断分析、数据展现等多种功能。智慧运维系统根据风电大数据平台所产生的各种告警以及预警提示，结合资产管理平台对设备设置的周期性维护要求，结合智能移动App，实现对设备、运维人员、流程三者的统一管理，确保所有工作都按照要求、在指定时间和地点完成，并将操作过程返回给资产管理系统。

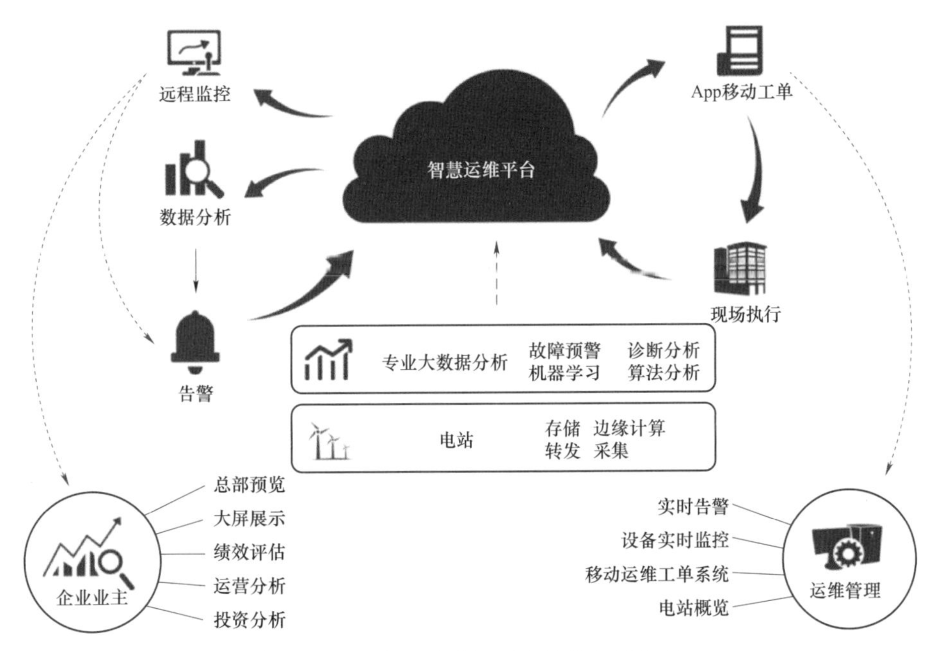

图 15-2　风电大数据平台总体业务体系

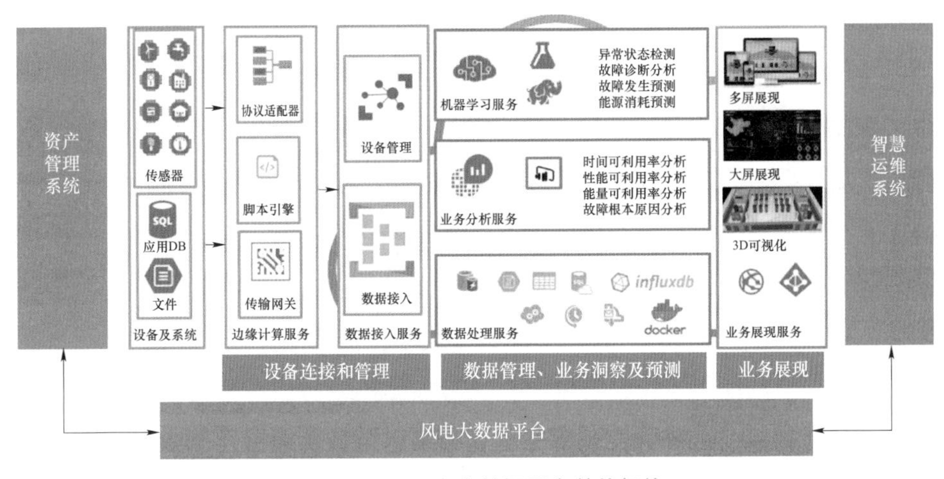

图 15-3　风电大数据平台整体架构

2. 技术架构

风电大数据平台采用物联网云平台概念搭建，各个风电站风电机组主控系统、

SCADA 系统、状态监测系统、功率调度系统、风功率预测系统等设备以及各种运营相关的输入终端数据会以实时或者离线输出方式接入云平台。云平台提供了一个集中处理场所来完成数据实时清洗、数据存储、分析建模、故障告警等多种功能的数据云计算，同时提供了系统后台的 Rest API 接口应用层程序，用于支持 Web 端监控系统、移动端 App，以及数据可视化大屏监控。风电大数据平台技术架构如图 15－4 所示。

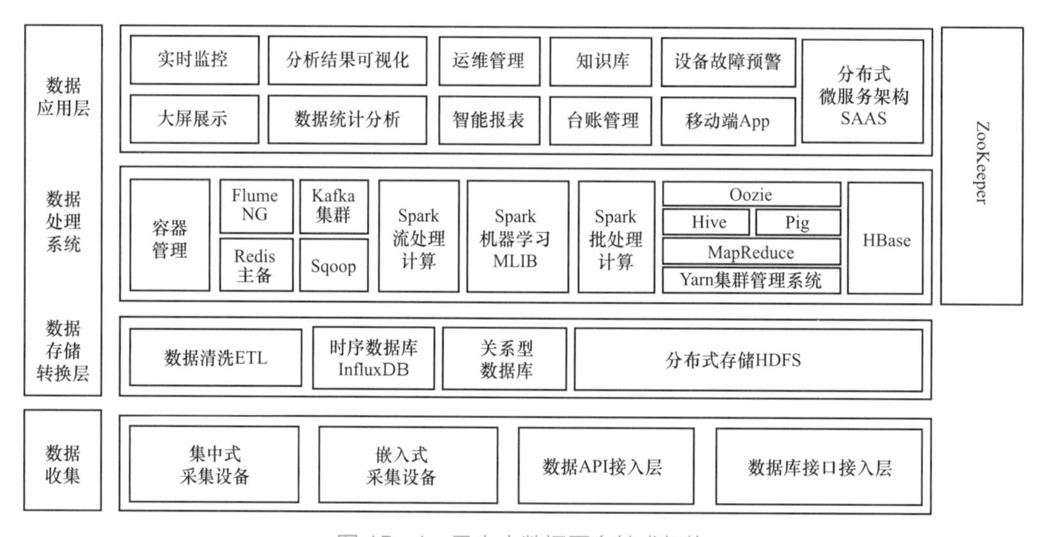

图 15－4　风电大数据平台技术架构

风电大数据平台支持公有云、私有云、混合云等多种部署方式，可根据数据量或者计算增长动态扩展。系统提供的多种组件及相关服务都以容器形式呈现，使用 Docker 集群把软件和底层系统架构完全隔离开，使用 Mesos 和 Marathon 管理 Docker 集群，以达到更加动态有效地降低共享资源，提供失败侦测、任务发布、任务跟踪、任务监控、低层次资源管理和细粒度资源共享。

风电大数据平台功能主要包括数据收集、数据操作、数据分析以及平台运维管理等方面。风电大数据平台功能如图 15－5 所示。技术方案可以根据业务需求在线横向增加节点和纵向扩充资源配置以提升处理量，统一平台的多种数据类型、数据结构、数据模式之间可提供相互转换、存储等，以降低数据的复杂性。平台的数据处理能力是并行扩展的，通过提供增量处理、流式计算技术和工具，完成离线计算、准实时计算、实时计算任务。平台提供和机器学习、算法建模工具的标准接口以保证灵活性，使其可以根据业务需求选择相应的大数据挖掘和计算实现方式。

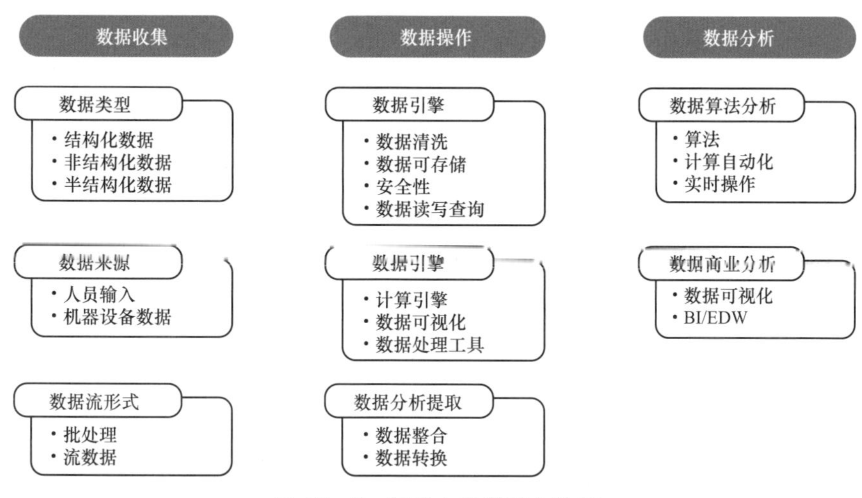

图 15-5　风电大数据平台功能

风电大数据的数据类型主要是运营中产生的各种数据，各个风电站机组主控系统、SCADA 系统、状态监测系统、功率调度系统、风功率预测系统等设备产生的数据，系统支持数据以批处理形式离线或者设备流数据形态输入，其中包括结构化、半结构化和非结构化数据。系统使用 Flume NG 来收集不同数据源产生的海量日志数据，完成数据聚合，并将数据存储到中心化数据库中；使用 Sqoop 来完成第三方提供的关系型数据库（MySQL、Oracle 等）数据和 Hadoop 中分布式数据库数据之间的互相转换，可以提供大量结构化和半结构化数据的自动传输。

数据操作中主要包含对离线数据和实时流数据两部分数据的计算和存储。前者不具备实时处理的速度要求，但是数据可能包含多种存在形式（结构化、非结构化等），随着数据量的增大，数据查询存取和数据分析速度都会成为瓶颈。系统采用 Hadoop 开源框架来完成对这部分数据的处理和存储控制，采用 HBase 分布式数据库来提供这部分数据的存储操作，使用 Hive、MapReduce/Yarn 来满足海量离线数据计算能力的要求。流数据的处理与离线数据差别比较大，要求实时性和数据结构化，采用 Spark Streaming 来提供流数据计算，利用 InfluxDB 时序数据库来完成流数据聚合后的存储，以对近期/实时数据提供最优查询速度。

在数据基础操作（比如数据读取、聚合、数据查询）基础上，数据分析需要更加强大的计算能力支持，是机器学习相关算法类数据分析的特点。数据可视化和数据商业价值分析也会涉及大量数据计算量支持，系统使用 Spark ML Pipeline 构建了一套高层 API 接口，为机器学习算法应用提供了方便；使用 Hive（数据仓库）来完成对数据更高层次的挖掘分析。

3. 数据架构

数据仓库是数据架构设计中重点考虑的内容，统一数据仓库建立在大数据平台的云架构上，是基于 Hadoop 分布式处理的软件框架，从数据整合、数据存储、数据处理、数据分析、平台服务几个层次进行统一设计和实现，商务智能（business intelligence，BI）采用物理上统一、逻辑上各取所需的策略。大数据平台的数据架构如图 15–6 所示。

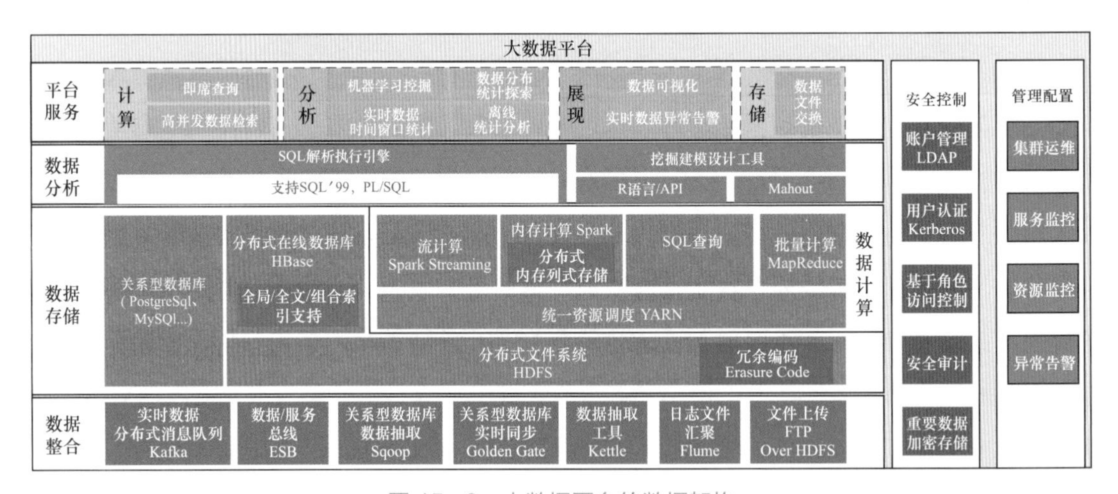

图 15–6　大数据平台的数据架构

通过企业服务总线解决信息系统集成问题，为系统间的集成应用提供基础设施保障。数据仓库的数据采集方式既可通过 ESB 通道在业务系统抽取数据，也可通过大数据平台的实时数据交换平台进行数据交互，还可通过 ESB 与业务系统进行数据交换。

15.2.3　大数据应用场景

1. 风机状态评估及预警

风电场投运之后，由于风机数量较多、分布较广，各机组所处的微观环境各不相同，加上风机各部件的质量存在差异，各个机组实际的运行状态和实际出力并不相同，采用统一的运行和维护策略将会导致发电量损失和维护资源浪费，因此，采用一定的算法合理评估各风机实际运行状态，优化运维策略意义重大。

通过引入风电场 SCADA 系统、振动监测系统等机组运行状态数据和风机技术监督试验数据，根据风机发电量、平均无故障时间、实际功率曲线、可利用率、投产时间等多项指标与运行状态之间的关系，结合风电机组关键部件的劣化程度评估方法，建立风电机组状态评估模型，可动态评估风电场内各机组运行状态。运行人员可以根据风机的不同状态制定不同运维策略，如限电期间优先投运状态较优的机组，确保电网调度任务完成；备品备件优先保障运行状态较优的机组使用等。运行人员还可以根据风机运行状态制定合理的维护资源优化策略，建立基于运行状态的风机检修计划，优化风机维护投入与发电产出比。

建立基于大数据挖掘和分析的健康状态评估及预警功能，基于秒级实时风机监控数据、振动数据，通过机器学习算法，衡量设备健康度，提供关键部件健康预警与状态维护提示。

通过对风机可靠性的提升和亚健康状态的及时辨识定位和诊断，单座风电场保守估计可提升年发电量 1%～2%。部分风电场达到无人/少人化、集控化、流动维护化的条件，场均减少运维人员 2～3 人。按企业 150 个风电场，其中 2/3 风电场实现集控，分析风电场值班无人化、部分流动维护化的情况，可综合减少定员 300 人以上，节省人员成本约 3000 万元/年。

2. 备品备件分析

风电场投运后，其运维成本主要由运维人员成本和备品备件成本组成。为了有效提高风电场运行效益，通过对风电场运行数据、故障数据以及运维人员故障处理数据的深度挖掘分析，利用分析结果优化检修基地设置，可有效降低检修成本，提高检修效率；优化风电场人员配置，实现无人或少人值守，缓解专业运维人员有限与运维规模持续增长的矛盾。同时，还可通过深度挖掘，统计分析各区域风场备品备件使用情况，提供备品备件消耗分析、资金成本分析、定额分析，建立统一调配策略，提高其利用率，减少资金占用，降低运营成本，为备品备件的科学配置提供依据。

备品备件消耗分析是根据备品备件出库情况，结合备品备件相关工单，对不同维修工作类型、不同厂家、不同机型、不同季节、不同地域的备品备件消耗进行分析，并进行备品备件消耗预估。

资金成本分析是对库存备品备件存储周期、占用金额进行分析，评估备品备件占用的资金成本。

定额分析是根据备品备件消耗情况、备品备件库存管理相关规定（备品备件资产所属及优先调拨模式）和资金成本分析，分析库存定额，形成最低定额建议，并对现有库存进行最低定额超限提醒。

通过定检模式向状态检修、状态维护模式的进化，可节省约10%的备品备件成本。

15.3 光伏大数据应用

15.3.1 应用需求

光伏电站类型丰富，如大型地面集中电站、工业屋顶分布电站和家庭光伏电站等，具有规模大、设备多、分布广的特点。光伏电站数量多，电站内关键设备也较多，先进、完整的传感器设备为设备数据采集提供了通道，并产生了海量数据，一个10万kW的大型电站每天产生的数据量能达到20GB。光伏电站数据信息涵盖了电站建设数据、设备运行状态参数、设备运行所在的环境参数、设备的维修保养记录、绩效类数据和设备监控信息等多维、全链条、全周期数据，为大数据应用提供了数据基础。

随着光伏电站规模的迅猛增长，在电站日常管理和运维过程中遇到了一系列问题，具体问题如下。

（1）如何实现不同类型电站间的统一管理。

（2）电站设备来自不同厂家，质量不一，如何分析和评价设备性能。

（3）如何及时发现隐患，实现精准定位故障。

（4）光伏电站数量多、面积大，人工巡检耗时耗力，如何对众多电站开展有效集中管理，释放人力，提高工作效率。

（5）电站运维人员技能水平不齐，如何最大化利用专家经验，共享专家经验，服务于不同层级的运维人员。

（6）在电站故障发生后，如何保证及时消缺提高发电量。

（7）电站告警可能频发，如何聚焦关键业务，如何准备关键故障的应急预案。

（8）电站报表工作格式多变，内容繁杂，如何快速获取客观、准确、全面的电站报表等。

15.3.2 大数据云平台架构

智能光伏大数据致力于打造光伏发电信息采集全覆盖、数据资源全共享、统计分析全自动、人机状态全监控、生产过程全记录，故障预测安全、高效、先进的大数据云平台。

1. 整体架构

大数据云平台架构包括数据架构、技术架构、应用架构和业务架构。数据架构既是基础也是核心，技术架构辅以具体的技术实现途径，应用架构帮助支撑数据自动化流动，业务架构是价值实现的目标。平台架构应满足以下原则。

（1）先进性。采用先进的系统架构和网络通信技术设备，保障平台的技术寿命和后期升级可延续性。

（2）开放性、扩展性。平台架构应充分考虑扩展性，采用标准化设计，严格遵循相关技术的国际、国内和行业标准，科学预测未来增长需求，进行余量设计，采用模块化结构，便于系统扩容。

（3）经济性、实用性。在满足功能和性能的前提下，降低平台建设成本。

（4）易管理性、易维护性。实现人机对话界面简洁友好，操作简便灵活和硬件、软件的稳定易用。

（5）可靠性、安全性。保证平台具有较高的可靠性、较强的容错能力、良好的恢复能力。

2. 应用架构

大数据云平台的应用架构采用分层设计，包括基础设施层、资源框架层、应用服务层和业务表现层。应用架构体系如图 15–7 所示。

基础设施层包括服务器、通信设备、防火墙和存储设备等硬件设备，遵循跨平台、与平台无关的设计原则，支持主流服务器、网络等硬件系统和 Windows、Linux 等操作系统，应用中间件支持 JBOSS、Tomcat 等技术标准和主流产品。

资源框架层按照相关的技术标准，构建各类应用资源的基础构件和标准引擎，实现软产品可持续、可扩展、高复用的特点，既充分满足用户当前需求，又保障将来应用的持续扩展。

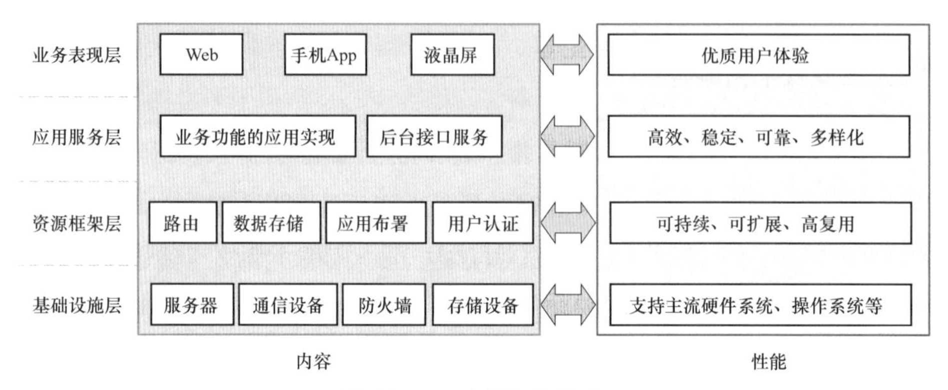

图 15–7 应用架构体系

应用服务层提供业务功能的应用实现，通过调用资源框架层的基础公共构件和标准引擎，以满足不同的业务需求；采用统一通信协议等标准协议，实现应用间的通信高效、稳定、可靠；提供后台数据接口以供用户使用。

业务表现层基于 Web 等技术标准和交互式设计等，搭建用户人机界面，以优质用户体验和价值创造为目标。

3. 数据架构

大数据云平台的数据架构整体可分为数据提供层、数据服务合作层和数据服务消费层。数据提供层为基础层；数据服务合作层为核心层，是连接数据提供层和数据服务消费层的中间环节；数据服务消费层为目标层。数据架构分层如图 15–8 所示。

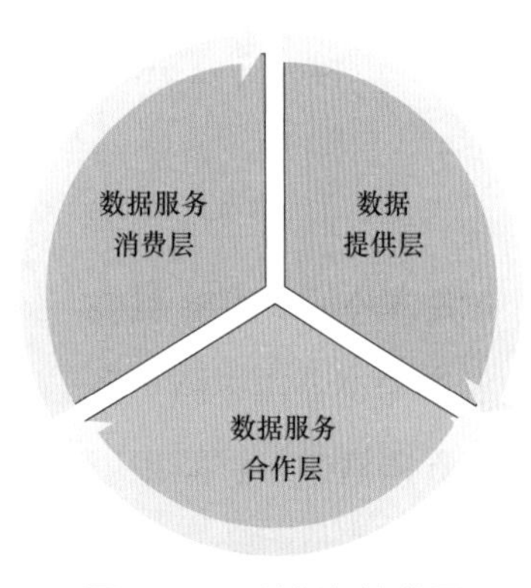

图 15–8 数据架构分层

将数据架构分层进一步细划分，数据提供层包括数据产生、数据采集、数据集成和数据存储等，数据服务合作层包括数据预处理、数据分析、数据挖掘、机器学习、人工智能和可视化分析，数据服务消费层主要是大数据应用。数据架构体系如图 15–9 所示。

（1）数据产生。数据产生为数据的提供者和源头，是整个数据分析的基石。数据产生层的数据大多来自非同一设备，带有各自的空间属性和时间属性，多具有异构性。对于数据内容，可以按照数据结构化程度、空间尺度和时间尺度进行划分。

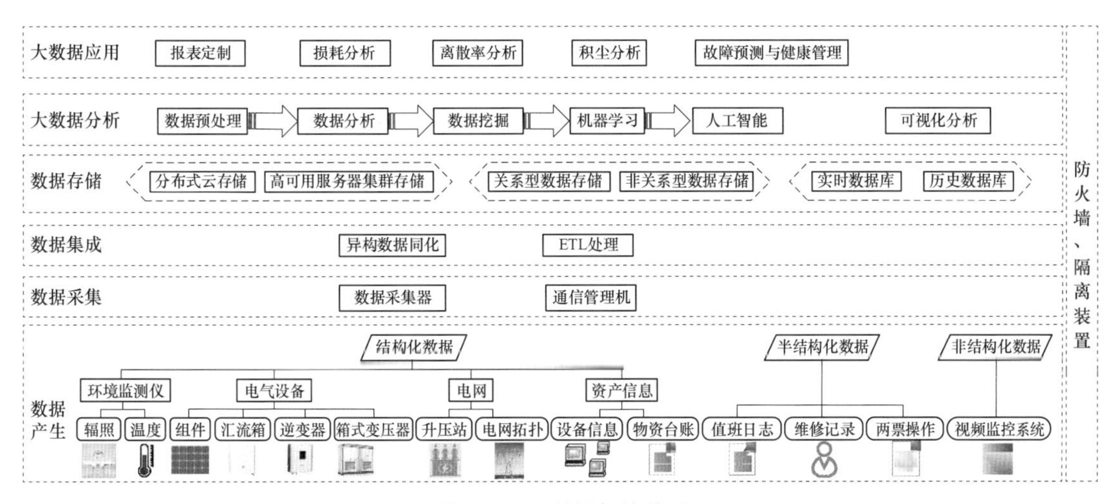

图 15-9 数据架构体系

按照数据结构化程度划分，可以分为结构化数据、半结构化数据和非结构化数据。结构化数据包括环境监测仪、电气设备、电网和资产等产生的信息，其产生的辐照、温度、电气信息和设备信息等数据均可直接用二维表格的形式展示；半结构化数据包括值班日志、维修记录和两票操作等；非结构化数据包括图片信息和视频信息等。

按照空间尺度划分，可以分为电池片级、组件级、逆变器级、电站级。电池片级的采集数据信息为电池片电压、电流、表面红外成像图片等；组件级包含组件电压、组件电流、组件背板温度等；逆变器级有直流侧各支路电压、电流、直流功率，交流侧频率、相电压、线电流有效值、有功功率，以及机内温度之类的环境参数等；电站级包括逆变器类型、电站地理位置、电站辐照资源、环境温度、电站人员配置、运维记录等。

按照时间尺度划分，可按年度、季度、月度、天、小时、分钟、秒、毫秒等不同颗粒度进行划分，并非所有的数据信息都需要细颗粒度，不必要的过细颗粒度信息会带来数据量冗余，在实际中，需要根据实际目标平衡数据颗粒度和数据量，进行最优颗粒度数据采集。比如电压、电流等实时关键信息所需的颗粒度需要相对较小，大型计划检修记录可只需要选择粗颗粒度。

（2）数据采集。数据采集层利用传感器、终端和感知技术，通过数据采集技术和通信管理，对电站各类设备数据、日志、视频等数据进行完整、准确、可靠的采集。

以结构化数据采集为例，针对电气一次设备结构化数据，在通信网络中配置 RS-485 和 PLC 传输等，基于多种通信规约采集，如通过 Modbus、IEC104 和 MQTT 等，数据采集要求具有一定的实时性。

（3）数据集成。数据集成层通过 ETL 处理等方式，对采集到的多维异构数据进行同构化预处理，实现把不同来源、格式、特点、性质的数据在逻辑上或物理上有机集成，从而提供全面的数据共享。

由于数据采集层采集到的数据一般多为原始粗糙数据，存在数据种类交叉、数据冗余、数据格式不一致和数据时间戳不同步等问题，一般不能直接用于数据分析，需要依赖 ETL 处理等方式对数据进行清洗、转换，从而来处理低质量数据和缺失数据等。

（4）数据存储。数据存储主要以数据库为媒介进行存储，结合数据存储技术，保证数据存储安全、高效、可靠，低成本的数据存储可为后续数据分析提供有效保障。

对应采集的数据结构化程度，可将数据库类型分为关系型数据库和非关系型数据库。一般多采用实时数据库和历史数据库相结合的方式，实时数据库处理实时数据采样入库，以供数据监视和分析，历史数据库提供历史数据查询。

大数据存储技术主要包括分布式文件系统和分布式数据库。分布式文件系统为其提供数据存储架构，分散在一个网络中，文件通过层级结构和统一的视图在用户之间共享。分布式数据库将数据库管理系统的完整拷贝副本，或者部分拷贝副本放置在不同主机上，并在主机上建立自己局部的数据库分布式库，便于数据管理，同时提供高效的访问速度。对于光伏电站非常重要的数据，采用高可用服务器集群存储。

（5）大数据分析。大数据分析层作为数据提供层和数据应用层的中间纽带，选择数据库中存储的数据，并将现有数据系统中需改善的数据反馈给数据采集层进行优化，应用数据分析方法进行数据处理、分析和知识挖掘。大数据分析包括数据预处理、数据分析、数据挖掘、机器学习、人工智能和可视化分析等。

数据预处理是重要的环节，通常会占用大数据分析过程一半以上的时间，常见的数据预处理包括：

1）数据清洗。用于处理异常值，如由于通信异常造成所采集的电压值缺失或异常变大。常见方法有填充法，删除法等。

2）数据标准化。用于将原始数据转换为无量纲化指标测评值，使得各指标测评值都处于同一个数量级别上，进而可以进行综合测评分析，常见方法有 Min-max 标准化、Z-score 标准化等。

3）数据离散化。用于把连续型数据切分为若干“段”，简约数据，提高模型效率，提离整体信息熵。如光伏组件的转化效率依赖于不同的光谱响应，如果未进行离散分组，不同光谱波长段下的信息就无法完全显露，仅当根据光谱波长进行分组时，其信息才被挖掘出来。常见方法有组距分组、单变量分组和基于信息熵的离散化等。

在数据预处理环节完成后，再根据目标需求选择合理的数据分析和挖掘方式。数据预处理和数据分析环节可能需要反复相互磨合，有效的数据预处理能帮助数据分析更加准确，数据驱动或知识挖掘的结果可以反过来用于指导更新数据预处理方法。专家学者可基于积累的理论研究基础，选择合适的实验方法，建立合理的数学模型、物理模型，展开相关仿真实验，利用建模技术、仿真技术和算法等来推动数据挖掘分析，支撑大数据分析技术理论和分析结果。最后，基于大数据可视化技术和结合用户体验，将数据挖掘结果或固化模型简洁清晰地向用户展示。

（6）大数据应用。大数据服务应用层位于整个数据架构中的顶端，起着问题导向和需求牵引的作用。以光伏发电为例，组件的发电功率受辐照、温度、倾角、积灰、阴影遮挡等要素共同影响，利用大数据技术分析不同要素对组件发电功率的影响，需要选择合适的数据分析方法，如辐照对发电功率的影响是瞬时性的，而灰尘对发电功率的影响基于长时间积累。可将获取的数据分析结果直观简洁地展示给用户，帮助用户决策。如根据大数据分析得出不同季节的最佳组件倾角，可以指导用户或机器人自动调节，获得更大的发电效益；根据灰尘对发电功率影响的大数据分析评估灰尘对发电功率的影响，得出最佳清洗日期；结合企业管理和生产管理等，利用大数据技术，通过对设备、用户、市场等数据的分析，实现对市场需求的预测和判断。

15.3.3 关键技术

1. 数据安全

光伏电站整个系统的安全方案如图 15-10 所示，该系统可分为数据安全、应用安全、系统安全、云平台安全、网络安全和物理安全多个维度。数据安全是整个系统安全保证的重要一环，构建完整的数据库防火墙系统，保护数据不因偶然和恶意原因遭到破坏、更改和泄漏。

（1）数据隔离。利用基础设施和管理区，将网络划分为互联网区和内网区，通过专线连接企业私有数据中心，实现云资源和自有数据中心的资源内网互联互通。

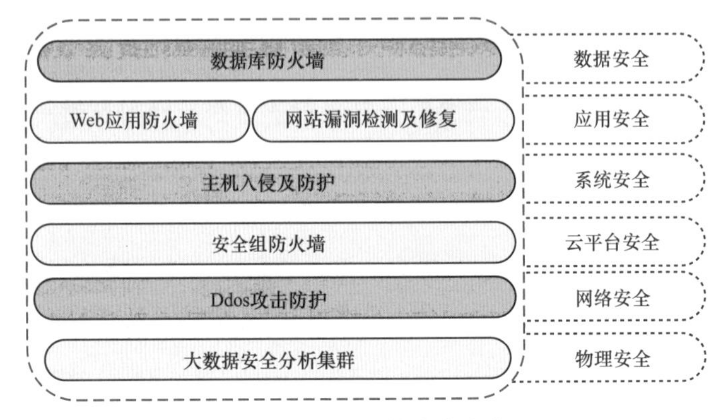

图 15-10　系统安全方案

（2）SQL 注入防御。基于 SQL 语义分析来实现防御 SQL 注入攻击。

（3）数据访问安全。通过技术手段保证客户始终是数据的拥有者和使用者，严格禁止任何未经用户许可的云资源访问和操作。

（4）加密传输。云平台提供标准的加密传输协议，以便满足平台与外界以及系统间传递敏感数据的需求。

（5）多副本分散存储。采用分布式文件系统，将信息分割成许多数据片段，分散存储在不同设备上，并对每个数据片存储多个副本，提升数据存储安全性。

（6）加密存储。通过设备底层实现数据的加密存储，既能保证数据安全，又能保证数据读写性能。

（7）数据审计。通过平台级的访问审计，以及产品级的 SQL 审计、上传下载审计，确保数据的生成、变更、删除和传播有迹可循，使违规的数据操作无法遁形。

（8）数据销毁。保障残留数据的安全清理。对于曾经存储过数据的虚拟设备和虚拟内存，一旦释放和回收，自动填充零值覆盖残留数据信息。对更换和淘汰的存储硬件设备，需统一执行消磁处理后，才可运出数据中心。

2. 数据挖掘

数据挖掘是大数据分析中数据采集、数据集成之后的环节，是通过智能方法在大量数据中进行知识提取的过程。数据挖掘任务可以分为两类，一类为描述性，如统计、特征和属性描述等一般性质，这些统计信息有助于数据填充、数据平滑和数据异常点分析等数据处理；另一类为预测性，根据当前数据归纳和模型构建，得出预测性结论。

光伏数据挖掘常用的模型有分类模型、回归模型、聚类模型和关联模型等。

分类模型多用于光伏功率预测中的天气类型分类等。分类模型一般分为学习阶段和分类阶段，学习阶段用于构建分类模型，分类阶段用于预测样本数据的类别，判断数据分类的准确性，属于一种监督学习。分类模型根据分类器的不同可以分为决策树分类、贝叶斯分类、支持向量机分类和判别分析分类等。为了提高分类准确率，会采用组合分类器，即由多种分类器有机组合而成，如 bagging、Adaboost 和随机森林。

回归模型多用于光伏功率预测等应用场景。一般是由一个或多个预测变量预测一个响应变量值，用于预测连续或有序值。回归模型种类包括多元回归、二项 logistic 回归和无序多分类 logistic 回归等。回归评估可以从预测的准确率、速度、鲁棒性、可伸缩性和可解释性等方面展开。

聚类模型可对光伏电站已有样本数据进行分组，扩大信息熵，进而再用于后续的数据分析等。聚类模型隶属于无监督学习，是将不带标签的数据集划分为多个簇的过程，簇内的数据对象相似性很高，而簇间数据的相似性很低。聚类模型可分为基于划分的 K-means 分类法，基于层次的系统聚类法、Two-step 聚类法，以及基于模型的 Kohonen 神经网络法等。为了检验聚类的效果，一般会对聚类进行评估，包括估计聚类趋势、确定数据集中的簇数和测定质量。

关联模型可用在光伏行业故障预测与健康管理等领域，用于发掘逆变器故障的前兆因素。关联分析用于发现事物的关联规则，即满足一组条件的数据多半也满足另一组条件，常用算法包括 Apriori 算法、GRI 算法、FP-tree 算法和序列模式等。

3. 数据管理

数据管理平台主要从数据管理建设和数据管理标准两个维度展开。

（1）数据管理建设。在新能源电站全生命周期过程中，可研阶段、设计阶段、建设阶段及生产运营阶段都会有大量的数据输出，如果没有对海量数据进行有效管理，将会造成极大的损失和浪费。

电站可研阶段、设计阶段、建设阶段产生的大部分数据均是能被固化的数据，如设计数据、器件数据、供应商数据、制造数据和所在电网结构数据等，按照数据管理标准对上述数据进行自查，看其是否符合规范性、完整性、有效性等指标，在保证自查结果合理后，即可将上述固化数据分类存入研发或项目数据管理平台，形成有效知识库。

电站生产运营阶段产生的数据，有一部分运行数据是不断变化的，这部分数据需接入数据技术平台，进行持久化处理，再输送至数据服务合作层用于后续分析，分析结果可以归档存入研发或项目数据管理平台。其他类型的数据则可以以类似前面三个阶段的处理方式存入研发或项目数据管理平台。

（2）数据管理标准。数据管理标准主要包括大数据的数据质量、能力成熟度、数据资产管理、数据开放共享等，数据管理标准是数据管理的依据和参考，是基础工作，也承担着引导作用。这些标准最终均在具体的应用环境中形成可量化的指标。

数据质量标准主要针对数据质量制定相应的指标要求和规格参数，确保数据在产生、存储、交换和使用等各个环节中的质量，包括定义业务需求及相关业务规则，以及数据质量检测、质量评价、数据溯源等标准。

能力成熟度标准主要针对数据过程能力的规范。

数据资产管理标准主要包括数据架构管理、数据开发、数据操作管理、数据安全等标准，给出数据需求定义和实施规范，对数据资产在使用过程中进行恰当的认证、授权、访问和审计规范，监管对隐私性和机密性的要求，确保数据资产的完整性和安全性。

数据开放共享标准主要对向第三方提供的开放数据包含的内容、格式等进行规范。

15.3.4 智慧光伏云平台

光伏行业利用大数据云平台已实现设备运行监测和远程运维、以 Web 可视化方式向用户实时反馈电站运行状态等功能。

1. 项目基本情况

某屋顶分布式光伏电站坐落在某工业园 20 号厂房和 21 号厂房屋顶，共计 40 台直流汇流箱、20 台逆变器，每台逆变器额定功率 200kW，总装机容量 0.2 万 kW。遵循因地制宜、清洁高效、分散布局、就近利用的原则，充分利用当地太阳能资源，替代和减少化石能源消费。该光伏电站运行方式以用户侧自发自用为主，多余电量接入公共电网，可通过配电系统平衡调节，与公共电网一起为附近用户供电。

2. 项目实施

智能光伏云平台应用现代化通信及智能化软硬件技术，提供光伏电站数据采集，电站监控、运维运营的全套智慧监控管理服务。该平台具备如下特性：一是智能灵活，大数据实时分析平台快速处理数据，故障在线分析平台多维度展示电站数据，提示故障信息，并推送多套消缺方案。二是简洁高效，具备多种标准通信接口，实现电站快速接入及数据分钟级处理；同步推送移动 App，辅助现场运维人员快速消缺故障。三是安全可靠，7×24h 不间断设备监控，可靠性达 99.99%以上。

（1）应用架构层面。平台设计依据最新 IEC 标准、国家标准和电力行业标准，基于成熟可靠的 Java EE 技术架构，依据 Web 2.0 开发标准，借助富互联网应用（rich internet application，RIA）交互式设计，结合地理信息系统（geographic information system，GIS）应用进行实现。

基础设施层支持主流服务器、网络等硬件系统和 Windows、Linux 等操作系统；资源框架层采用 J2EE 规范下的技术标准，包括 Struts、Spring、Ibatis、JMS 等，构建基础公共构件和标准引擎；应用服务层调用资源框架层的基础公共构件和标准引擎，采用统一的通信协议，实现业务功能的应用；业务表现层采用 Web 2.0 的技术标准，实现 RIA 交互方式，在消息确认和格式编排方面提供互动的用户界面。

（2）数据架构层面。电站的智能设备是运行数据来源之一，包括逆变器、汇流箱、环境监测仪、变压器、电能表、UPS、通信装置、电池板、电站、线路保护、解列装置、储能逆变器、采集设备、电站控制、温湿度传感器、智能配电柜、交流配电柜、系统 BMS、阵列 BMS、DC−DC、能量管理系统、跟踪轴、风能变流器等设备。支持数据采集器等采集方式，数据采集间隔为 1s～5min；采集方式多样化，支持无线设备、3G、4G、5G、WiFi 和有线宽带等，并通过补采和本地持久化等支持机制，保证电站数据的完整可靠采集。采用虚拟专用网络技术组建数据传输通道，并支持选择加密安全传输协议，同时在电站侧部署防火墙，防止外部非法用户接入。数据保存年限达 25 年以上，数据存储容量大于 100PB，系统可靠性达到 99.99%，使用高可用及容灾方式存储数据，使用 MySQL 数据库存储关系型数据，采用 MapReduce 等技术对异构数据进行处理。采集的数据存储到站端或平台后，利用大数据技术对历史数据和运行数据进行发电量统计、发电效率分析、电站资产分析、积尘分析和故障预警等，借用可视化技术呈现报表和相关分析结果。

（3）系统安全层面。采用虚拟专有网络（virtual private cloud，VPC）建立一个完全隔离的私有网络环境，通过虚拟路由器、虚拟交换机、自定义路由和安全组件等功能组件，按需配置私有网络的逻辑拓扑和网络配置。面向互联网服务的 Web 应用程序，与不对外开放的后端服务器使用 VxLAN 协议隔离。采用安全利器——DDos 防御，有效抵御各类基于网络层、传输层及应用层的 DDos 攻击，如 ICMP Flood、UDP Flood、TCP Flood、SYN Flood 以及最新的 DNS Query Flood、NTP reply Flood 等。通过主机入侵防护监测系统层和应用层的攻击行为，基于云端联动和基于大数据模型的入侵快速鉴定技术，实时发现黑客入侵行为。采用 SQL 注入防御实现防御 SQL 注入攻击，提供高达 256 位密钥加密强度的 SSL 协议支持，满足敏感数据传输的加密要求，实施分布式文件系统，以提升数据存储的可靠性。

3. 项目实施效果

智能光伏云平台可实现光伏发电信息采集全覆盖、数据资源全共享，提供所属多电站的集中管控、数据监视、运维指导、智能分析、生产管理、资产管理、知识库服务等功能。

（1）集中管控方面。包括生产监视、智能分析、设备管理、物资管理、检修管理、安全管理和辅助决策，可为用户提供所属光伏电站透明化管理、自动化运维、智能化诊断和辅助决策等核心服务，减少发电量损失，降低运维费用；可提供电站评级、电站金融化等业务支撑服务；可构建售前、售中和售后服务体系，全面满足用户在光伏电站全生命周期中各层次管理需求。利用大数据分析功能，可形成一整套跨电站的 KPI 指标来评估电站运营情况及运行健康状态，快速找出短板，给出优化方案；专家人员可以通过系统远程指导一线人员作业，快速完成故障消缺、安全生产，最大化提升电站运营效益。

（2）数据监视方面。通过平台可实时查看当前直流、交流功率，实时发电量，当日累计发电量，等效节约标准煤以及 CO_2 减排量等统计情况。光伏电站信息概览、交流功率和日发电量实时监控分别如图 15－11、图 15－12 所示。

（3）运维指导方面。包括地图服务、实时信息、运行日报等。

1）地图服务。可结合可视化技术和人机交互技术，方便电站运维人员直接查看电站信息以及电站相关的地理位置信息，提高维修效率。

2）实时信息。可进行能效比（performance ratio，PR）分析、电池板温度、环境温度、天气情况以及工单信息数据查询。能效信息和环境信息展示如图 15－13 所示。

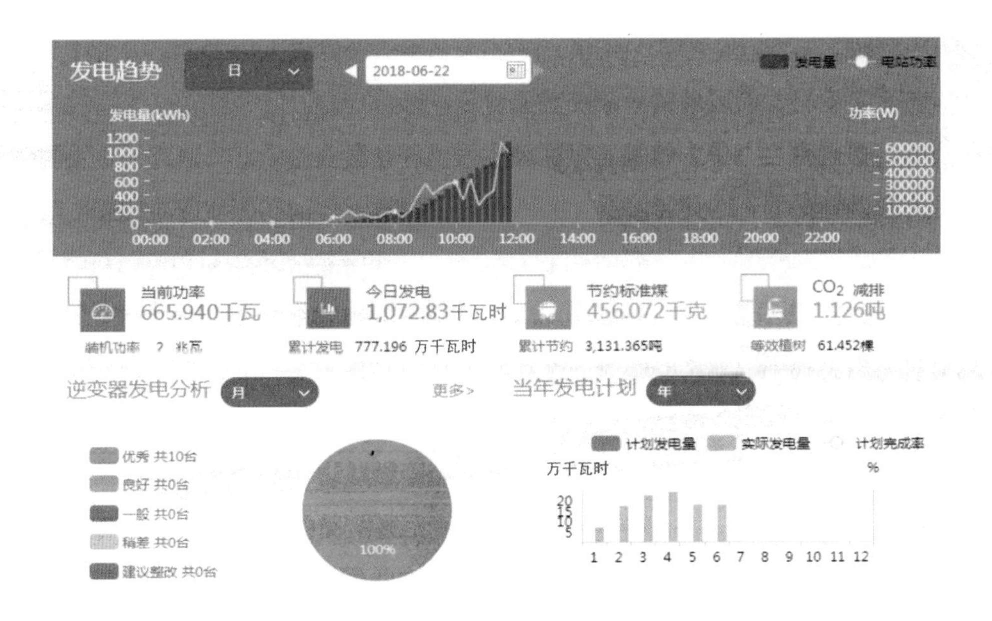

图 15－11　光伏电站信息概览

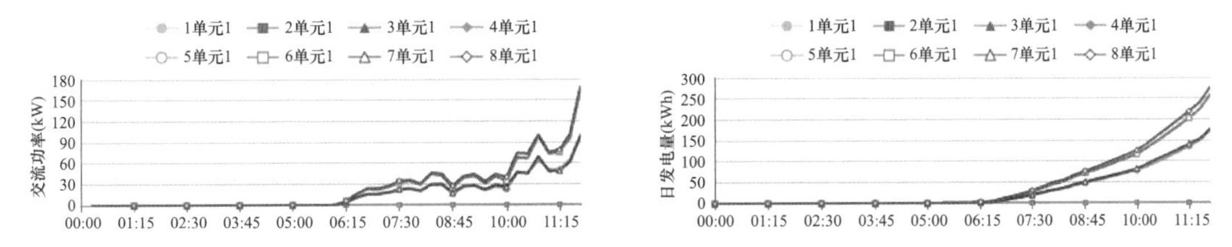

图 15－12　交流功率、日发电量实时监控

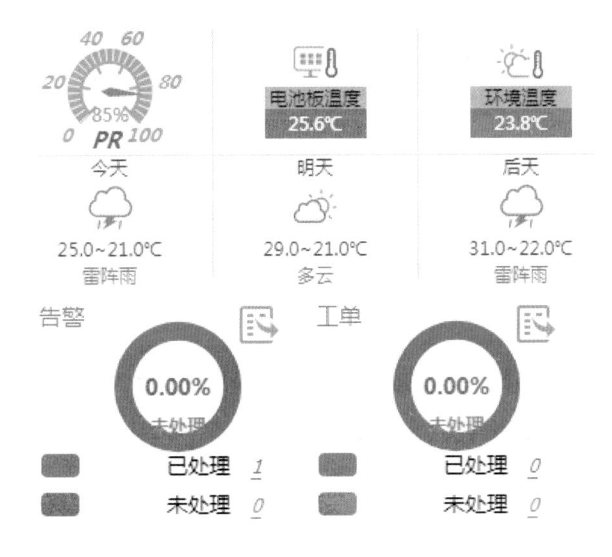

图 15－13　能效信息和环境信息展示

3）运行日报。可自动生成运行月报、运行年报，方便运维人员了解各并网点的发电情况和后续相关分析。电站运行日报如图 15－14 所示。

时间	并网点	环境温度(℃)	电池板温度(℃)	辐照度(w/m²)	风速等级	风向	Uab(V)	Ubc(V)	Uca(V)	Ia(A)	Ib(A)	Ic(A)	有功功率(kW)	小时发电(kWh)	日发电量(kWh)	功率因数	频率(Hz)
7:00	20号厂房#1	22.7	22.7	89	轻风	西北	--	--	--	35.2	35.2	33.6	23.87	14.34	14.34	1	--
	20号厂房#2	22.7	22.7	89	轻风	西北	--	--	--	20	20	18.4	11.25	7.23	7.23	0.9	--
	20号厂房#3	22.7	22.7	89	轻风	西北	--	--	--	21.6	23.2	20.8	14.9	9.6	9.6	1	--
	20号厂房#4	22.7	22.7	89	轻风	西北	--	--	--	32	33.6	33.6	22.58	14.46	14.46	1	--
	21号厂房#5	22.7	22.7	89	轻风	西北	--	--	--	23.2	24	21.6	14.86	8.77	8.77	0.99	--
	21号厂房#6	22.7	22.7	89	轻风	西北	--	--	--	35.2	33.6	33.6	22.45	14.46	14.46	1	--
	21号厂房#7	22.7	22.7	89	轻风	西北	--	--	--	38.4	36.8	35.2	24.21	14.46	14.46	1	--
	21号厂房#8	22.7	22.7	89	轻风	西北	--	--	--	25.6	27.2	24.8	16.02	9.66	9.66	0.94	--
	20号厂房#1	23	23.1	119.6	轻风	北	--	--	--	44.8	46.4	44.8	31.65	32	46.34	1	--
	20号厂房#2	23	23.1	119.6	轻风	北	--	--	--	25.6	24.8	24	15.15	15.23	22.46	0.94	--
	20号厂房#3	23	23.1	119.6	轻风	北	--	--	--	29.6	30.4	28	20.27	19.2	28.8	1	--

图 15－14　电站运行日报

（4）智能分析方面。可实时分析逆变器输入离散率和输出离散率，汇流箱输入离散率和输出离散率，开展损耗分析和除尘分析等。以汇流箱输入离散率分析为例，离散率为各组串电流标准差与组串电流平均值的比值。当光伏电站在正常工作条件下，汇流箱输入离散率反映了所接入汇流箱各路组串的整体运行情况，一般情形下，离散率越低，则各路组串发电性能越集中，一致性越好；反之，离散率越大，稳定程度越低。当汇流箱组串电流离散率低于 5%，汇流箱支路电流运行稳定；离散率为 5%～10%，各支路电流运行情况良好；离散率为 10%～20%，汇流箱支路电流运行情况有待提高；汇流箱组串电流离散率超过 20%，汇流箱支路电流运行情况较差，对电站发电量影响较大，需要及时查找原因并整改。汇流箱离散率分析如图 15－15 所示。

（5）生产管理方面。进行消缺管理和告警管理，录入值班信息、值班日志，形成应急预案、两票操作等。电站运行告警管理如图 15－16 所示。

（6）资产管理方面。以表格形式录入信息。设备信息包括设备编码、厂家信息、购买时间和安装时间；物资信息包括物资名称、物资编码、物资大类、物资仓库、生产厂家、物资价格、物资状态等；备品备件信息包括备品备件清单、出入库清单和库存盘点等。电站设备信息如图 15－17 所示。

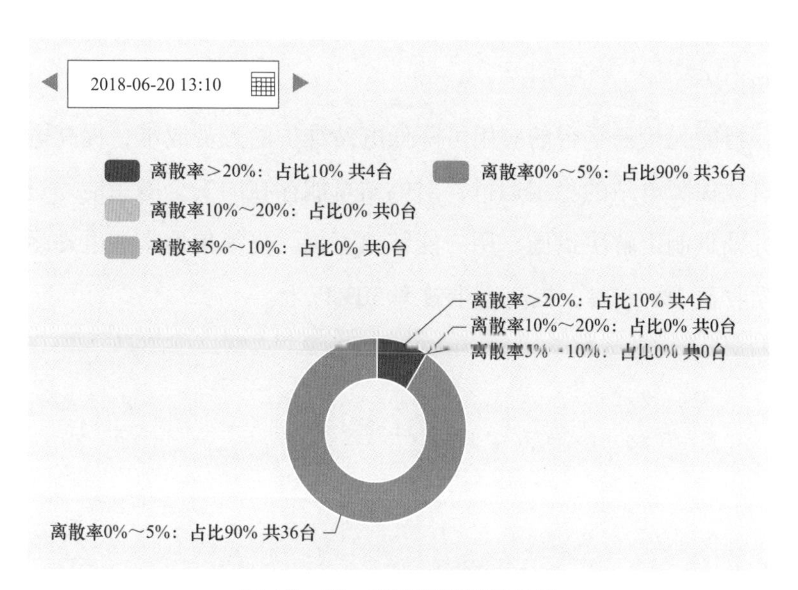

图 15－15　汇流箱离散率分析

电站名称	告警类型	告警级别	告警名称	设备间隔	设备名称	状态	发生时间	恢复时间
合肥京东方电站 B5	提示	一般	第 12 路状态	21 号厂房 5 号_5 单元 1_100K W12 号	PVS23 号	已关闭	2018-06-22 11:15:04	2018-06-22 11:35:45
合肥京东方电站 B5	提示	一般	第 2 路状态	21 号厂房 5 号_5 单元 1_100K W12 号	PVS24 号	已关闭	2018-06-22 11:15:04	2018-06-22 11:35:45
合肥京东方电站 B5	提示	一般	第 11 路状态	21 号厂房 5 号_5 单元 1_100K W12 号	PVS24 号	已关闭	2018-06-22 11:15:04	2018-06-22 11:35:45
合肥京东方电站 B5	提示	一般	第 12 路状态	21 号厂房 5 号_5 单元 1_100K W12 号	PVS24 号	已关闭	2018-06-22 11:15:04	2018-06-22 11:35:45

图 15－16　电站运行告警管理

设备名称	设备编码	设备型号	生产厂家	投运时间	当前状态	操作
1	2	SG1000MX	阳光电源	2016-11-10 09:40:00	可用	
PVS#51	51	其他	其他	2016-04-22 18:38:00	可用	
PVS#52	52	PowerSA-SUNm16 16路汇流箱	阳光电源	2015-11-11 19:49:00	可用	
PVS#53	53	PowerSA-SUNm16 16路汇流箱	阳光电源	2016-04-21 18:36:00	可用	
PVS#54	54	PowerSA-SUNm16 16路汇流箱	阳光电源	2016-02-02 11:32:00	可用	
PVS#55	55	PowerSA-SUNm16 16路汇流箱	阳光电源	2017-06-23 19:20:00	可用	
PVS#56	56	PowerSA-SUNm16 16路汇流箱	阳光电源	2015-11-03 19:35:00	可用	

图 15－17　电站设备信息

（7）知识库服务方面。按照不同的设备类型划分，分别形成定检定修规范和故障维修记录两种类型知识库。

总体来说，智能光伏云平台的应用可降低电站维护的人员成本，提高电站的自动化、智能化水平，有效保障电站的稳定运行；对电站可能存在的安全隐患能通过数据挖掘的方式及早发现，并及早制定解决措施。用户能够更直接、更简单地掌握电站运行状态，每年可提升光伏电站收益3%～7%，提高运维效率50%以上。

16
电力大数据应用

长期以来，窃电问题一直困扰着供电部门，一些企业和个人将盗窃电能降低成本作为获利手段，采取各种方法窃取电量以达到不交或少交电费的目的。窃电的不法行为近年来主要表现为窃电手段高科技化、窃电过程隐蔽化、窃电数量大额化，给国家造成了严重的经济损失，同时由窃电导致事故所造成的间接损失更大。

为了依法维护正常供用电秩序，保障电网公司合法经营权益，推动电网公司高质量发展，电网公司持续开展打击窃电及违约用电专项行动。以往，电力部门用电信息采集系统虽然采集了大量的用户用电数据，但并不能快速、有效、全面地对用电数据和窃电行为进行分析，因此需要借助大数据技术对采集系统所采集的电能数据、工况数据、事件记录数据及线损进行综合分析，实现快速、有效、全面的窃电行为分析。通过深度挖掘电力计量大数据在防窃电方面的应用，根据海量的基础数据对用户用电状态做分析筛查，连接智能防窃电装置实现高级智能防窃电监测功能，可为用电稽查人员提供高效有力的方式和手段，提升供电企业防窃电工作的能力和准确性。

16.1 大数据反窃电分析模型和方法

电力用户用电信息采集系统采集了大量的用户用电数据，但是其应用却大多局限在营销计费等方面。对于防窃电工作而言，其业务所需的许多数据在采集系统中都有相应的基础数据，电力用户用电信息采集系统可用来分析窃电行为类数据，包括电量差动异常、电能表开盖、电能表掉电、电能表停走、电能表失电压、三相电压不平衡等，可分析窃电行为类数据见表 16-1。

表 16-1　　可分析窃电行为类数据

窃电方式	与窃电相关的异常用电信息
欠压法窃电	电量差动异常、电能表开盖、电能表掉电、电能表停走、电能表失电压、三相电压不平衡
欠流法窃电	电量差动异常、电能表开盖、电能表掉电、电能表停走、电能表失电流
移相法窃电	电量差动异常、电能表开盖、电能表掉电、电能表停走、电能表倒走、相序异常、有功功率反向
扩差法窃电	电量差动异常、电能表开盖、电能表掉电、三相电压不平衡、电流过电流、电能表失电压、电能表失电流、恒定磁场干扰
高科技窃电	电能表费率设置异常、电量清零、需量清零、事件清零、电能表时间超差

窃电预警分析模型主要通过计量信息、线损情况、电能表事件、用电行为等综合监测分析，从现场磁场异常、高频信号干扰监测、电能表开盖记录、电能表反走、超容量、电能表编程异常等方面与统计线损以及各类公用变压器、专用变压器基础台账和自动采集负荷数据进行对比分析，对窃电嫌疑进行判定和预警，窃电预警分析模型如图 16-1 所示。

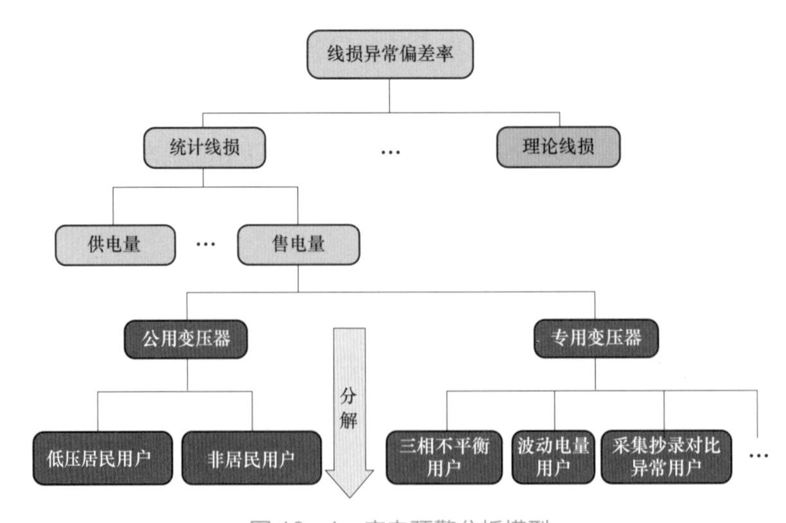

图 16-1　窃电预警分析模型

16.1.1　反窃电相关分析方法

基于反窃电原理，梳理四类分析方法。

1. 三相不平衡分析

三相不平衡是指在电力系统中三相电流（或电压）幅值不一致，且幅值差超过规定范围，通过三相电压、电流的分析，及时发现三相不平衡的线路、台区及用电用户，确定窃电可能的范围，协助确定可能的窃电用户。

2. 零电量分析

零电量客户是指一段时间内用电数据为零，其中既有暂时不用电的客户，也可能有漏抄户、窃电户或表计故障户，通过对零电量用户历史用电数据的深入分析，特别是非延续性零电量用户用电数据的分析，协助确定可能的窃电用户。

3. 波动电量分析

通过对用户历史用电数据、平均用电量数据进行对比分析，对长期或者大幅低于平均用电量的用户进行数据分析，及时发现异常情况，协助确定可能的窃电用户。

4. 采集与抄录电量对比分析

通过采集与抄录电量数据的对比分析，协助发现电力公司员工工作疏漏或帮助电力公司员工发现客户窃电的可能性。同时通过确定的窃电用户行为特征数据的分析，不断补充和完善窃电相关模型，缩小窃电预警范围，提高窃电预警的可靠性。

16.1.2 反窃电相关模型构建

基于数据智能采集和大数据技术，上述分析方法可以分解为以下四种模型。

1. 大用户日用电量异常分析模型

大用户日用电量预警状态的判断逻辑为“日用电量环比波动率$>M_1$”或者“日用电量同比波动率$>M_2$”，则报为大用户用电量异常预警。

其中：日用电量环比波动率=（日用电量－上月日均用电量）/上月日均用电量；日用电量同比波动率=（日用电量－去年同月日均用电量）/去年同月日均用电量；M_1、M_2可按供电单位、用电类别历史值的平均波动情况参考设置，初期均设置为20%。

2. 用户表计失压分析模型

（1）不进行异常判断的情况。“某一时点三相电压读数都为 0”或“某一时点三相电流读数都为 0”或“某一时点三相电压读数存在抄表不成功”或“表计对应计量点的接线方式为单相”，不满足以上要求则判断为异常情况。

（2）计量点电压等级＞380V 并且计量点接线方式为三相三线时，某一时点数据符合以下条件时，即 A、C 两相中任意一相电压读数为 0，另一相电压读数不为 0，判断为该时点电压异常。

（3）“计量点电压等级≤380V 并且计量点接线方式为三相三线”或者“计量点接线方式为三相四线”时，某一时点数据符合以下条件时，即 A、B、C 三相中任意一相或两相电压读数为 0，另两相或一相电压读数不为 0，则判断为该时点电压异常。电压异常时点数不小于 1 个则告警。其中电压读数失压标准“0”和电压异常连续时点数“1”都可以由用户配置。

3. 用户表计断流分析模型

（1）不进行异常判断的情况。“某一时点三相电流读数都为 0”或“某一时点三相电流读数存在抄表不成功”或“表计对应计量点的接线方式为单相”，不满足以上要求则判断为异常情况。

（2）计量点接线方式为三相三线时，某一时点数据符合以下条件时，即 A、C 两相中任意一相电流读数为 0，另一相电流读数不为 0，判断为该时点电压异常。

（3）计量点接线方式为三相四线时，某一时点数据符合以下条件时，即 A、B、C 三相中任意一相或两相电流读数为 0，另两相或一相电流读数不为 0，判断为该时点电压异常。

4. 用户表计电量偏差监测分析模型

（1）取每个一级计量点每个主表表计每日 24 时的电压读数和电流读数，计算相应时点的电压和电流，计算方式如下：①某时点电压＝该时点电压读数×PT 变比；②某时点电流＝该时点电流读数×TA 变比。

（2）用 24 时 A、B、C 三相的电压、电流和功率因数计算当日理论电量（有功），其中：由于取 24 时数据，时间间隔为 1h；由于用户偷电往往会带来功率因数降低的效果，因此计算时功率因数取 1，不取实际采集到的每小时功率因数。实际采集到的功率因数作为监测参考数据进行展示。

当日理论电量 = $\sum_{i=1}^{24}$[(A相电压×A相电流 + B相电压×B相电流+C相电压×C相电流)×1h×功率因数]。当日理论电量为所有一级计量点主表表计理论电量之和。

当日实抄电量=（当日 24 时有功电量读数 – 当日 0 时有功电量读数）×综合倍率，当日实抄电量为所有一级计量点主表表计实抄电量之和。

当日电量偏差率=（当日理论电量 – 当日实抄电量）/当日理论电量，当日电量偏差率指所有一级计量点主表表计总电量偏差率。

上述公式中，如果任意一个电流读数或电压读数未成功采集到数据，则该用户当日不进行电量偏差率计算和监测；如果当日两个时点的有功电量读数未能成功采集或者根据特殊情况处理原则未能通过验证，则该用户当日也不进行电量偏差率计算和监测。

（3）判断一个用户电量偏差是否越限，例如设定日电量偏差率 > 20%，直接告警。该偏差率阈值“20%”可以由用户配置。

16.2 大数据反窃电监控平台架构

16.2.1 平台总体架构

大数据反窃电监控平台基于营销、配电的海量数据（包括营销应用、SCADA、电能量采集、用电信息采集、电网 GIS、分布式电源等数据），利用大数据相关技术，构建电网线损分析相关模型、全网联络图智能拓扑分析模型和反窃电分析模型，用于判定和预警窃电嫌疑。

基于大数据分析的反窃电监控平台架构分为数据采集层、数据存储层、数据分析层、综合评价层四层。反窃电监控平台架构如图 16–2 所示。

1. 数据采集层

数据采集层为系统数据的来源，包含了生产管理系统（电网基础台账等相关数据）、电网 GIS 系统（电网拓扑图形数据）、营销系统（用户档案与抄录电量相关数据）、电能量采集系统（开关台账与自动采集电量指数数据）、用户信息采集系统（用户及配电变压器自动采集数据），以及 SCADA 系统（开关负荷及开关状态数据）。该层由各具体业务实施单位负责系统建设和维护，开放数据接口为其他业务提供支撑。

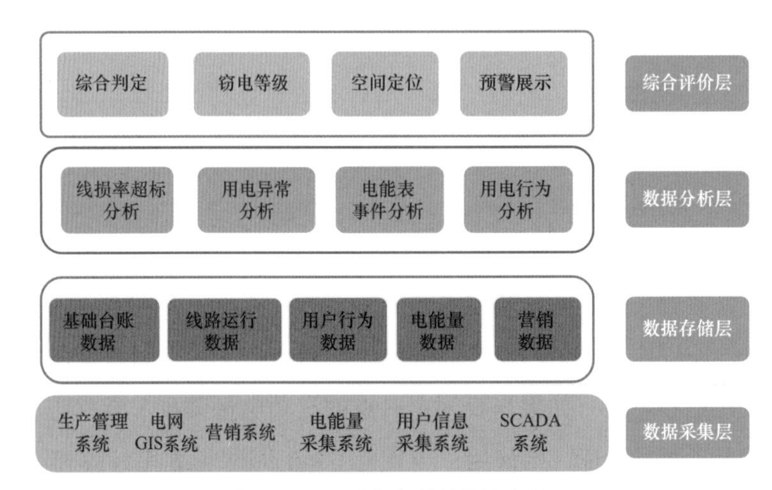

图 16-2　反窃电监控平台架构

线损及窃电分析需要每天从电能量采集系统、用户信息采集系统、营销系统中同步电网开关电压、电量，同步用户用电量等传感器数据，每天同步数据为千万级，且需要每天将数据导入并到分布式文件系统中。

（1）数据抽取。系统采用 Sqoop 在网省侧进行系统之间的数据抽取。Apache Sqoop 旨在协助关系型数据库（RDBMS）与 Hadoop 之间进行高效的大数据交流。用户可以利用 Sqoop，把关系型数据库的数据导入到 Hadoop 中的数据存储组件（如 HBase 和 Hive）中；同时也可以把数据从 Hadoop 系统里抽取并导出到关系型数据库里。

（2）数据清洗。利用有关技术如数理统计、数据挖掘或预定义的清理规则将脏数据转化为满足线损分析及窃电分析模型质量要求的数据。例如用电信息采集数据，分析用电量、用电负荷数据中的重复数据、错误数据、残缺数据，实现脏数据清洗；根据电量、用电负荷数据中错误数据、残缺数据的特点，设计脏数据的修正方法，对数据进行修正。

（3）数据转换。对数据加工转换，对导入的业务信息按照线损分析及窃电分析数据挖掘模型进行转换。典型的数据转换有实体合并及拆分，如多个变电设备信息合并到一个变电设备信息表中；字段合并及拆分，如“20101012”拆分成“2010”“10”“12”；数据聚合，根据维度进行数据聚合，如天→月→年，市→省→地区→全网；数据离散化，数据挖掘关联分析时，数值数据要转换成非连续的字典类别，利用离散化数据以进行关联。

2. 数据存储层

数据存储层负责反窃电相关的数据存储和管理，数据主要抽取于业务层数据并组成基于用电信息采集与营销业务应用的数据分类管理。

数据存储层主要为分析层提供数据的存储服务，平台采用 HDFS 对数据进行存储，主要面向全类型数据（结构化、半结构化、实时、非结构化）的存储查询，以海量规模存储、快速查询读取为特征，在传统底层硬件、文件系统的基础上，采用包括分布式文件系统、分布式关系型数据库、列式数据库等功能系统，支撑数据处理高级应用。

数据存储层负责以较低的成本保存巨量的多类型数据，并提供对数据的多种访问方式，涉及关键技术包括。

（1）HDFS 分布式文件系统。文件数据存储在分散的低成本存储介质上，对外提供一致的文件访问接口，具有良好的容错性和并发吞吐。

（2）HBase 列式存储数据库。基于 HDFS 分布式文件系统上的以列相关存储架构进行数据存储的数据库，主要适合于批量数据处理和即席查询。

（3）Hive 数据仓库。Hive 是基于 Hadoop 的一个数据仓库工具，可以将结构化的数据文件映射为一张数据库表，并提供类 SQL 的查询功能，可以将查询语句转换为 MapReduce 任务进行运行，执行简单的数据计算任务。

在大数据反窃电系统中的电网运行数据，如断路器、公用变压器、配电变压器运行数据，用户用电信息等历史/海量实时数据，数据量巨大，存放在 HDFS 中进行分布式存储，供数据处理程序进行分布式离线计算调用。设备台账、客户档案等结构化档案数据存在 HBase 中，供系统随时频繁调用。电网设备拓扑等非结构化数据存在 HDFS 中，供系统进行分布式电网设备拓扑关系分析。

3. 数据分析层

（1）数据分析层的监测分析。数据分析层将数据分析路线划分为两条，首先根据采集到的高危窃电嫌疑事件进行监测，比如电量差动异常、电能表开盖、定向磁场干扰等，监测到此类事件直接进行预警提示；第二是对用电行为、历史数据、营销业务等事件设定的反窃电分析场景进行分析，找出窃电嫌疑用户。

数据分析层的综合监测分析具体包含下面几种类型：

1）线损率超标分析。分析线损率超标原因，根据采集成功率分析是否为异常超标。

2）用电异常分析。根据历史用电量数据分析线路下挂用户是否存在电量突减用户。

3）电能表事件分析。分析电能表是否发生失电压、断相、表盖打开和表计编程等事件记录。通过历史用电行为特征规律、电能表开盖记录时间、台区线损等相关性因素，做细度的切片分析，提供客户用电异常的风险等级指标。

4）用户功率因数分析。根据用户历史用电数据掌握过去的功率因数，结合相似行业和厂家的功率因数或参考资料，通过对当前功率因数与历史及其他类似厂家数据进行比较，波动范围较大时可能有窃电嫌疑。

5）根据客户用电异常的指标，读取零线的进项电流及出项电流并进行对比，确认窃电行为。

6）对窃电的信息数据进行取证，并实现系统告警。

（2）数据分析层的分析算法。根据线损分析及窃电分析需求，设计数据挖掘分析模型，采用常用的聚类、回归、分类、关联分析等数据挖掘算法，分析预测线损率及窃电规律。根据样本数据训练优化数据挖掘模型，并在大数据环境下并行运行，得出线损分析和窃电分析所需隐含的电网运行模式及结果。数据处理提供基于批量计算、内存计算的分布式计算框架，以及数据挖掘、多维度分析等数据分析算法，为构建上层的高级数据应用提供算法库。

1）数据挖掘。线损分析和窃电分析需要采用数据挖掘对电网运行数据进行业务模式分析，数据挖掘是一种决策支持过程，它主要基于人工智能、机器学习、统计学技术，通过对原始数据自动化的分析处理，做出归纳性推理，得到数据对象间的关系模式及内在特性。数据分析挖掘算法主要有以下几种：

a. 聚类分析。聚类分析将事先无确定类别归属的数据对象划分为若干组。聚类分析可以对电力负荷特征数据进行分析，挖掘出电力负荷特征曲线及用户用电行为模式，分析用户正常用电和非正常用电的特征区别，将用户进行聚类，缩小疑似窃电用户的筛查范围，发现潜在窃电风险。

b. 关联分析。从给定的数据集发现频繁出现的对象间关联规则。根据主成分分析，分析出主要影响线损率的业务维度信息，借助关联分析比较各因素与线损率的关联度，量化每个业务维度对最终线损的影响程度，优选强关联因素建立线损率预测模型。

c. 演化分析。对随时间变化数据对象的变化规律和趋势进行建模描述。演化分析可以利用历史负荷数据进行分析，从而对未来用电负荷、线损、电能量等指标进行趋势预测。

d. 异类分析。在一些应用场合，小概率发生的事件（数据）往往比经常发生的事件（数据）更有挖掘价值。采取异类分析方法，发现用电信息等电网运行数据中的异常数据，剔除或修正异常数据，提高数据质量；识别用户异常用电数据、对用户疑似窃电进行辨别，发现窃电用户信息。

2）分布式计算。平台采用的 MapReduce 分布式计算模型是进行大规模数据处理的分布式并行计算模型，适用于大规模数据集的分布式批量离线数据运算。内存计算框架 Spark 可用来构建大型的、低延迟的数据分析应用程序。

平台中对海量数据进行处理时不需要多次循环迭代的算法，如数据聚合处理、数据离散化、演化分析、异类分析，采用 Hadoop 离线计算即可完成。对于需要多次对数据进行全量扫描的算法，如关联分析、聚类等算法，采用 Spark 内存计算框架完成。

4. 综合评价层

根据窃电分析模型对分析出的窃电嫌疑用户进行综合评价，并结合线损管理等其他业务，界定嫌疑的严重程度。同时依据窃电嫌疑的严重程度，和业务部门沟通对计量装置异常采取逐一排查、现场抽查、依据举报检查等管理方式，做好预测评价与检查结果的关联性管理。

16.2.2 平台技术选型

大数据反窃电监控平台需要对海量电网运行数据进行分析，系统数据数量达到百亿级，数据容量达到 TB 级，关系型数据库对此规模数据进行存储及分析计算都存在较大困难。面对每天千万级数据导入、对数据进行多次扫描及迭代、对百亿级数据进行分析、进行线损及窃电复杂数据挖掘分析等要求，传统关系型数据库已不能适应平台需求。而且随着数据增长，硬件及软件授权（license）成本也呈指数级增加。采用分布式存储、分布式计算方式可以满足系统海量数据存储及分析需求，采用开源数据处理技术及普通服务器集群可以降低系统成本。项目分布式存储和分布式计算选用业界主流的开源 Hadoop 及 Spark 平台，其中 Hadoop 平台具有以下优点。

（1）横向扩展能力。可靠地存储和处理 PB 级数据，具有相当大的吞吐量，适合海量数据（百亿级）运算；系统存储容量和计算能力可以很容易地通过添加节点的方式加以扩展。

（2）低成本。通过廉价 PC 组成的集群来分发以及处理数据，避免使用昂贵的专用存储设备和服务器。这些集群节点总计可达数千个，而且每个节点都运行在开源操作系统 Linux 上。

（3）高效率。通过分布式存储数据，结合数据的“本地化”计算原则，Hadoop 可以在数据所在的节点上并行地处理，使得数据的计算速度得到极大提升。

（4）高可靠性。Hadoop 能自动地维护数据的多份冗余，在任务失败后能自动地重新部署计算任务，在节点出现故障后能无缝地将数据冗余恢复到新节点上。

大数据反窃电系统对需要多次迭代、对计算任务无法分解的算法如关联分析算法采用内存计算框架 Spark。Spark 是一种与 Hadoop 相似的开源集群计算环境，两者之间的不同之处是 Spark 在某些工作负载方面表现得更加优越，Spark 采用内存分布数据集，除了能够提供交互式查询外，它还可以优化迭代工作负载。

16.3 电力大数据应用实践

随着科技发展，诸如“遥控窃电”“磁场干扰”“半波整流干扰”等新的窃电手段给反窃电工作带来了新的挑战。国家电网有限公司积极推进反窃电稽查监控系统建设，充分利用营销多源系统数据和“四分”线损数据，分析电流、电压、功率、波形等数据的变化情况，构建历史用电数据、同行业数据、线损数据等多维度比对模型，足不出户远程绘制窃电现场画像，开展反窃电大数据预警分析；建立总部和省公司两级典型反窃电案例库，开展重大窃电案件剖析、研判，实现新型窃电类型、查处方法、证据完整性等信息共享；推广应用反窃电监测终端、智能化反窃电现场作业和取证设备，固化窃电证据，提升作业效率，极大地提高了对窃电行为的识别精度。

V　实践篇

17 河南省能源大数据实践

2016年，国家批准河南省开展国家大数据综合试验区建设，河南省成为继贵州省之后第二批获批建设国家级大数据综合试验区的省份之一。2017年，河南省人民政府印发《河南省推进国家大数据综合试验区建设实施方案》(豫政〔2017〕11号)，其中“推进大数据创新应用”为试验区建设的八大重点任务之一，“能源大数据应用”是四大产业大数据创新应用之一，明确由省发展改革委牵头，依托国网河南省电力公司建设。

为积极贯彻河南省委省政府决策要求，全面落实“新基建”发展战略，国网河南省电力公司全力推进全国首家省级能源大数据应用中心——河南能源大数据中心的建设工作。河南能源大数据中心以能源数据综合应用为切入点，聚焦能源经济、综合能源服务、智慧能源等能源行业应用，先行先试，为社会提供各类应用服务，逐步形成河南能源行业共建、共治、共享、共赢的能源大数据生态。

17.1 功能定位

河南省能源大数据中心建设致力于能源数据的集聚融合，推进能源行业数据资源开放共享，打破数据资源壁垒，逐步覆盖电、煤、油、气等能源领域，以及气象、经济、交通等其他领域；深化数据资源应用，提升能源统计、分析、预测等业务的时效性和准确度；培育新型繁荣的能源产业发展新业态，促进基于能源大数据的创新创业；建立基于能源大数据的行业管理与监管体系，发挥能源大数据技术在多能协同规划和能源监管中的基础性作用，提升能源监管的效率和效益。构建能源泛在多态大数据体系，构建实用实效的多元应用场景，为辅助政府科学决策、服务企业精益管理、方便公众智慧用能提供有力支撑。

（1）辅助政府科学决策。建立基于能源大数据、精确需求导向的能源规划新模式，研究全省能源发展战略，推进能源资源优化配置，提升政府对能源重大基础设施规划的科学决策水平。形成基于大数据技术的能源统计、分析与预测预警平台，服务政府对能源安全、运行态势、消费总量控制、公共服务质量等行业管理与监督需求。

（2）服务企业精益管理。推动能源企业利用大数据技术开展资源评估、资源利用、安全运行、供需预测、碳排放交易等应用，为能源行业精准化调度生产、精细化设备管理提供支撑，提高能源企业经济效益和管理水平。

（3）方便公众智慧用能。开展面向能源终端用户的用能大数据信息服务，对用能行为进行实时感知与动态分析，使用户可根据各自需要查询用能情况、价格费用、能效分析等信息，推进居民智慧用能。

17.2 发展目标

建设“平台开放、数据融合、应用众创、安全可靠、运营规范”的能源大数据中心，构建高可用性、高开放性、高聚合度特性的“能源信息互联平台”，利用泛在聚合技术，对数据进行属性标识，促进能源流、信息流高度融合，实现全时空覆盖、全环节聚合、全过程可靠的能源信息变革，支撑能源生产和消费进步，促进数字经济快速发展。

（1）平台开放。构建标准的、开放的、可扩展的、弹性的基础设施平台，实现跨领域、跨部门的信息共享共用。

（2）数据融合。汇集全省电、煤、油、气、新能源、水等各能源品类的资源生产消费全过程数据，以及全省宏观经济运行、发展规划、体制改革、生态环境、气象、地理信息、交通等数据。

（3）应用众创。依靠强大的数据实时处理、高效分析计算、数据即时访问和应用开发支撑能力，营造大众创新生态环境，开展跨行业大数据挖掘分析应用，为能源安全、能源利用、能源服务质量、能源节约等提供支撑。

（4）安全可靠。通过技术防护和安全制度建设，构建以数据要素为核心的物理、系统、网络、应用等多项安全防护措施，以及对敏感数据访问和核心机密保护的多层防御体系。

（5）运营规范。推进能源信息分级分类，制定能源数据共享开放和交易规范，采用“无偿服务+会员制+市场化运营”的混合运营模式，保障大数据中心健康有序运营。

17.3 建设原则

（1）聚焦价值、实用实效。坚持价值导向和需求导向，积极对接政府，确保应用场景“发现真问题、真解决问题”，既具有较强示范引领作用，又具有社会效益和经济效益。

（2）顶层设计、分步实施。设计能源大数据应用中心总体架构，按照“由简及繁、由易及难、由小及大”的持续发展模式，发挥电力行业信息化程度较高优势，逐步带动其他行业数据集聚和应用场景开发。

（3）责权明确、规范管理。由省发展改革委牵头，会同河南省大数据管理局、省统计局、省工业和信息化委、省生态环境厅等部门以及国网河南省电力公司、煤、油、气、发电集团等相关企业建立工作机制，分工合作，协同推进。

（4）数据确权、一数一源。明确数据所有权归属省政府和数据提供企业所有，同时设定数据来源和采信优先级，确保数据的权威性和准确性。

（5）共建共享、差异服务。采用公益性服务为主、市场化运作为辅的模式，统筹推进各类数据分层分级利用。

17.4 总体架构

河南省能源大数据中心立足全省能源行业，以辅助政府科学决策、服务企业精益管理、方便公众智慧用能为目标，总体架构为“一个中心、两大体系、三大平台”。打造“组织高效保障、运行安全可靠、平台创新发展”的省级能源大数据中心，促进基于能源大数据的创新创业，引领能源行业创新融合发展，构建能源大数据发展生态圈，在全国率先形成优势引领示范效应。河南省能源大数据中心总体架构如图 17－1 所示。

（1）一个中心。即河南省能源大数据中心。

（2）两大体系。包括安全防护体系和运营管理体系，保障能源大数据安全运行、高效运营。安全防护体系提供技术、管理、可信和服务四个层次的安全保障；运营管理体系从数据价值和运营组织两方面助力高效运营。

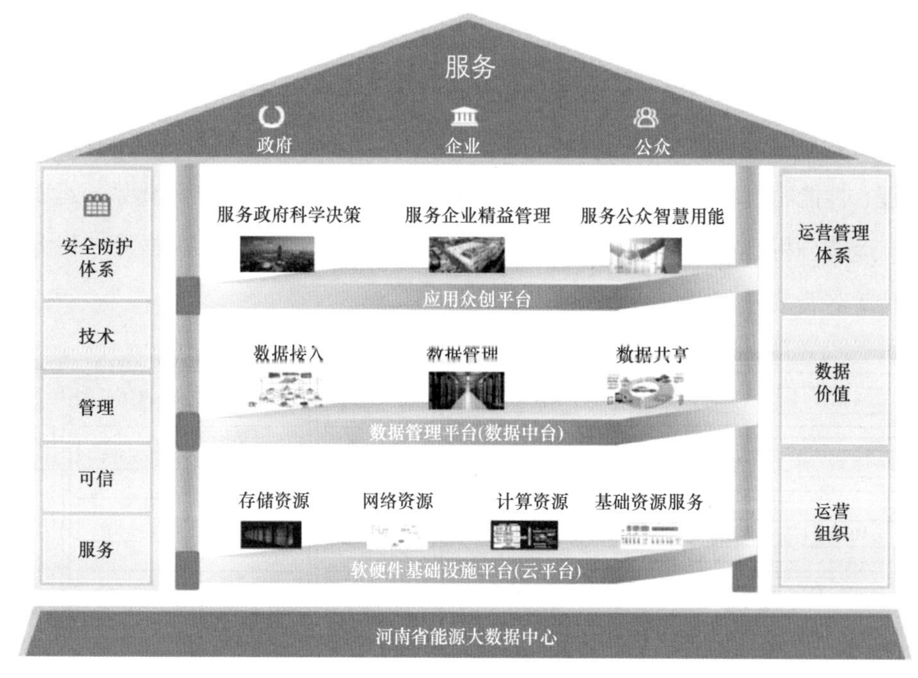

图 17-1　河南省能源大数据中心总体架构

（3）三大平台。包括软硬件基础设施平台（云平台）、数据管理平台（数据中台）、应用众创平台，用于提供数据管理应用的软硬件环境，实现数据的采集、存储、管理等功能，为政府、企业、公众提供生产运行、业务咨询、高级应用等服务。其中，软硬件基础设施平台提供基础资源服务和资源管理等软件环境，以及存储和服务器等硬件设施；数据管理平台负责数据的采集、存储、管理和分析；应用众创平台提供公共服务组件和开发者社区，针对不同类型客户提供决策支撑、管理咨询、智慧用能等服务。

17.4.1　软硬件基础设施平台

借鉴业界最佳实践，采用“大云物移智链”等前瞻性技术，软硬件基础设施平台设计为“五层四纵”（五层是基础设施层、数据平台层、应用平台层、应用层和访问层，四纵是管理平台、监控运维、运营管理和安全防护），为能源大数据应用中心提供数据存储、计算、分析应用的软硬件环境和数据分析挖掘服务。软硬件基础设施平台如图 17-2 所示。

基础设施层包括数据存储、计算、分析应用的软硬件环境，网络环境，以及配套的机房基础设施。数据平台层包括数据接入、数据存储和数据处理所需的各类组件和工具。应用平台层包括公共业务、共享集成、软件流水线和运行承载所需的各类组件。应用层即围绕需求开发的各类信息化系统，包括面向政府应用、面向行业企业应用、面向社会公众应用三类。访问层通过桌面门户、移动门户和可视化大屏为使用者提供访问接入和应用展现。

管理平台包括部署配置、监控调度和控制台相关组件。监控运维即基础设施监控、集中事件管理、性能容量管理和运维操作等各类组件。运营管理包括产品体系、运营全过程、数据交易、运营分析和计量计费等各类管理组件。安全防护包括应用和数据、设备和计算、网络和通信等各类安全组件。

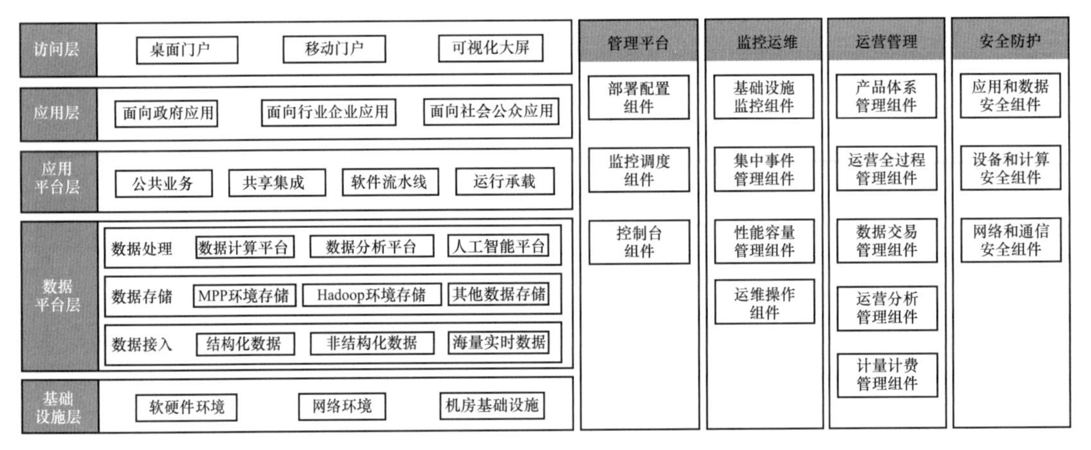

图 17-2　软硬件基础设施平台

17.4.2　数据管理平台

数据管理平台为能源数据采集、存储、管理和分析提供支撑。包含能源数据全环节管理以及数据管理体系两部分。

（1）能源数据全环节管理。包括数据接入、清洗转换、存储、分析等。借助工具抽取、接口传输、爬虫及离线采集等多种方式，依托电力数据库，逐步拓展能源大数据集的接入范围。采取数据同步的任务监控，保障数据的有效接入。开展数据准确性抽查与异常数据调整补录，保证数据的准确性与完整性。按照统一数据模型规范和 ETL 规范等能源数据标准化规范要求，通过统一的组件和入口，对数据加工处理任务进行集中管理、监控和运维。

（2）数据管理体系。包括数据资源及目录、数据标准、数据质量、数据考核与认责等。依托接入的数据资源，构建能源数据资产目录清单，制定能源数据共享规范。设计能源大数据标准化模型，构建数据标准化管理体系。建立覆盖全生命周期的数据质量监测和评价机制，监测数据的流转链路、连接度、应用频率和资源占用情况。依据数据质量监测结果，建立常态化的考核机制。

17.4.3 应用众创平台

应用众创平台由公共服务组件、开发者社区、政府管控应用、能源发展应用和社会民生应用等模块组成。公共服务组件提供应用流通市场、统一开发框架、运营管理工具、统一鉴权认证、统一门户、统一搜索和统一视频等公共应用组件。开发者社区提供数据 API、工具 API、模型 API、开发环境、需求管理等功能组件。通过应用众创平台提供的数据、工具、运行环境、公共组件等平台资源，自助开发跨行业融合创新应用，满足政府对能源行业监管、能源企业精益化管理、社会公众智慧用能需求。

17.4.4 安全防护体系

河南省能源大数据中心以数据为防护核心，以“防范风险、保障合规、支撑生态”为建设目标，依据《网络安全等级保护条例》最新要求，参考大数据安全能力成熟度模型，分别从管理、技术、运营、评价四方面开展能源大数据应用中心安全防护体系建设，河南省能源大数据中心安全防护体系如图 17–3 所示。

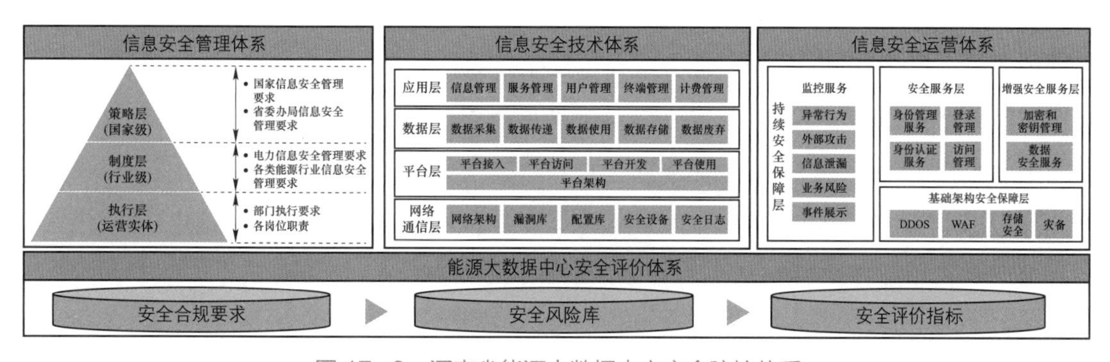

图 17–3 河南省能源大数据中心安全防护体系

（1）信息安全管理体系。包括安全管理制度、应急预案等。分别参照国家、行业及企业的相关管理要求，建立数据安全策略及规范、有效性度量机制，设置大数据安全管理机构，制定数据资产安全管理规范、分类分级标准、方法、流程、指南、机制、清单。针对服务中断、大规模病毒感染、数据泄漏等重大安全风险场景，制定应急预案并开展相关培训演练工作。

（2）信息安全技术体系。包括网络安全防护、虚拟资源安全防护、数据安全防护等。采取云监测、双链路、负载均衡等策略，部署防火墙、系统漏洞扫描系统和安全风险分析管理系统，提高网络安全防护能力。通过虚拟网络微隔离防护软件、虚拟防火墙、端点检测和响应系统，实现虚拟资源的安全防护。制定统一的数据安全策略，建立数据访问行为风险监控体系，部署数据脱敏系统和隔离装置，对数据资产实现风险预警和风险管控。

（3）信息安全运营体系。包括安全服务、监控服务、基础架构安全保障等。为数据租户和开发者提供数据安全套件，并组建安全服务队伍提供安全检测、安全评估和安全咨询等服务。设计智能监管引擎，实时监控数据流量和异常事件，并高效协同各类安全防护资源快速响应。采取身份认证、访问控制、数据加密等多样化的防护手段，配合部署多级应用级入侵防护系统等。

（4）信息安全评价体系。包括安全合规需求、安全风险库、安全评价指标等。梳理安全控制需求，开展数据安全测试，进行数据风险评级，针对数据采集、交互、存储、使用等过程开展大数据全生命周期安全风险评估，识别数据资产、应用交互接口、敏感数据分布、敏感数据功能等，优化数据安全防护策略。

（5）安全防护体系。分为四个方面。一是在策略层、制度层及执行层分别参照国家、行业及公司的相关管理要求，建立满足各类型服务对象所需的安全监管要求及标准的安全管理体系。二是从平台层安全、服务支撑层安全、数据处理安全、网络通信层安全四个方面构建大数据安全技术体系。三是在持续安全保障层、安全服务及基础架构安全保障层提供基于业务场景，建立以事件为驱动的安全运营体系。四是按照能源大数据中心安全合规要求，通过完善的安全风险库及安全评价指标，形成能源大数据中心的安全评价体系，不断验证及提升整体安全能力，更好地对外展示能源大数据中心的安全服务水平和能力。

17.4.5 运营管理体系

（1）运营方面。河南省能源大数据中心运营定位于建设具备自我造血能力、可持续发展的大数据生态平台。通过打造多领域、多层次的产品体系（包括产品的详细内容、组合形式、定价策略等），应用创新的业务模式（包括基础设施租赁、技术服务、应用服务、数据交易等）和市场营销手段（包括销售形式、价格策略、推广手段等），构建以能源行业大数据应用为主的大数据应用生态体系。

（2）管理方面。配套支撑运营模式的管理机制，包括组织机构、管理流程、评价考核方法、平台工具等，全面支撑运营工作开展。以“发挥专业优势、理清工作职责界面、可控进度质量、高效协同、快速运转”为思路，设计三级联动的能源大数据中心组织机构。优化管理流程，推进政企协同共建，建立常态化沟通交流机制，创新工作协同模式。设置包括运营类指标、经济类指标和任务类指标在内的绩效考核体系，前期采用事业单位经营模式，随着业务成熟度的上升，逐渐加大经济类指标和运营类指标的权重。配备包括会员管理、数据交易管理、价格策略管理等在内的信息化管理工具。

17.5 数据归集机制建设

数据是能源大数据中心的基础和核心资源，建立数据归集机制，打破数据资源壁垒，构建涵盖煤、油、气、电、可再生能源等能源领域，以及经济社会、环境气象、工商、交通等相关领域的数据体系是河南省能源大数据中心的建设基础。

坚持“以需求促应用、以应用促数据”的数据归集思路，凝聚政府各单位及公司各部门资源合力，以应用建设驱动能源相关数据集聚，促进数据从“碎片态”向“聚合态”不断融合，逐步建立起政企协同、多方参与、安全高效的数据归集机制。

推进数据归集机制建设方面，梳理确定数据指标体系、数据来源、数据接入方式、数据管理方式、数据共享服务方式，实现数据全过程管控，打破壁垒，促进能源行业数据资源共享融合。在确定信息获取渠道后，通过相关的信息接入流程对数据进行接入审核，之后按照涉密数据管理、内部数据管理和公开数据管理三种不同安全需要，依据相关法律法规要求对数据脱敏处理后，进行数据开放，实现信息共享服务。数据归集方式示意图如图 17-4 所示。

17.5.1 构建指标体系

构建完备齐全的能源大数据指标体系，涵盖煤炭、石油、天然气、电力、新能源等各能源品类资源生产与供应、消费与投资、资源转储、利用效率全过程数据，以及宏观经济运行、生态环境、气象、地理信息、交通等跨部门跨领域数据，主要包括宏观层面、能源行业及其他相关数据。

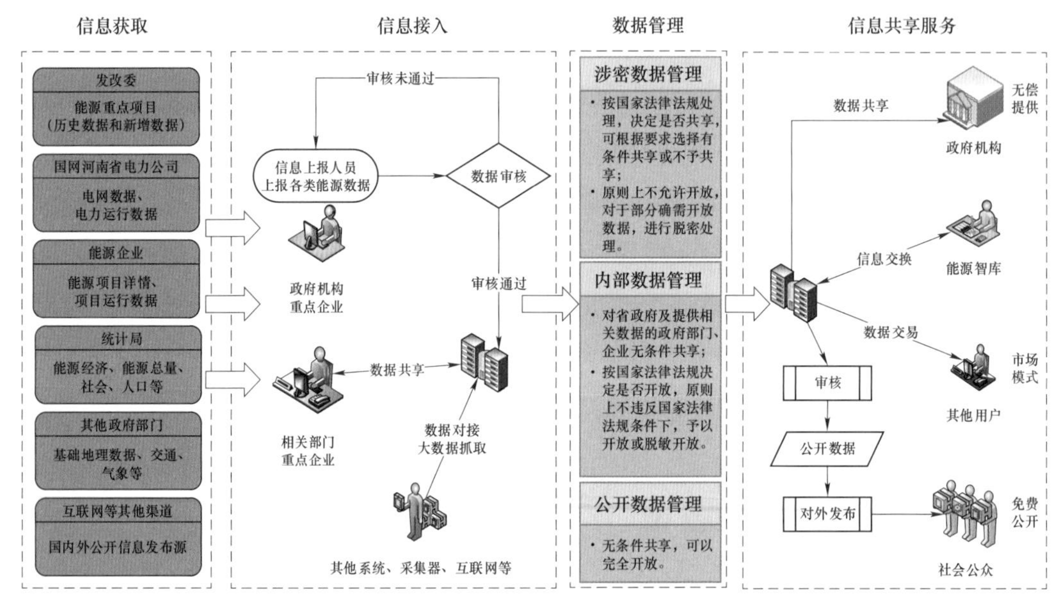

图 17-4　数据归集方式示意图

宏观层面数据主要包括全省宏观经济运行、发展规划、产业政策、体制改革、市场发展趋势等方面数据，以及世界主要国家和地区、全国、先进省份等经济社会、能源发展等数据。

能源行业数据主要包括电、煤、油、气、水、风、光、生物质、地热等各能源品类的资源禀赋，开采加工，运输配送，能源转化，能源消费全过程数据。

其他相关数据主要包括生态环境、气象、地理信息、交通、技术革新、工业价格等数据。

17.5.2　梳理数据来源

明确数据来源，打通数据归集渠道。数据来源包括统计局等相关政府部门、相关能源企业、研究机构、互联网等渠道。

宏观层面数据主要来源于统计局等政府相关部门、研究机构和网站，实现官方发布的政策文件、统计公报、研究报告以及国际能源署、世界银行等国际权威数据统计平台相关数据的定期获取。

能源行业数据主要来源于统计局等政府相关部门、相关企业和网站。建立固定的信息报送机制，通过信息报送系统定期上报相关能源信息。

其他相关数据主要来源于统计局等政府相关部门和网站。建立部门、单位对接汇集机制，实现相关数据的定期报送。

17.5.3　实现数据接入

1. 能源数据接入方式

根据不同数据类型及来源，将能源数据接入方式主要分为以下三种。

（1）数据报送。针对各级政府部门与相关能源企业，形成固定的信息报送机制，通过信息报送系统定期在线上报能源信息。报送过程采用多级审核的流程，确保数据准确。

（2）数据抓取。为针对互联网发布的各类公开信息来源，通过大数据手段完成信息的爬取、清洗、录入。

（3）系统接入。为针对运行于互联网、政务网、企业网的信息系统，根据双方约定的数据访问方式和内容标准，建立数据接口，实现数据对接。

2. 数据类型

根据不同数据类型及来源，通过专线、系统接口、爬虫、静态数据导入等多措并举，从年度、月度、日（周）度、实时、静态等维度，构建覆盖经济、能源、政务、电力、新能源、节能环保、重点用能单位、充电设施等各类对象的能源大数据体系，保障数据灵活高效全面接入。

（1）年度数据。年度数据归集经济社会、能源电力等统计数据，通过静态导入的方式，从统计局网站及统计年鉴获取。

（2）月度数据。月度数据归集“煤油气电水风光”等各能源品类的开采加工、转化、消费数据及重点“煤油气电”企业的生产数据，通过数据接口及静态导入方式，从河南省能源局、河南省电力公司获取。

（3）日（周）度数据。日（周）度数据归集电力生产、电网运行、电力消费、能源价格等数据，通过数据接口及爬虫方式，从河南省电力公司及互联网站获取。

（4）实时数据。实时数据归集电力生产、电网运行、充电设施、气象环境、机组污染物排放数据，通过数据接口，从河南省电力公司、环保厅、气象局、充电设施运营企业接入。

（5）静态数据。静态数据归集工商、身份认证、不动产交易、规上工业企业等档案数据，通过专线及静态导入方式，从河南省工商局、公安厅、不动产交易中心、统计局获取。

17.5.4 规范数据管理

1. 推进数据的分类分级管理

推进能源信息按主题和安全级别分类分级管理。按照主题分为大类、中类、小类三类。按信息来源将数据分为电力、煤炭、石油、宏观经济、气象、环境等基础大类，对于每一个大类主题，按照线分类法划分中类；对于每个中类，按照线分类法划分小类。以电力行业大类为例，可划分为电力生产、采购与交易、供电能力、电力设备、销售与服务、电能质量等中类。电力生产可进一步划分为发电厂分布及数量、分类型发电量、装机容量、运行指标、污染物排放等小类。按照敏感程度分为涉密数据、内部数据、公开数据三级，涉及国家秘密、企业秘密的数据应列为涉密数据，涉及用户隐私的数据应列为内部数据，非敏感数据可列为公开数据。

2. 推进数据的权限管理

结合数据安全等级和用户类型设置管控要求和合理的访问权限，针对数据交接、数据共享发布等关键环节设置多级审批处理流程，确保信息安全可控。涉密数据按国家法律法规处理，决定是否共享，可根据要求选择有条件共享或不予共享；原则上不允许开放，对于部分确需开放的数据，进行脱密处理。内部数据对省政府及提供相关数据的政府部门、企业无条件共享；按国家法律法规决定是否开放，原则上不违反国家法律法规的条件下，予以开放或脱敏开放。公开数据无条件共享，可以完全开放。

3. 构建数据管理体系

一方面，明确数据所有权归属于省政府和数据提供企业所有，设定数据来源采信优先级，明确基础信息来源，确保“一数一源”，建立能源大数据应用中心与政务云平台的专线联系，保障数据互通需要。另一方面，参考国际国内数据管理标准，建立健全能源数据管理制度，明确数据各方职责，强化数据监测与评价，推进数据认责与确权。

17.5.5 规范数据标准

研究制订能源大数据标准体系，指导能源行业大数据发展，促进数据汇集、共享及交互，促进能源大数据发展及广泛应用。能源大数据标准体系构建基于能源大数据行业发展现状以及数据标准体系理论，标准体系包含基础类标准、数据标准、技术标准、管理标准、安全标准等方面内容。

（1）基础类标准。明确术语和定义，规范相关术语概念。

（2）数据标准。结合业务发展和管理的要求，提出能源大数据的元数据标准。

（3）技术标准。从性能、扩展性、技术体系等多个维度研究，制订能源大数据加工处理、拓展、稳定等技术标准体系。

（4）管理标准。从数据质量、数据架构、数据生命周期等多个维度开展研究，制订能源大数据的管理标准体系。

（5）安全标准。从数据安全分类分级、数据安全能力要求等维度进行研究，构建能源大数据的安全标准体系。

17.6 多元应用场景体系构建

坚持需求导向和价值导向，聚焦能源数据价值挖掘，以深度挖掘“能源–经济–环境–民生”关联关系为主线，以数据集聚带动应用迭代升级，促进数据流、能源流融合同步发展，逐步拓展延伸数据流业务流内涵和领域，形成能源大数据产品体系。结合河南省能源大数据中心的功能定位、发展目标和建设原则，提出应用场景设计的开发思路和能源大数据多元化分析应用体系的开发蓝图。

17.6.1 开发思路

能源大数据应用场景开发思路坚持两个原则，一是设计应用场景时，自上而下逐级分解，将场景逐层细化为功能、微应用、微服务，并逐一明确到数据源；二是开发应用场景时，自下而上逐级开发模块化的微服务、微应用，再组合实现各项功能和应用场景。应用场景开发思路导图如图 17–5 所示。

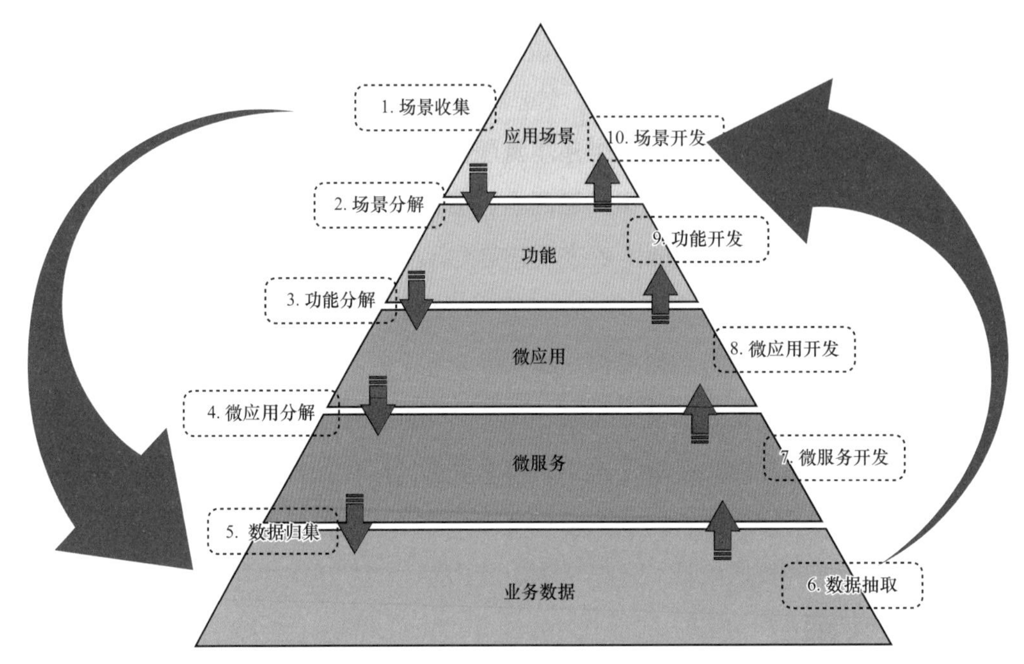

图 17-5 应用场景开发思路导图

（1）自上而下，实现应用场景功能的逐级分解。场景收集，坚持目标导向和问题导向，收集梳理形成业务场景；场景分解，将应用场景分解形成详细功能需求清单；功能分解，将功能需求进一步分解形成微应用清单；微应用分解，将微应用需求进一步分解形成微服务清单；数据归集，根据微服务需求，收集需求数据、数据来源、传输频率，规范数据使用标准，实现数据源导入。

（2）自下而上，实现应用场景功能的逐级开发。数据抽取，根据微服务需求，自动抽取所需数据；微服务开发，开发形成模块化微服务群；微应用开发，组合微服务，开发形成模块化微应用群；功能开发，筛选所需微应用，开发形成目标功能；场景开发，筛选所需功能，组合形成目标场景。

17.6.2 应用场景建设

坚持聚焦价值、实用实效，通过与政府、企业、公众等潜在需求方调研对接，梳理出多项应用场景，确保“发现真问题、真解决问题”，在服务政府决策、节能减排、新能源消纳、需求侧响应、便民服务等方面发挥积极作用。按照系统性、整体性、协同性建设原则，科学规划河南省能源大数据中心服务路线图，构建能源大数据多元化分析应用体系。

面向政府：定位于指导监督能源消费总量控制，探索建立基于大数据精确需求导向的能源规划新模式，促进多能协同综合规划，提升重大能源基础设施规划的科学决策水平。

面向企业：定位于为精准化调度生产、精细化设备管理提供支撑，提高能源行业经济效益和安全生产水平。

面向公众：定位于积极开展用能大数据信息服务，实现远程、友好、互动的智慧用能服务。

1. 河南省能源监测预警和规划管理

以往，能源数据管理分散，存在信息壁垒，数据获取信息化程度较低，缺乏覆盖全品类能源月度数据的归集体系，研究模型工具单一粗放。为推进能源领域数据归集、支撑能源规划监管、辅助政府科学决策，开展河南省能源监测预警和规划管理应用场景建设工作，建立全省能源数据指标体系和信息收集渠道，以信息化的手段加强对全省能源运行的监测，对全省能源项目进行可视化分析和管理，辅助政府能源监管及科学决策，为政府及时了解能源运行状况和发展态势提供便捷化数据服务工具。河南省能源监测预警和规划管理平台如图 17–6 所示。

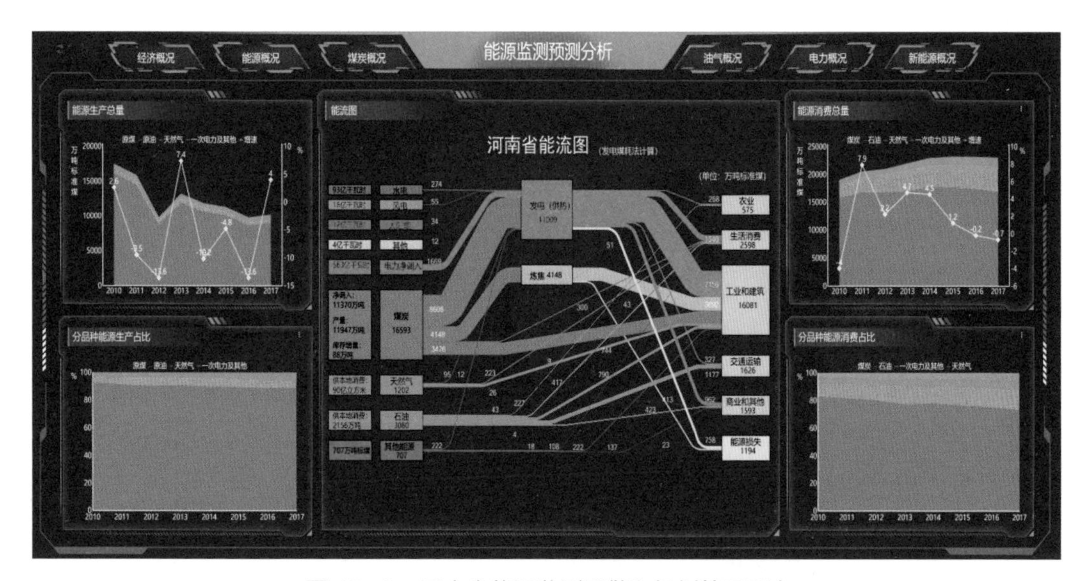

图 17–6　河南省能源监测预警和规划管理平台

通过河南省能源监测预警和规划管理应用场景建设工作，实现以下目标：

（1）实现河南省煤炭、油气、电力、新能源、经济及环境等领域数据归集整合。通过对全省年度经济、能源相关指标的统计及对比分析，分析定位全省经济、能源、电力、煤炭、油气、新能源发展情况。

（2）通过对全省月度能源、煤炭、油气、电力、大气污染物排放等各类能源环境指标监测分析，掌握全省能源运行状况，为政府能源监管提供支撑。

（3）通过构建相关预测预警模型，实现对全省能源、煤炭、油气、电力的需求预测和全省能源运行预警，为相关决策制定提供参考。

（4）利用地理信息技术，通过二维、三维地图表现形式，可视化展示全省已投运、在建、规划的煤炭、石油、天然气、电力、新能源等各类型能源项目相关信息，全面掌握全省各类型能源项目情况。

2. 河南省新能源规划与消纳监测预警

近年来，河南省新能源快速发展，风电、太阳能发电装机规模跨越式增长，如何提升新能源利用效率，防范局部地区弃风弃光潜在风险，合理减少电网备用容量，提高电网投资效益成为关键。建设河南省新能源规划与消纳监测预警场景，可服务政府能源规划决策和全省能源高质量发展，提升电网精准投资水平。

通过场景建设，整合发电企业实时发电数据、公司内部数据及其他统计数据，采用多种消纳分析、预测预警计算模型，实现新能源监测、规划、评估、预警等功能。通过场景建设实现以下目标：

（1）服务新能源运行监测，对新能源规模、分布、运行状况，以及并网、发电、消纳等情况进行常态化监测，实现对全省新能源运行情况的实时可视化监测。

（2）服务电网规划，进行全省及区域新能源历史出力概率分析，优化电力平衡中新能源参与平衡的比例，提升新能源利用效能，避免电源电网低效投资。

（3）新能源消纳预警，开发分析预测模型，建立新能源消纳评估综合指标体系和科学化、常态化的监测预警机制，为新能源消纳科学准确预警提供支撑。

3.“一网通办”便民服务

当前，河南省正在全面推进简政放权、放管结合、优化服务，加快推进现代服务体系建设，依托政务服务平台，精简用电服务办理环节，压缩用电业务办理时间，全面提升服务质量和效率，构建“一网通办”便民服务场景，对优化营商环境建设有重要意义。通过场景建设，实现以下目标：

（1）数据融合共享，打通省公安厅、省工商局、省不动产交易中心相关数据，为便捷办电服务提供数据支撑。

（2）政务服务电力应用，在河南省政务服务网上部署电力应用模块，拓展用户办电渠道。

（3）提升办电服务质效，通过“刷证”“刷脸”即可办理业务，更加快捷方便；实行“一窗受理、并联办理”的新模式，减少申报资料，优化业务流程，通过信息共享互用，实现“数据多跑腿、群众少跑腿”。

4. 充电智能服务平台

河南地处中原，交通位置显著，连南贯北、承东启西，是全国重要的综合交通枢纽和人流、物流、信息流中心，电动汽车发展和充换电设施建设发展前景十分广阔。建设充电智能服务平台，可满足政府、充电设施运营商、电动汽车用户等多层次多方面需求，服务政务建立充电设施监管体系，实现电动汽车充电服务网络运营的智能化管理，保障充电服务网络运行高效、可靠、安全，为电动汽车车主提供智能、方便快捷的充电服务。

通过场景建设，实现以下目标：

（1）政府监管。实时监控区域内各运营商充电设施的运行情况及使用情况，为充电设施的运行监控、安全监管提供支撑。

（2）运营管理。实现运营商充电站运营管理，开发“中原智充”App，为用户快速找桩充电、一键充电、便捷支付提供服务。

（3）补贴管理。实现充电桩的接入申请、建设报备、补贴申请、查询、线上审核等功能。

5. 重点用能单位能耗在线监测

2019 年 4 月，国家发展改革委办公厅、市场监管总局办公厅印发《关于加快推进重点用能单位能耗在线监测系统建设的通知》（发改办环资〔2019〕424 号），该文件提出各地区要按照 2020 年年底前接入本地区重点用能单位能耗监测数据的目标倒排工作计划的工作要求。

2019 年 7 月，国网河南省电力公司与省发展改革委签订综合能源管理及服务战略合作框架协议，协议中明确提到支持国网河南省电力公司开展全省重点用能单位能耗在线监测系统建设，并将其纳入河南省能源大数据建设范畴。借助全省重点用能企业能耗监测平台可以开展能源大数据分析业务、挖掘综合能源服务潜力、发展综合能源服务产业。

通过场景建设，实现以下目标：

（1）政府服务。实现对重点用能单位能源利用状况、节能减排约束性指标完成情况等监测监管，为制定能源规划和产业政策提供决策支撑。

（2）企业服务。为企业提供能耗监测和能效分析，掌握各工序能源使用情况，挖掘节能减排潜力，提升能源利用效率。

（3）发展综合能源平台经济。实现全省 600 余家重点用能单位能耗数据归集，拓展综合能源服务业务。

17.7 未来展望

下一步，河南省能源大数据中心将以国家大数据战略、能源安全新战略为统领，应用 5G、区块链等先进信息通信技术，打造“能源+政务”“能源+智慧城市”“能源+交通”“能源+金融”“能源+乡村振兴”等系列产品，加快产业数字化、数字产业化步伐，打造省级能源大数据中心样板。